国家科学技术学术著作出版基金资助出版

碳纤维复合材料构件装配过程力学行为及顺应性连接原理

高　航　刘学术　杨宇星　著

科学出版社
北　京

内 容 简 介

当前，大型航空航天碳纤维复合材料构件高质量连接装配和使役性能提升面临重大挑战。本书以碳纤维复合材料构件高质量机械连接装配为目标，围绕“碳纤维复合材料构件连接中的力学行为与损伤产生机理”这一基础科学问题，从制造角度系统开展碳纤维复合材料构件装配过程力学行为及顺应性连接方法的研究，并以某航空碳纤维复合材料机翼盒段试验样件为例进行技术应用验证。本书由浅入深，由理论到实践，全方位、多层次研究分析影响碳纤维复合材料构件机械连接性能的因素，并为建立机械连接性能评估提供了理论方法和应用基础。

本书可供复合材料制造和复合材料构件连接装配等领域的工作者参阅，也可供高等院校相关专业师生学习参考。

图书在版编目(CIP)数据

碳纤维复合材料构件装配过程力学行为及顺应性连接原理 / 高航，刘学术，杨宇星著. —北京：科学出版社，2023.6

ISBN 978-7-03-073484-6

Ⅰ. ①碳… Ⅱ. ①高… ②刘… ③杨… Ⅲ. ①碳纤维增强复合材料－材料力学－研究②碳纤维增强复合材料－联接－研究 Ⅳ. ①TB334

中国版本图书馆 CIP 数据核字（2022）第 194072 号

责任编辑：张　庆　韩海童 / 责任校对：何艳萍
责任印制：吴兆东 / 封面设计：无极书装

科学出版社出版
北京东黄城根北街 16 号
邮政编码：100717
http://www.sciencep.com
北京中石油彩色印刷有限责任公司 印刷
科学出版社发行　各地新华书店经销
*
2023 年 6 月第　一　版　开本：720×1000　1/16
2023 年 6 月第一次印刷　印张：11 1/4
字数：227 000

定价：158.00 元

（如有印装质量问题，我社负责调换）

序

高性能复合材料的应用和发展是大幅度提高航空航天高端装备结构效率和使役性能的重要保证。以碳纤维复合材料为代表的高性能复合材料的应用比例已经成为先进制造水平的衡量指标之一，尤其是在对质量要求近乎苛刻的航空航天飞行器制造领域，其核心部件因在高速飞行中要承受复杂的载荷，必须满足高可靠性要求。加强碳纤维复合材料的应用基础研究是提升我国大型航空航天飞行器自主制造能力和水平的关键。然而，大型碳纤维复合材料构件在制造过程中要受到成型、加工和装配过程的力、热等强场持续耦合作用，极易产生多形态、多尺度缺陷和损伤，这会严重削弱承力构件在服役过程中的承载可靠性。因此，如何确保航空航天用大型复合材料构件的制造质量及其高性能连接装配成为亟待解决的关键技术难题。

作者及其所在的由郭东明院士领导的大连理工大学高性能精密制造创新团队，多年来承担并完成了相关的 973 项目子课题、国家自然科学基金面上项目和航空航天企业科研课题。该书便是在这些研究成果的基础上撰写而成的。该书针对碳纤维复合材料承力构件连接装配过程中遇到的力学行为不明、装配应力偏大、二次损伤易发等技术难题，围绕“碳纤维复合材料构件连接中的力学行为与损伤产生机理”基础科学问题，从加工质量到装配变形再到构件整体，由点及面再到体，系统搭建了适用于碳纤维复合材料构件机械连接装配的多个模型，建立了虑及装配间隙的连续碳纤维复合材料构件机械连接性能工程计算方法，分析了连接孔加工质量和构件几何变形对机械连接性能的影响规律，揭示了机械连接装配过程的力学行为，提出了碳纤维复合材料构件低应力顺应性连接原理和工艺方法，并通过典型构件试验件进行了技术的应用验证。

该书是一部较为系统、全面展示碳纤维复合材料机械连接装配技术研究成果的专著。书中给出了诸多创新性研究成果，对促进我国航空航天领域大型复合材料构件的高质量连接装配技术进步和工程发展具有较高的科研参考价值和学术意义，同时对复合材料制造领域相关企业装配工艺水平的提升具有重要的应用参考价值。希望该书的出版发行能够起到繁荣学术交流、促进技术进步的作用。

中国科学院院士　贾振元
2022 年 2 月

前　言

随着航空航天对轻量化制造的需求越来越高，碳纤维复合材料作为一种轻质高强的新型材料，已逐渐成为当前航空航天领域高速飞行器制造的首选材料之一。由于碳纤维复合材料构件的成型工艺复杂，需要温度场和压力场的长时间耦合作用才能成型，因此在固化过程中极易产生孔隙、分层、贫富胶等制造缺陷，特别是对于含复杂结构特征的大尺寸航空结构件，成型缺陷极难避免。碳纤维复合材料具有各向异性特点，致使复合材料构件在加工过程中极易产生分层、撕裂、毛刺等加工损伤。此外，碳纤维复合材料构件装配过程中受温度、质量、预紧力大小和定位型架边界条件等影响，不可避免地也会产生逐渐累积的装配变形，这些缺陷和损伤将影响复合材料构件的服役性能。因此，从制造的角度出发，研究复合材料构件成型、加工和连接装配各个环节的制造误差对装配质量的影响规律，并探索大型碳纤维复合材料构件的高质量机械连接装配技术便是本书撰写的初衷。

本书作者聚焦于大型碳纤维复合材料构件高性能制造的国家需求，针对大型碳纤维复合材料构件机械连接装配过程中存在的装配界面贴合难、装配间隙测量难、分层损伤易发等技术难题和面临的挑战，采用实验、仿真和解析计算相结合的手段系统分析了连接孔加工质量和构件几何变形对连接性能的影响规律，构建了相应的实验测试方法和解析计算模型，建立了含装配间隙的纤维增强复合材料构件连接性能工程计算方法，提出了碳纤维复合材料构件的低应力顺应性装配原理和工艺方法，通过装配间隙测量、装配顺序优化和精准装配间隙补偿等技术的突破，提出了虑及制造变形的碳纤维复合材料构件低应力顺应性连接装配方法。研究成果在某航空碳纤维复合材料机翼盒段试验样件装配过程中进行了应用验证。

本书的研究成果对连续碳纤维复合材料建模、复合材料连接刚度计算、渐进损伤模型开发、装配间隙在位测量、复合材料填隙装配及性能评价等领域的科研工作有重要的参考价值，同时也为航空制造企业的装配工艺规范制定和提升提供了可靠的技术基础。

本书的相关研究工作是在由郭东明院士领导的大连理工大学高性能精密制造创新团队相关教师和研究生的共同努力下完成的。大连理工大学高航教授负责全书内容的组织、选取、审核，以及第 1 章内容的整理和撰写。大连海事大学杨宇星博士负责第 2～3 章内容的整理和撰写。大连理工大学刘学术副教授负责第 4～7 章内容的整理和撰写。

本书中的科研工作得到了 973 项目“大型航空复合材料承力构件制造基础”子课题四“大型复合材料构件连接装配的力学行为与高质量装配方法”(项目编目：2014CB046504）和国家自然科学基金面上项目“制孔缺陷耦合对碳纤维复合材料承力构件连接力学性能的影响与评估”（项目编目：51375068）等的资助。在项目研究中，作者得到了 973 项目首席科学家贾振元院士的全程指导，得到了包括钟掘院士、郭东明院士、丁汉院士等在内的 973 项目专家的鼎力支持，得到了上海飞机制造有限公司陈磊副总工程师、李汝鹏高工、葛恩德博士、肖睿恒工程师及其所在团队的全力配合与支持。在本书的撰写成稿过程中，作者得到了多位复合材料相关领域知名专家的悉心指导，包括数字化制造技术专家丁汉院士、复合材料强度技术专家沈真研究员、复合材料制备技术专家肖军教授等，还得到了刘巍教授、王一奇副教授、鲍永杰教授、任明法教授、林莉教授、王福吉教授、孙士勇副教授、武湛君教授、牛斌教授等同事的积极参与和协助。特别感谢陈霏、王建、张洋、曾祥钱、徐茂青、黄立、姜颖、张祎、常俊豪、宋世伟、张萍、张蒙恩等研究生在本书相关科研成果形成、科研数据获取、相关论文撰写及文稿整理和书稿校对过程中的辛勤付出。正是有了团队师生的共同努力和各位行业专家的鼎力支持，科研项目才能顺利完成，本书也得以成稿出版。最后，感谢国家科学技术学术著作出版基金对本书的资助。

由于作者水平有限，书中不可避免存在一些疏漏，特别是部分边界条件和复杂工况的简化可能导致某些理论推导和分析存在误差，等等，这都有待后续进一步深入研究、修正和完善。本书作为抛砖引玉之作，敬请同行专家和广大读者批评指正！

高　航

2022 年 2 月

目录

第 1 章　碳纤维复合材料构件连接装配技术概述

1.1　复合材料的定义及分类概述

复合材料是指由两种或两种以上物理或化学性质不同的材料组成的一类多相固体类材料，属于典型各向异性材料。复合材料包含基体相、增强相和界面相，基体相是连续相，增强相是分散相且被基体相包围，增强相与基体相之间的交界面称为界面。复合材料既能保留原组分材料的主要特点，又能获得复合之后的单一组分所不具备的性能，因此与一般材料的简单混合有着本质的区别。根据复合材料的定义，其命名规则以“相”为基础，增强相在前，基体相在后。例如 IMS194 碳纤维和 CYCOM 977-2 环氧树脂构成的复合材料称为 IMS194/977-2 碳纤维增强环氧树脂基复合材料。

复合材料的分类可以按照使用性能分类，也可以按照增强材料或基体材料分类，还可以按照分散相形态分类。

（1）按照使用性能分类，复合材料可分为功能复合材料和结构复合材料。功能复合材料具有除力学性能以外的特殊功能，例如隐身吸波复合材料、防热复合材料、阻尼复合材料、电磁复合材料、导电导磁复合材料、生物功能复合材料等。结构复合材料是指利用优良的力学性能以制造结构的复合材料，按照结构形式可分为层压复合材料、三维编织复合材料和夹层复合材料。层压复合材料是将物理性质不同的复合材料单层铺叠黏接制成的层状的复合材料，其具有优良的抗冲击性能和抗疲劳性能，但层间强度较低；三维编织复合材料是将纤维束采用编织方法形成预成型骨架，然后填充基体材料制成的复合材料，其克服了层状复合材料层间强度低的缺点；夹层复合材料是在两块复合材料之间填充低密度的芯材制成的复合材料，芯材一般采用蜂窝材料或硬质泡沫塑料等，其具有质量轻、抗弯性能强和抗冲击能力强的优点。

（2）按照增强材料分类，复合材料可分为碳纤维复合材料、玻璃纤维复合材料、芳纶纤维复合材料、超高分子梁聚乙烯纤维复合材料、硼纤维复合材料、陶瓷纤维复合材料等。

（3）按照基体材料分类，复合材料可分为树脂基复合材料、金属基复合材料和无机非金属基复合材料，如图 1.1 所示。聚合物基复合材料中应用最为广泛的是树脂基复合材料，包含热固性树脂基复合材料和热塑性树脂基复合材料。热固性树脂基复合材料固化后非常硬，加热不再软化，固化过程不可逆，例如碳纤维增强树脂基复合材料（carbon fiber reinforced plastic，CFRP）；热塑性树脂基复合材料在高温下可以软化和熔融，韧性和抗冲击性能好。金属基复合材料的基体主要是密度较低的铝合金、钛合金及金属间化合物，增强相一般有硼纤维、碳化硅纤维、晶须和颗粒。无机非金属基复合材料的基体相主要有陶瓷基、玻璃基、水泥基、碳基等。

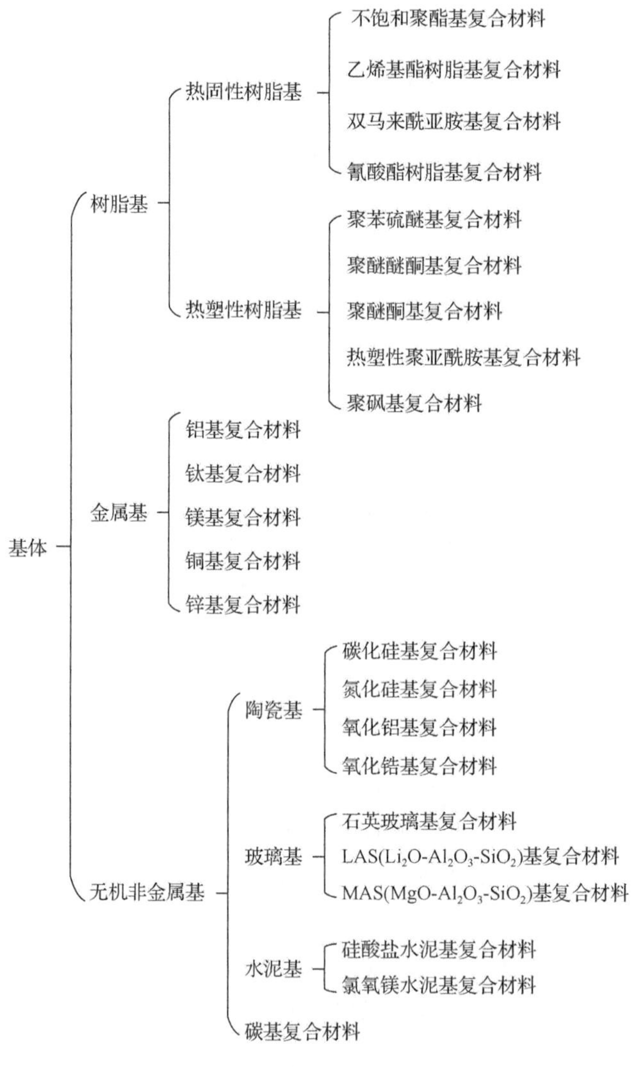

图 1.1　按基体材料分类的复合材料

（4）按照分散相形态分类，复合材料可分为连续纤维增强复合材料、纤维织物增强复合材料、片状材料增强复合材料、短纤维或晶须增强复合材料、颗粒增强复合材料等。当增强相的长度与复合材料总体尺度在同一量级，该类复合材料属于连续纤维增强复合材料；当增强相的长度小于复合材料的总体尺度的量级，则属于短纤维增强复合材料；颗粒增强复合材料的颗粒尺度一般在 0.01～50μm，通过颗粒阻止基体变形以实现增强作用。

本书研究的主要对象为层状结构类连续纤维增强复合材料，基体相为环氧树脂，增强相为碳纤维。

1.2　碳纤维复合材料的特点及应用

1.2.1　碳纤维复合材料的性能与特点

碳纤维（carbon fiber，CF），是一种含碳量（质量分数）在 90%以上的高强度、高模量的新型纤维材料。它是由片状石墨微晶等有机纤维沿纤维轴向方向堆砌而成，经碳化及石墨化处理而得到的微晶石墨材料。因其优异的综合性能及高附加值，被称作 21 世纪的“黑色黄金”。

碳纤维复合材料具有由细观到宏观的单层板、层合板和制品结构三个结构层次。单层板的力学性能取决于各组分材料、界面的力学性能及组分含量等。层合板的力学性能取决于单层板的力学性能、铺层顺序、层数百分比及单层厚度。制品结构的力学性能取决于层合板的力学性能、结构几何形状及尺寸。因此，实际结构的设计过程包含由单层板、层合板到制品结构整体的三个设计层次。

碳纤维复合材料相比金属等传统材料，通常具有以下性能与特点（表 1.1）。

表 1.1　典型单向复合材料和金属材料力学性能对比

材料	密度/（g/cm^3）	纵向拉伸强度/MPa	横向拉伸强度/MPa	纵向拉伸模量/GPa	横向拉伸模量/GPa
碳/环氧（X850）	1.6	3235	70.9	171.2	8.8
钛合金	4.5	600	600	210	210
铝合金	2.8	400	400	70	70

（1）密度小、质量轻。

碳纤维复合材料具有密度小的优点，质量较轻。一般碳纤维复合材料密度在 1.4～2.0g/cm^3，而常用的金属材料中较轻的铝合金密度达到 2.8g/cm^3。

（2）比模量高、比强度高。

碳纤维复合材料最大的优点是比模量高、比强度高（比模量是材料的模量与密度之比，比强度是材料的强度与密度之比。比模量代表结构的承载刚度性能，比强度代表结构的承载强度性能)。碳纤维复合材料沿纤维方向的比模量和比强度高，但沿其他方向并不高，因此导致严重的各向异性。常用的 T800 碳纤维复合材料的比强度是钛合金的 6 倍，比模量是钛合金的 5 倍。

(3) 耐腐蚀。

常见的碳纤维增强热固性树脂基复合材料耐酸、稀碱、盐、有机溶剂、海水，碳纤维增强热塑性树脂基复合材料的耐腐蚀性能较热固性为佳（耐腐蚀性主要取决于基体)。

(4) 耐疲劳。

碳纤维复合材料沿纤维方向受拉伸载荷作用时的疲劳特性远远高于金属，通常金属材料的疲劳强度极限是其拉伸强度的 30%～50%，而碳纤维增强复合材料的疲劳强度极限是其拉伸强度的 40%～70%。金属材料形成疲劳主裂纹后，由于各向同性特性，裂纹传播无阻碍，扩展非常突然，很快导致疲劳失效，发生断裂破坏前没有任何征兆。碳纤维复合材料一般不会形成主裂纹，而是形成大量微裂纹，且扩展到临界尺寸的速度较快，但是多向交错的铺层和碳纤维复合材料中不同的相与界面能很好地减缓裂纹的进一步扩展，因此碳纤维复合材料在疲劳破坏前有明显的征兆。

(5) 减振性能好。

碳纤维复合材料的比刚度高，因此其自振频率高，可避免工作状态下的共振破坏（结构的自振频率与结构形状有关，同时与材料比刚度成正比)。同时，碳纤维复合材料的界面具有较大的吸振能力，且碳纤维复合材料的基体属于黏弹性材料，因此具有较高的振动阻尼。通常金属结构的阻尼比为 2%～3%，而碳纤维复合材料连接结构的阻尼比为 5%～8%。

(6) 热性能好。

树脂基复合材料热导率低、线膨胀系数小（碳纤维的热膨胀系数为负值，因此制成的碳纤维复合材料的线膨胀系数几乎为零)，温差所致的热应力远小于金属。常用的碳纤维增强环氧树脂基复合材料能在约 175℃温度下长期工作。

(7) 电性能优良。

树脂基复合材料属于优良的电绝缘材料，在高频作用下仍能保持良好的介电性能，不反射电磁波，微波透过性良好，所制备的电气设备可靠性高，使用寿命长。

(8) 功能可设计。

碳纤维复合材料的性能既取决于碳纤维和基体本身的性能，还取决于碳纤维含量和铺层方法。碳纤维复合材料的各向异性特性和层状特性为复合材料连接结构的功能设计提供了基础，可根据具体的结构功能需求设计相应的纤维含量、铺层顺序、铺层角度等。此外，层合板的非对称铺层耦合效应也为结构设计提供了新的设计自由度。

（9）层间强度低。

纤维的力学性能远远大于基体，单层板沿纤维方向的力学性能最强，合理的铺层顺序设计能保证碳纤维复合材料制品的面内力学性能沿各个方向较为均匀，而沿厚度方向属于垂直于纤维方向，其力学性能主要取决于界面和树脂性能，因此，常用的碳纤维复合材料层合板层间强度较低，在同等受载情况下容易分层破坏。目前已经发掘出多种层间增强的方法，例如常用的 Z-pin 方法。

（10）材料性能分散性大。

碳纤维复合材料的构成较复杂，影响其力学性能的因素非常多，包括纤维和基体性能、孔隙率、裂纹和缺陷、工艺参数、环境条件等。目前由于制备工艺的限制，加上检测方法的不完善，碳纤维复合材料制品质量不易控制，材料性能分散性大。

综上，碳纤维细如发丝、韧如钢铁，其密度不到钢的 1/4，强度却是钢的 5～7 倍。与铝合金结构件相比，碳纤维复合材料减重效果可达到 20%～40%；与钢类金属件相比，其减重效果可达到 60%～80%。正是由于其优异的综合性能及高附加值，成为结构轻量化的首选材料，也是极端服役环境不可替代的功能材料。

1.2.2　碳纤维复合材料应用概述

材料工业作为我国七大战略性新兴产业、“中国制造 2025”重点发展的十大领域之一，是制造强国和国防工业发展的关键保障。高性能纤维及其复合材料尤其是碳纤维复合材料则是引领新材料技术与产业变革的重要一环，其被广泛应用于休闲娱乐、建筑加固、轨道交通、基础设施建设、海上风电、航空航天、军工、压力容器等领域，碳纤维需求量被引爆[1]。

目前，国外是以美国、日本、欧洲为首的部分国家和地区基于原先强大的工业基础和长期积累，在碳纤维复合材料领域有着先发优势。长期以来，全球碳纤维生产基本被日本东丽、东邦、三菱，美国 Cytec、Hexcel，德国 SGL，土耳其 AKSA 等顶尖公司垄断，国外在碳纤维复合材料方面依靠相对成熟的技术能力，在多元化、高竞争下形成其产业生态圈，并相互依存，实现了技术与资本的交叉融合，产业化步伐也逐渐跨入成熟发展阶段。

我国仍处于技术追赶阶段。进入 21 世纪以来，随着国家对新材料研发和应用的重视，涌现出了一大批碳纤维复合材料生产、加工和应用的相关企事业单位，我国的碳纤维品质和碳纤维产量所占的世界份额不断提高，碳纤维产业进入到了前所未有的新发展阶段，培育了威海拓展、中复神鹰、江苏恒神、吉林神舟、兰州蓝星等碳纤维生产骨干、上市公司和民营企业，T300 级碳纤维实现了稳定批产，T800 级碳纤维批产制备技术已经取得突破，T700G 级湿法高强型碳纤维及 T800H 级高强中模型碳纤维等的工程化及其应用关键技术攻关顺利开展，碳纤维从小丝束到大丝束技术制备工艺逐步成熟，极大地满足了我国对不同性能碳纤维的需求。

在碳纤维复合材料应用方面，因其具有密度小、质量轻、比刚度高、比强度高、耐腐蚀、耐疲劳、抗冲击、电性能优良和功能可设计等优良特性而成为航空航天领域、交通运输领域、船舶与海洋工程领域和能源领域的优选材料[2]。

在航空航天领域，美国波音 787 飞机的复合材料用量达 50%，欧洲空中客车公司 A350XWB 飞机的复合材料用量达 53%（油耗降低约 25%），洛克希德·马丁公司在 2004 年成功研制出直径为 41.2m 的碳纤维复合材料液氧贮箱（减重约 18%），成为该领域革命性的进展之一。2021 年中国攻克了直径为 3.35m 的具备优良液氧相容性、耐低温、防渗透的复合材料贮箱制造技术，打破了国外垄断。

在交通运输领域，随着我国高速及超高速轨道交通、新能源汽车对结构件重、节能减排、高速制动能力、安全性要求的不断提升，碳纤维复合材料的应用呈现爆发式增长。中车长春轨道客车股份有限公司联合江苏恒神股份有限公司成功研制了具有完全自主知识产权的世界首辆车体长度达 19m 的碳纤维复合材料地铁车厢（减重约 35%），提高了车体的运载能力、降低能源消耗、降低全寿命周期成本并减少了对线路的损害。瑞典 Koenigsegg 的 Agera 车型整个轮毂上除了轮胎气门嘴，其余部件均为碳纤维打造，整车减重超 45%，在降低约 20kg 簧下质量的同时保证了坚固和安全。我国首台氢能源汽车“格罗夫乘用车”首辆样车研制成功，全身采用碳纤维复合材料，兼具动力和灵敏度，续航里程可达 1000km。此外中国恒瑞有限公司（HRC）、江苏澳盛复合材料科技有限公司、前途汽车等企业也在碳纤维复合材料汽车零部件的研发和小批量生产方面迈出了可喜的一步。

在船舶与海洋工程领域，碳纤维复合材料的应用已经逐步由次承力构件转向主承力构件、由小型船舶构件制造转向大型船舶整体制造。英国 AEL 复合材料工程公司研制出了碳纤维复合材料潮汐涡轮叶片，利用了新型高韧性树脂提高了其防水性能。德国 AIR 公司、英国 Qineti Q 公司和荷兰 Airborne 公司能够生产直径 50cm～5m 的船用复合材料螺旋桨，相比传统镍铝青铜螺旋桨减重达 2/3。德国 Centa 公司、奥地利 Geislinger 公司和瑞典 SAAB Applied Composites AB 公司可以制造单段长度达 12m 的船用复合材料轴。美国制造的复合材料巡逻艇“短剑”双 M 构型具备良好的隐身性能。瑞典在 2000 年已经率先设计出 Visby 级全复合材料护卫舰，该舰长达 72m，排水量 7220t，应用复合材料后减重达 30%。我国在相关领域起步晚，与世界先进水平存在明显差距。

在风力发电领域，丹麦风力发电机制造商 Vestas 风力技术集团推出的复合材料拉挤工艺制作风机叶片大梁具有效率最高、成本最低、纤维含量高、质量稳定的优点，连续成型易于自动化，适合大批量生产，简化了工艺，缩短了时间。目前 Vestas 兆瓦级以上风机叶片都使用碳纤维复合材料，极大地推动了碳纤维在风电领域的应用，2016 年全球碳纤维用量首次超过航空航天，成为碳纤维用量最大的领域，仅江苏奥盛复合材料科技有限公司一家企业的风电用碳纤维复合材料挤压片的大规模批产年消耗碳纤维就达万吨。目前，我国自主设计生产的最先进的碳纤维复合材料风机叶片长达 68m，能满足 6MW 发电功率，结构承载性能相比原本金属结构增强 40%。风力发电机组正在向大功率、大型化不断发展，对大尺寸碳纤维复合材料叶片的需求愈来愈多。

根据《2019 年全球碳纤维复合材料市场报告》统计，2019 年全球碳纤维总需求为 103700t，风电叶片、航空航天、汽车、体育用品等新兴产业为主要需求点，如图 1.2 所示，其中在新兴的风电叶片应用领域，我国已经占据了半壁江山。在全球节能减排与碳中和等理念和政策推动下，海上风电叶片用碳纤维，预计总需求量将达到从 30000t 到 100000t 的飞跃；军工、航空航天和商用飞机、无人机等对碳纤维需求量近几年也在持续快速增长，新能源汽车结构轻量化迫切需求等，这些都将会促进各大碳纤维企业加快产能建设步伐。

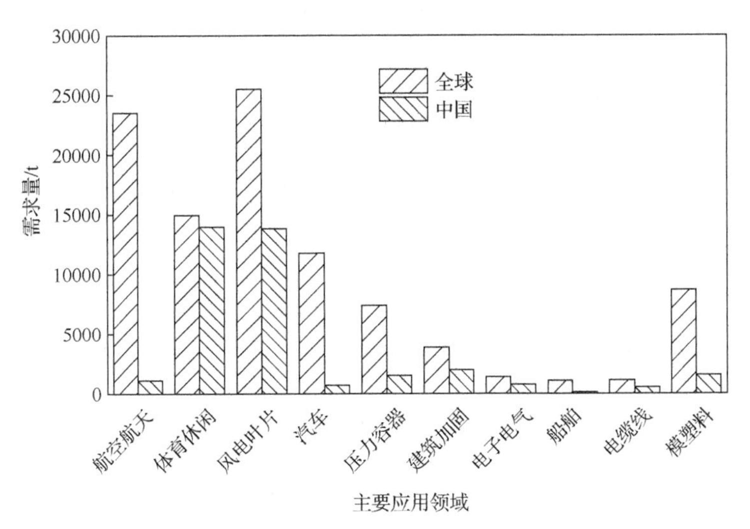

图 1.2　2019 年中国/全球碳纤维主要应用领域对比[1]

1.3　碳纤维复合材料构件制造过程和常见连接形式

1.3.1　碳纤维复合材料构件制造过程概述

航空航天用碳纤维复合材料构件多是以碳纤维增强树脂基复合材料制件为主体的多材料体复杂构件，一般由复合材料整体制件、泡沫夹芯复合材料制件、蜂窝夹层复合材料制件、金属与复合材料层合制件及金属件等以不同组合方式构成。设计结构确定后，碳纤维复合材料构件的制造过程一般包含复合材料制件铺放、固化成型、构件加工、连接装配、缺陷检测与力学性能评估等，如图1.3所示。

图1.3　碳纤维复合材料构件制造过程

1.3.2　碳纤维复合材料构件常见连接形式

碳纤维复合材料制品在理论上能够实现构件一体化成型，然而由于实际生产能力和加工手段的限制，目前主要采用零件分离制备再连接装配的构件方式[3]。针对非一体化成型的碳纤维复合材料构件，仍需要设计相应的连接结构以保证可靠的复合材料承载性能。按连接方法分类，常用的复合材料连接形式主要分为机械连接（包括螺栓连接和铆钉连接）、胶接和混合连接三类[2]，如图1.4所示。

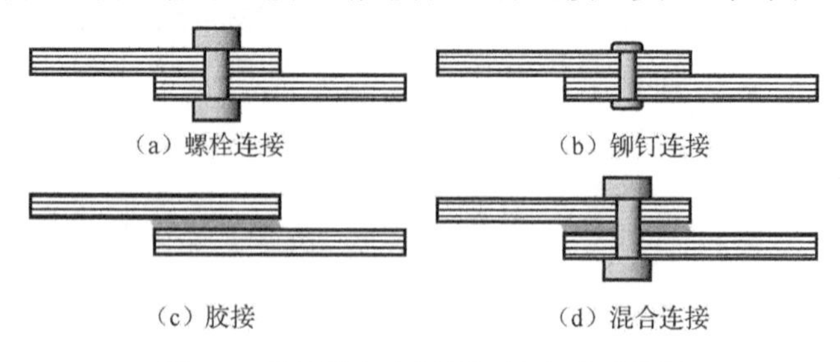

图1.4　常见的复合材料连接方式示意图

复合材料螺栓连接是利用螺栓紧固件将两个或两个以上的复合材料零件连接为一个整体。螺栓连接主要优点是便于拆装[3,4]、无须特殊表面处理、受环境影响较小、承载能力高和连接可靠性高[5,6]。然而螺栓连接由于连接孔的存在而破坏了结构完整性，从而引起孔边应力集中，降低了被连接件的强度，且大量螺栓的引入增加了结构的整体质量，降低了结构的气密性[7]。

复合材料铆钉连接是利用铆钉将两个或两个以上的复合材料零件连接为一个整体。该连接形式具有质量小和工艺简单等优点，然而与螺栓连接一样均需要加工连接孔继而破坏了结构的完整性。常用的铆钉有铝合金铆钉与钛合金铆钉，且通常采用过盈配合的铆接方式[8]。受制于铆钉的性能，铆钉连接的承载性能通常低于螺栓连接的承载性能。

复合材料胶接是利用黏接剂将复合材料零件连接为一个整体。该连接形式的优点在于不需要破坏被连接结构的完整性，不会引起结构应力集中，且耐腐蚀、耐疲劳、绝缘、增重少，可广泛应用于薄壁复杂构件[8-10]。例如，航空复合材料机翼壁板制造过程中常采用共胶接、共固化（共固化利用了材料本身的树脂作为胶接剂）或二次胶接方式将蒙皮和肋条、长桁连接在一起。然而胶接存在易老化、耐久性差、承载能力低（黏接剂性能严重制约了连接结构整体承载性能）、需要表面特殊处理、胶接质量不易控制以及胶接结构不可拆卸而导致的连接结构维修困难等问题[6]。因此，通常情况下胶接很少单独用于大型复合材料承力构件的连接。

复合材料混合连接是指采用上述两种或两种以上方法将复合材料零件连接在一起的连接形式。常用的混合连接形式主要是螺栓连接与胶接的混合形式，这种连接形式既能发挥螺栓连接的高性能优势，又能发挥胶接的易充填优势。由于胶层的存在极大地降低了孔边应力集中[11]，通常情况下螺栓连接和胶接的混合连接的承载性能要比单独采用螺栓连接或胶接的承载性能高[12,13]。然而该连接形式也存在结构不易拆卸的问题[14]。

本书以碳纤维复合材料螺栓连接为研究对象。针对复合材料螺栓连接，按照搭接板数量分类，主要有单搭接接头和双搭接接头；按照受载形式分类，可分为单搭接和双搭接受载形式，其中每种形式又分为等截面和变截面情况[6,15,16]，如图 1.5 所示。

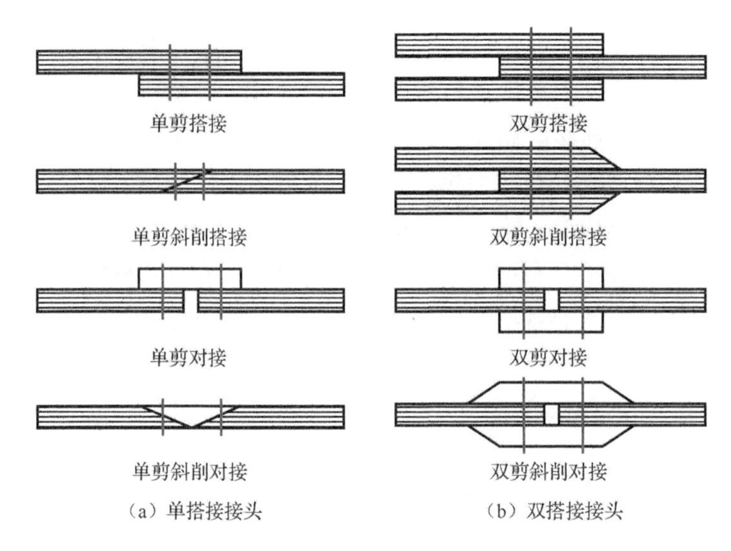

图 1.5　复合材料螺栓连接接头示意图

1.4　碳纤维复合材料构件常见制造缺陷概述

碳纤维复合材料构件的制造缺陷直接影响构件的装配质量和服役性能，是连接装配过程中需要解决的首要问题。碳纤维复合材料构件的装配缺陷取决于构件成型过程和加工过程的精度，主要包括成型质量、形状精度、位置精度、尺寸精度和表面精度等。在对碳纤维复合材料成型和加工后构件的形貌特征进行大量观察和分析后，按照缺陷产生的位置和形态分类如下。

1）分层

分层是指由于层间应力或制造缺陷等引起的复合材料铺层之间的脱胶分离破坏现象。碳纤维复合材料层合板由于层与层之间纤维方向不一致、层间应力较大且层间应力的传递介质主要是强度较弱的树脂基体，因此，在层与层之间很容易出现开裂，导致分层损伤易发。位于层压结构内部孔壁周围材料的分层称为层间分层，位于边缘处由于铺层间结合质量不良在外部环境和负载作用下引起的孔周围纤维与基体分开而产生小幅度翘起的现象称为鼓包。分层的产生和扩展极大降低了结构的强度和刚度。分层损伤的产生伴随着复合材料构件的全过程，包括成型、制孔和装配等。

在复合材料构件成型过程中，分层损伤甚至可占所有缺陷的 55%以上[17]。分层的形成机理比较复杂，主要成因如下。

（1）构件结构复杂，例如变厚区和 R 角区，易导致成型过程纤维和温度分布不均匀，构件内部形成内应力，最终引起分层。

（2）构件内部残留的气泡在成型过程中成长为分层。

（3）成型过程中环境污染及夹杂均会造成分层[18]。

（4）在制孔过程中，引起复合材料制孔分层的主要原因是钻削力和钻削热综合作用，其中钻削力为绝对主导[19]，由于轴向钻削力的作用，复合材料构件累积内应力，当内应力达到或超过材料层间结合强度时，层间结合树脂破坏形成分层[20]，此外，钻削热聚集在工件与刀具接触部位，而复合材料的增强体和基体的热膨胀系数不同，形成热应力，使工件产生局部应变引起分层[21]，如图 1.6（a）所示。

（5）在装配过程中，由于螺栓预紧力的作用，当构件存在外形或尺寸误差时引起装配应力集中，亦会导致分层损伤的产生与扩展[22-24]。

2）连接孔垂直度误差

采用机械连接的复合材料构件在连接孔加工过程中不可避免地会存在一定的偏差，其中最常见的是连接孔位置偏差及形状偏差。而连接孔位置偏差中最常见的是垂直度误差，即实际连接孔中心轴线与设计值存在一定的角度偏差。连接孔垂直度误差会导致紧固件安装困难、预紧困难、被连接件表面划伤以及载荷偏心，严重影响碳纤维复合材料构件的连接质量[25-27]，如图 1.6（b）所示。

3）撕裂

撕裂通常是发生在连接孔加工过程中出口方向的最外侧一层，在钻削力作用下引起最外层材料与其他层分离并被撕扯掉，出现材料缺失的现象。撕裂的方向有沿连接孔出口侧最外层纤维方向扩展的趋势，如图 1.6（d）所示。

4）毛刺

连接孔制孔后，连接孔出口侧最外一层经常会观察到孔的内部仍存在与表层材料连接、未被完全切断的表层纤维毛边，这种现象称为毛刺。其方向平行于最外层纤维的铺层方向。纤维在钻削过程中受到拉伸或剪切，存在“顺剪”和“逆剪”区域，毛刺的分布具有一定区域性，是复合材料制孔加工最直观、明显的特征之一，如图 1.6（d）所示。

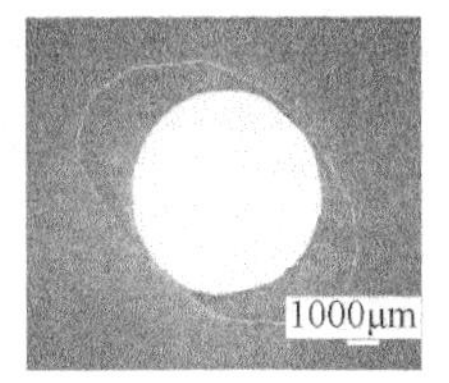

（a）分层

（b）连接孔垂直度误差

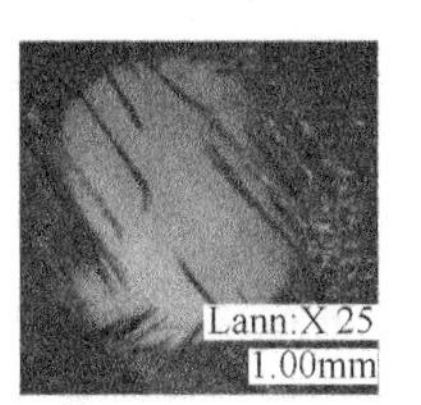

（c）孔壁凹陷

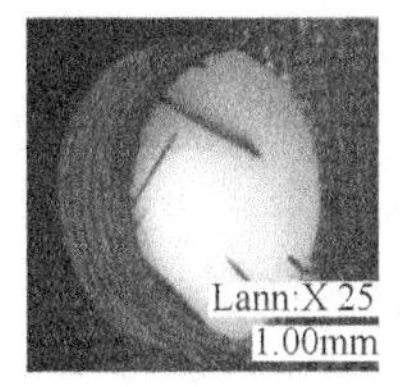

（d）撕裂与毛刺

图 1.6　典型制孔缺陷

5）入口劈裂

钻削入口处，纤维受到切削刃的推力作用与钻头前端未切削的材料之间产生剪切力，使得纤维剥开。若主切削刃不能全部切断剥起的纤维，纤维则会形成开裂并沿着表面层纤维的方向扩展，引起撕开型裂纹破坏，产生入口劈裂。这种加工缺陷可以通过合理选择加工参数和钻削刀具来减少甚至消除。

6）裂纹

在钻削过程中有时还会产生因钻头切削去除材料后使复合材料构件成型过程中的裂纹暴露在孔壁表面或在钻削力的作用下黏接碳纤维的树脂基体开裂，在孔壁表面形成裂纹。

7）缩孔

钻孔过程中钻头与碳纤维复合材料产生大量的摩擦热和切削热，这些热量难以在加工中通过切屑带走或通过别的方式快速释放，使局部切削区温度迅速上升，导致树脂黏接能力下降，会出现缩孔的现象。

8）孔壁凹坑

在孔壁周围有时还会出现因钻削过程中生成的热量不能及时地散发出去，使得基体软化，在剪切力的作用下部分材料被刀具带出，在孔壁周围形成凹坑缺陷，如图 1.6（c）所示。

9）烧伤

高转速、大进给的加工条件下，在连接孔的出口侧还存在因钻削中温度过高而引起的宏观上纤维颜色变黑、树脂软化的“烧伤”现象。

10）装配间隙

碳纤维复合材料构件在成型过程中因为各组分力热学性能差异大、预浸料与模具贴合不良、材料重叠或存在较大间隙以及树脂流动不均匀等问题而引起不同程度的内应力，导致零件在固化后不可避免地产生回弹、翘曲等几何变形[24-28]。

碳纤维复合材料构件在成型之后进行切边和制孔时，由于碳纤维复合材料的纤维和树脂两种组分性能差异大而导致加工过程中两者变形不协调，以传统铣削加工为例，纤维在加工过程中发生脆性断裂，而树脂在加工过程中发生非常大的塑性变形[29]，同时，考虑到切削热所导致的材料局部软化，加工过程极有可能引起复合材料的固化内应力释放而产生加工变形。因航空复合材料构件通常属于大尺寸薄壁构件，具有局部刚度大、整体刚度小的显著特征，因此在连接装配时容易发生几何变形；同时，大型复合材料构件在装配过程中需要进行预装配，涉及零部件的多次拆装，可能会引入重复定位误差；此外，装配过程中零部件定位都是过约束的[30]，且构件在飞机的逐级装配过程中受温度、重量、预紧力大小和定位型架边界条件等影响不可避免地会产生逐渐累积的装配变形[31]。碳纤维复合材料零件的固化成型变形、加工变形和装配变形等各类误差不断积累，导致两个装配件在界面处无法紧密贴合，形成装配间隙，如图 1.7 所示。

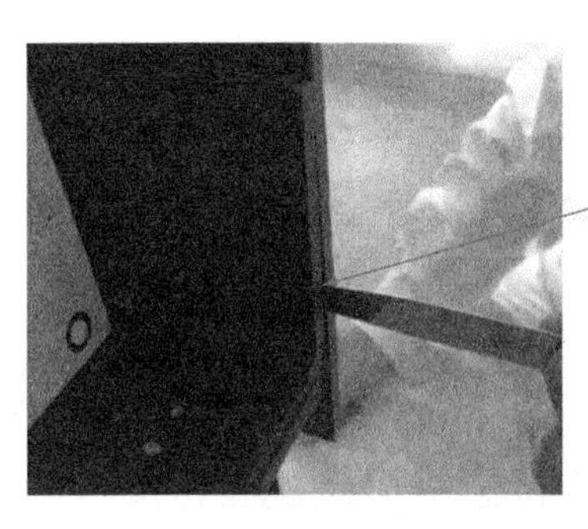
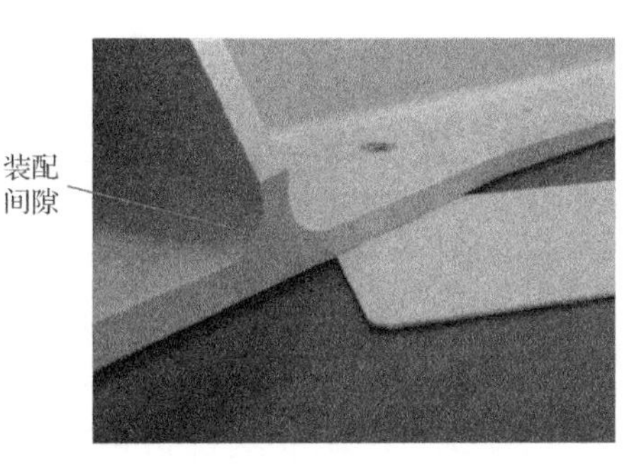

图 1.7　装配间隙示意图

装配间隙的存在对装配过程中预紧力的施加、连接孔对齐、结构气密性及紧固件承载均匀性等均产生极大影响。目前，针对大型复合材料构件装配界面难贴合的问题，常见的主要解决方法有三种。

第一种方法是预置牺牲层，如图 1.8（a）所示，在构件制备过程中增加额外铺层，装配过程中在测量设备辅助下对额外铺层进行在位加工以消除装配间隙[32,33]，能够较好地消除装配过程中的装配间隙，但是牺牲层的引入增加了复合材料构件制备的复杂性和制造成本，打破了本体铺层的对称性，可能会导致本体变形，且加工过程中需要精确检测装配间隙，对测量设备精度和尺寸要求比较高，在大型复合材料构件装配过程中应用相对较困难。

第二种方法是强迫装配，即不做任何额外处理，只靠增大紧固件预紧力强行消除装配间隙[32,34]，如图 1.8（b）所示。当装配间隙尺寸较小时，可通过强迫装配消除装配间隙，而当装配间隙大到一定尺寸时，强迫装配将会导致装配应力过大甚至造成装配损伤，从而影响整体结构的承载性能。

第三种方法是填隙装配，即利用填隙垫片对装配间隙进行补偿[35-37]，如图 1.8（c）所示，是目前航空工业中最常用的手段[38]，但其不可避免地增加了装配工作量[39]以及结构的重量。目前，空中客车公司已经开发出基于机器人和增材制造末端执行器的自动化精确填隙设备，该方法基于数字化测量方法得到装配件贴合面三维形貌数据，从而得到装配间隙分布，基于此规划机器人运动轨迹，利用末端执行器进行在位增材制造以补偿装配间隙[40,41]。

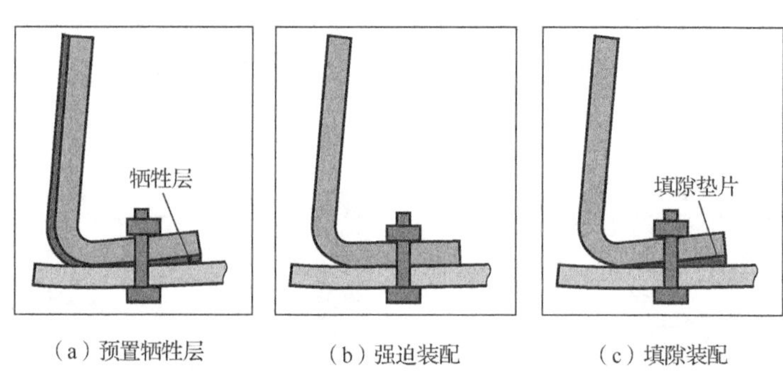

（a）预置牺牲层　（b）强迫装配　（c）填隙装配

图 1.8　常见的装配间隙消除方法

1.5　碳纤维复合材料构件连接装配面临的挑战

航空航天用高性能碳纤维复合材料构件的高质量、高效率、高可靠性制造要求，对包括铺放与固化成型、加工与装配、制造损伤检测与容限评估的全流程制造过程均提出了严峻的挑战。其中，在构件的连接装配过程中，由于制件尺寸误差和翘曲变形以及随机变形，极易产生连接干涉、装配应力和二次损伤，给碳纤维复合材料构件低损伤、高质、高效装配带来了巨大的难题，具体主要体现在以下几个方面。

（1）大型复合材料制件铺放热压固化过程中极易产生缺陷、应力、变形等，不仅直接影响后续加工与装配质量，而且影响构件的使役性能。

（2）复合材料加工中极易产生分层、撕裂、毛刺等损伤，构件连接装配中易出现装配应力和连接二次损伤等问题，直接影响构件的服役可靠性和使用寿命。

（3）构件制造缺陷和损伤呈多样性、随机性、时变性、多源性等特点，导致其感知表征困难，不但难以准确分析缺陷和损伤的产生机理与扩展行为，更无法科学评价缺陷和损伤对承载性能的影响。碳纤维复合材料构件的高质量、高效率、高可靠性等制造要求，对铺放与固化成型、加工与装配、制造损伤检测与容限评估等提出了严峻的挑战。

引起上述问题的可能原因如下。

（1）碳纤维复合材料铺放是将具有一定刚度的各向异性黏弹预浸料（单向连续纤维与树脂组合体），在热、力等外场作用下，按照特定纤维拓扑要求，黏合为一体并附着于模具表面的工艺过程。在铺放热影响区域内，纤维树脂的细观形态演变过程中热、力、化学等作用呈现强耦合、非线性和时变的特征，造成纤维铺放层间发生复杂的黏塑性行为，极易导致铺层间产生不可预见的褶皱畸变等缺陷；在铺放末端执行机构与预制件的非完整接触状态、特定拓扑结构约束和模具强几何约束条件下，末端执行机构的可操作空间有限，在高铺放成型效率要求条件下，极难保证构件的铺放质量。

（2）铺放后的预制件需要经过成型性的热压固化工艺过程，形成制件。大型航空复合材料制件不仅尺寸大、变厚度、整体薄壁结构与细部加强结构并存，而且材料的力学性能和导热各向异性、固化温度变化梯度造成材料固化不均匀，热压固化后的制件应力和变形问题极为突出；由于复合材料的各向异性、层叠成型特征，以及热压固化过程中的热、化学收缩非均匀性，导致制件内部产生孔隙、分层、贫胶、富胶等缺陷；热压固化成型的模具结构复杂，模具材料与复合材料热膨胀系数差异较大，在压力和温度综合作用下模具的变形难以准确预测，对制件成型精度的影响随着其尺寸的增大而加剧。

（3）固化成型后的复合材料制件需要大量的制孔、切边、开窗口等机械加工。由于复合材料细观上呈现由纤维和基体构成的组织形态，宏观上呈现各向异性和层叠特征，同时切削热导致树脂黏结强度降低，复合材料机械加工中极易出现毛刺、撕裂和分层等加工损伤。同时，加工过程伴随着构件内应力释放，通常会导致构件加工后变形。

（4）大型薄壁复合材料制件成型和加工过程中不可避免地会产生尺寸误差和变形，造成连接表面难以自然贴合、连接孔对准困难，产生连接干涉和装配应力，引起连接二次损伤。当自动化连接装配构件时，连接面随机变形大，致使多工序钻铆连接中工具的位姿偏差和重复定位误差难以控制，极易产生连接孔配合误差，也会引起装配应力和连接二次损伤。连接装配应力和二次损伤可导致飞机在服役期间无征兆破损，甚至造成灾难。因此，针对大型薄壁复合材料制件随机性和非线性变形，必须揭示随机不贴合表面连接过程中的装配应力分布规律和二次损伤形成机制，为自动化高质连接装配提供理论依据。

如何揭示复合材料构件连接装配过程中装配应力与二次损伤产生机制，是实现复合材料承力构件低损伤高效加工和高效可靠连接装配亟待突破的难题和面临的科学挑战。

参 考 文 献

[1] 佚名. 碳纤维新兴领域需求量被引爆，传统应用领域路在何方？[EB/OL]. (2021-01-09) [2022-01-19] https://www.cnfrp.com/news/show-71779.html.

[2] 中国复合材料学会. 复合材料学科方向预测及技术路线图[M]. 北京：中国科学技术出版社, 2017.

[3] Camanho P, Tong L. Composite joints and connections[M]. Oxford: Woodhead Publishing Limited, 2011.

[4] Thoppul S D, Finegan J, Gibson R F. Mechanics of mechanically fastened joints in polymer-matrix composite structures—a review[J]. Composites Science and Technology, 2009, 69(3-4): 301-329.

[5] Pisano A A, Fuschi P. Mechanically fastened joints in composite laminates: evaluation of load bearing capacity[J]. Composites Part B: Engineering, 2011, 42(4): 949-961.

[6] Irisarri F X, Laurin F, Carrere N, et al. Progressive damage and failure of mechanically fastened joints in CFRP laminates—Part I: refined finite element modelling of single-fastener joints[J]. Composite Structures, 2012, 94(8): 2269-2277.
[7] 林鹏程. 复合材料螺栓单钉连接性能实验研究[D]. 哈尔滨: 哈尔滨工程大学, 2012.
[8] 周松. 复合材料螺栓连接渐进损伤的实验及数值分析[D]. 哈尔滨: 哈尔滨工程大学, 2013.
[9] Pramanik A, Basak A K, Dong Y, et al. Joining of carbon fibre reinforced polymer (CFRP) composites and aluminium alloys—a review[J]. Composites Part A: Applied Science and Manufacturing, 2017, 101: 1-29.
[10] 高佳佳, 楚珑晟. 纤维增强树脂基复合材料连接技术研究现状与展望[J]. 玻璃钢/复合材料, 2018(2): 101-108.
[11] Zeng Q G, Sun C. Novel design of a bonded lap joint[J]. AIAA Journal, 2001, 39(10): 1991-1996.
[12] Banea M, da Silva L F. Adhesively bonded joints in composite materials: an overview[J]. Proceedings of the Institution of Mechanical Engineers, Part L: Journal of Materials: Design and Applications, 2009, 223(1): 1-18.
[13] Chowdhury N, Chiu W K, Wang J, et al. Static and fatigue testing thin riveted, bonded and hybrid carbon fiber double lap joints used in aircraft structures[J]. Composite Structures, 2015, 121: 315-323.
[14] 赵馨怡, 黄盛楠, 冯鹏, 等. 复合材料胶栓混合连接机理的试验研究[J]. 工程力学, 2015, 32(S1): 314-321.
[15] Lopez-Cruz P, Laliberté J, Lessard L. Investigation of bolted/bonded composite joint behaviour using design of experiments[J]. Composite Structures, 2017, 170: 192-201.
[16] 杨宇星. 虑及填隙装配的 CFRP 构件螺接性能研究[D]. 大连: 大连理工大学, 2019.
[17] 唐玉玲. 碳纤维复合材料连接结构的失效强度及主要影响因素分析[D]. 哈尔滨: 哈尔滨工业大学, 2015.
[18] 魏景超. 复合材料结构新型紧固件连接强度与失效机理[D]. 西安: 西北工业大学, 2014.
[19] 王雪明, 谢富原, 李敏, 等. 热压罐成型复合材料复杂结构对制造缺陷的影响规律[J]. 航空学报, 2009, 30(4): 757-762.
[20] 李金鹿, 王从科, 柴娟, 等. 工业 CT 技术检测喷管扩散段绝热层坯料的缺陷[J]. 工程塑料应用, 2011, 39(1): 64-67.
[21] 魏威, 韦红金. 碳纤维复合材料高质量制孔工艺[J]. 南京航空航天大学学报, 2009, 41(S1): 115-118.
[22] 张厚江, 陈五一, 陈鼎昌. 碳纤维复合材料(CFRP)钻孔出口缺陷的研究[J]. 机械工程学报, 2004, 40(7): 150-155.
[23] 李子峰, 唐义号, 吴剑峰. 直升机复合材料结构装配工艺研究[J]. 纤维复合材料, 2008, 94 (2): 11-13.
[24] 高航, 曾祥钱, 刘学术, 等. 大型复合材料构件连接装配二次损伤及抑制策略[J]. 航空制造技术, 2017(22): 28-35.
[25] 李汝鹏, 陈磊, 刘学术, 等. 基于渐进损伤理论的复合材料开孔拉伸失效分析[J]. 航空材料学报, 2018, 38(5): 138-146.
[26] 曾祥钱. 复合材料构件螺栓连接二次损伤建模与分析[D]. 大连: 大连理工大学, 2018.
[27] 王建. 连接孔垂直度误差对复合材料连接性能的影响[D]. 大连: 大连理工大学, 2016.
[28] 徐茂青. 连接孔垂直度误差对复合材料双钉单剪连接性能的影响[D]. 大连: 大连理工大学, 2017.
[29] 姜颖. 复合材料多钉连接接头拉伸性能影响因素研究[D]. 大连: 大连理工大学, 2018.
[30] Coleman R M. The effects of design, manufacturing processes and operations management on the assembly of aircraft composite structure[D]. Cambridge: Massachusetts Institute of Technology, 1991.
[31] 肖建章. 碳纤维复合材料切削加工力学建模与工艺参数优化研究[D]. 杭州: 浙江大学, 2018.
[32] Lacroix C, Mathieu L, Thiébaut F, et al. Numerical process based on measuring data for gap prediction of an assembly[J]. Procedia Cirp, 2015, 27: 97-102.
[33] 窦亚冬. 飞机装配间隙协调及数字化加垫补偿技术研究[D]. 杭州: 浙江大学, 2018.
[34] 刘怡冰. 复合材料翼盒制造工艺研究与实现[D]. 南京: 南京航空航天大学, 2015.
[35] 李东升, 翟雨农, 李小强. 飞机复合材料结构少无应力装配方法研究与应用进展[J]. 航空制造技术, 2017(9): 30-34.
[36] 蒋麒麟, 安鲁陵, 云一珅, 等. 间隙补偿对单螺栓连接层合板轴向刚度的影响研究[J]. 玻璃钢/复合材料, 2016(11): 59-64.
[37] Smith J M. Concept development of an automated shim cell for F-35 forward fuselage outer mold line control[D]. Menomonie: University of Wisconsin-Stout, 2011.

[38] Comer A J, Dhôte J X, Stanley W F, et al. Thermo-mechanical fatigue analysis of liquid shim in mechanically fastened hybrid joints for aerospace applications[J]. Composite Structures, 2012, 94(7): 2181-2187.

[39] Dhôte J X, Comer A J, Stanley W F, et al. Study of the effect of liquid shim on single-lap joint using 3D digital image correlation[J]. Composite Structures, 2013(96): 216-225.

[40] 《航空制造工程手册》总编委会. 航空制造工程手册[M]. 北京: 航空工艺出版社, 2010: 144-147.

[41] Manohar K, Hogan T, Buttrick J, et al. Predicting shim gaps in aircraft assembly with machine learning and sparse sensing[J]. Journal of Manufacturing Systems, 2018, 48: 87-95.

第 2 章　碳纤维复合材料机械连接结构力学性能测试方法

2.1　复合材料机械连接结构力学性能指标

一般情况下，碳纤维复合材料机械连接结构承载过程可分为弹性承载阶段、损伤累积阶段、性能退化阶段。其中，弹性承载阶段包含克服摩擦力的摩擦阶段，克服钉孔配合间隙的过渡阶段，以及螺栓开始承载的螺栓承载阶段。从损伤萌生到达到极限载荷的阶段称为损伤累积阶段。超过极限载荷到最终结构失效的阶段称为性能退化阶段。对应的碳纤维复合材料连接结构的连接力学性能包括连接刚度、损伤萌生载荷及位移、极限载荷、失效位移等指标。连接刚度表征连接结构在弹性承载阶段抵抗变形的能力；损伤萌生载荷及位移是连接结构极限载荷出现之前损伤萌生时结构所承受的载荷和发生的位移；极限载荷表征连接结构的最大承载载荷，一旦结构受载超过极限载荷，连接结构开始进入性能退化阶段；当连接结构的性能退化到一定程度，无法继续承载较大载荷时，认为连接结构最终失效，一般可采用极限载荷值的 0%～70%作为连接结构最终失效点。各项指标中连接刚度和极限载荷是评价连接结构连接性能最重要的指标。

针对连接刚度和极限载荷指标的试验测试，国内外均有非常详细的测试用试验标准，目前，国际上以美国的 ASTM 标准为基准评价复合材料的力学性能，ASTM 标准涵盖了复合材料的各种性能测试方法，较为规范，可信度较高。然而，针对如含有连接孔垂直度误差或装配间隙的连接结构则缺少相应的性能测试标准。本节以 ASTM 相关试验标准为指导，制定含连接孔垂直度误差及装配间隙复合材料试验样件的力学性能测试方法，以实现对含几何变形和制孔缺陷的碳纤维复合材料连接结构的力学性能测试。

2.2　含制孔垂直度误差的复合材料单搭接承载性能测试方法

复合材料单搭接承载性能试验旨在获取复合材料单搭接结构在外载荷作用下的力-位移曲线，以确定连接结构的承载刚度和强度。单搭接试验一般依据 ASTM D5961—13[1]和 ASTM D7248—12[2]标准进行，单钉单搭接样件和多钉单搭接样件的推荐尺寸分别如图 2.1（a）和图 2.1（b）所示，通常以层合板 0° 铺层居多的方向作为样件长度方向。可采用三轴及以上的数控机床加金刚石砂轮切割片进行样件裁切，采用硬质合金钻头进行样件制孔。试验样件均需采用砂纸打磨搭接区域去除层合板成型过程中的凸起以保证接触稳定性，并采用酒精清洗打磨后的样件表面。

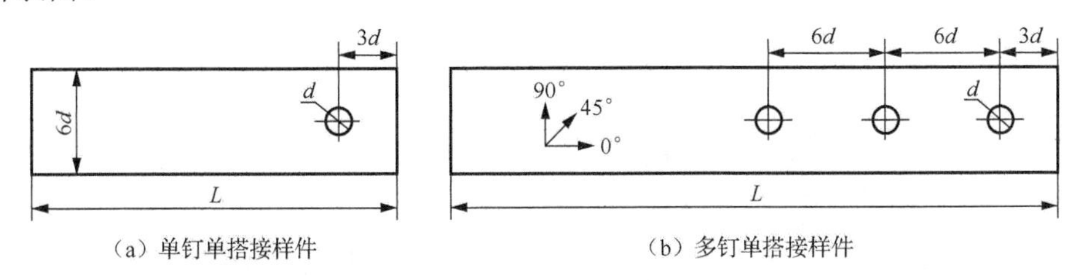

（a）单钉单搭接样件　　（b）多钉单搭接样件

图 2.1　单搭接承载性能试验样件尺寸

试验测试过程分为两步：第一步是紧固件预紧，紧固件可选用 12.9 级半牙内六角螺栓（DIN 912），通过测量选择螺杆直径基本一致的螺栓，以保证试验过程中孔轴配合间隙相同，将紧固件按照设定扭矩进行预紧，可采用定扭矩扳手进行预紧力加载；第二步是样件拉伸，试验样件在夹持区域采用粒度 80～120 目的砂纸进行辅助夹持以减少拉伸过程由于夹持不牢固导致样件滑动而引入的位移误差，拉伸过程中首先需要进行预拉伸，即将样件拉伸到 300～400N 以消除由于安装不正导致的样件承载不均，然后卸载位移载荷，绑定引伸计用于记录试验样件的几何变形，之后进行正式拉伸试验。

依据 ASTM D5961—13 试验标准，单搭接试验分为单板单搭接和双板单搭接两种。具体试验配置如图 2.2 所示，单板单搭接试验只有一块测试用层合板，与其呈单搭接连接的是一块特制的夹具，夹具材质为 41Cr4，经过高频淬火和回火处理，夹具尺寸在试验标准基础上引入孔垂直度误差（图 2.3）。该试验配置需要预先转动拉伸机夹头以满足两板夹持方向垂直的夹持要求，同时消除了夹持过程可能产生的载荷偏心。经测试，试验中每个夹具可使用三次，若多次使用，夹具连接孔会出现严重变形，对试验结果产生影响[3]。

双板单搭接试验需要两块测试用试验样件（图 2.4），通常两试验样件完全相同，在 ASTM D5961—13 标准的基础上，引入连接孔垂直度误差。为消除夹持过程载荷偏心需要在拉伸机夹头夹持区域引入厚度补偿片，厚度补偿片可以采用铝合金、玻璃纤维或者同样的复合材料层合板制备，厚度补偿片和样件之间可采用环氧黏接剂 Araldite® 2015（Huntsman，美国）黏接在一起。Araldite® 2015 黏接剂的拉伸模量为 2.0GPa，室温下拉伸强度为 30MPa，室温下黏接玻璃纤维材料的搭接剪切强度约为 9.0MPa，室温下黏接碳纤维材料的搭接剪切强度约为 14.0MPa，推荐搭接使用胶层厚度为 0.05～0.1mm，混合比例为 A∶B=1∶1，胶接后的样件采用虎钳台夹紧静置约 10h 后方可进行承载性能试验。

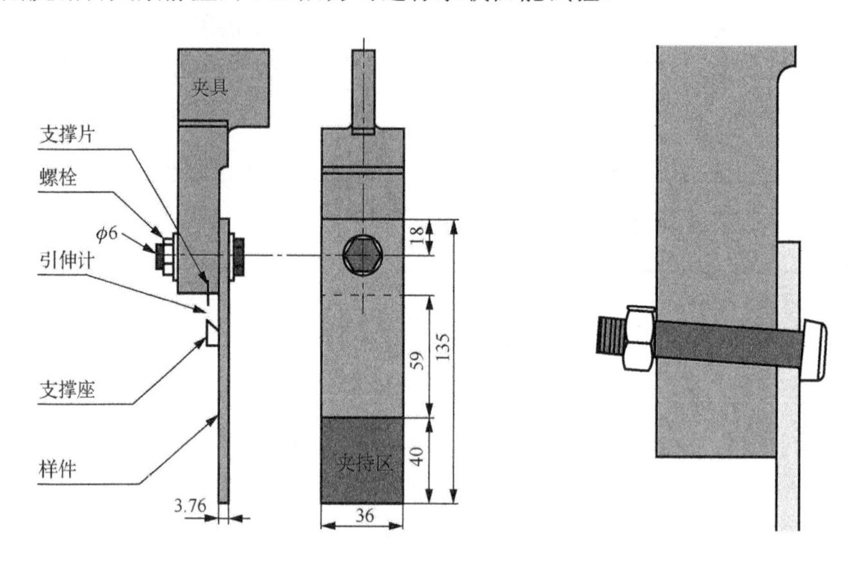

图 2.2　单板单搭接试验夹具与样件（mm）　　图 2.3　引入制孔垂直度误差示意图

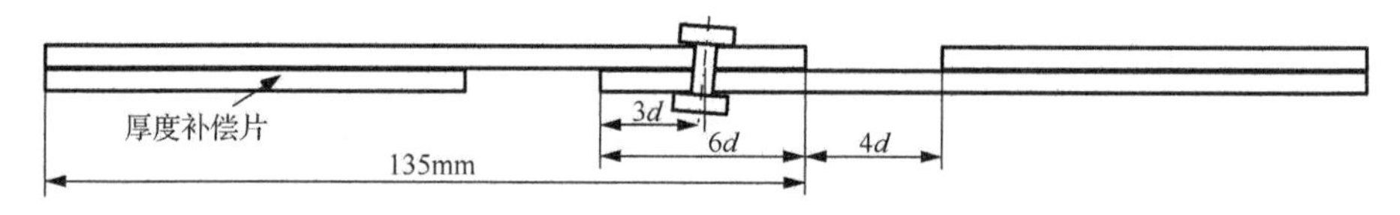

图 2.4　双板单搭接试验样件

含制孔垂直度误差的复合材料单搭接试验主要研究变量包括垂直度误差大小、连接孔倾斜方向及不同垂直度误差模式(仅限多钉接头)。根据试验标准 ASTM D5961—13[1]进行静强度试验，试验所用的拉伸机是 WDW-100 电子万能试验机，如图 2.5 所示，最大加载载荷 100kN。试验中使用拉伸机记录承载力，使用标距为 25mm 的 YSJ25-5-ZC 引伸计记录位移。试验采用位移控制法，速度选择为 1.0mm/min，观察拉伸机获取的力-位移曲线，直到载荷下降到极限载荷的 70%时停止试验。试验过程中记录力-位移曲线，并对试件破坏面拍照记录，记录最大载荷和破坏模式。每组参数重复试验 3 次。单钉单搭接试验采用 Y25/5-N 引伸计测量拉伸过程中的变形，如图 2.6（a）所示，引伸计上刀脚距离图中右板自由端 5.0mm，下刀脚在图中左板的厚度补偿片上。三钉单搭接试验采用 Y50/25-N 引伸计测量拉伸过程中的变形，如图 2.6（b）所示，引伸计上刀脚距离图中右板自由端的距离为 $6d$，下刀脚在图中左板的厚度补偿片上[4]。

图 2.5　单搭接试验设备

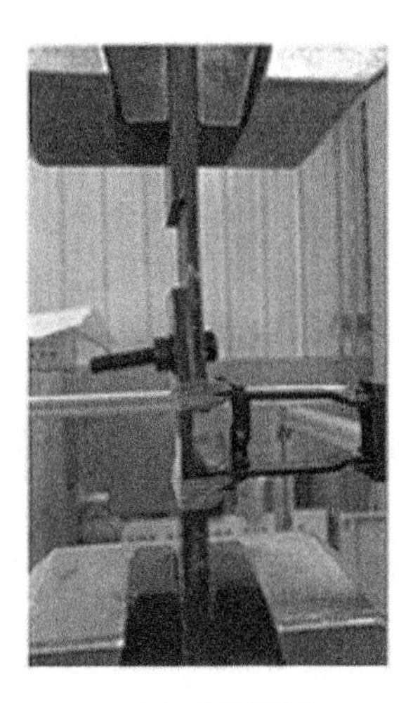

（a）单钉单搭接

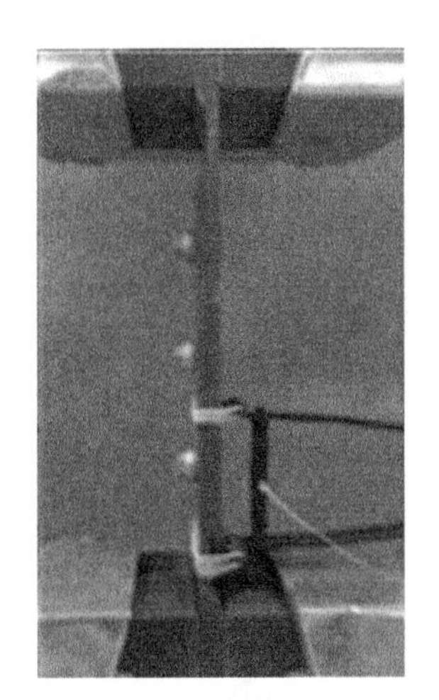

（b）多钉单搭接

图 2.6　单搭接承载性能试验方案

2.3　含装配间隙的复合材料单搭接承载性能测试方法

含装配间隙的复合材料单搭接承载性能试验旨在揭示装配间隙对复合材料单搭接结构承载性能的影响规律。实际复合材料连接结构装配体中的装配间隙一般是渐变形式，如图 2.7（a）所示。研究中常见的装配间隙模型有均匀装配间隙模型[5]和弧形装配间隙模型[6]。均匀装配间隙模型采用在装配界面处填加具有一定厚度辅助垫片的方式人为制造装配间隙，如图 2.7（b）所示，被连接件之间的阴影部分表示辅助垫片，空白部分表示装配间隙，该方法只能引入均匀装配间隙，适合于在平板之间引入装配间隙。弧形装配间隙模型可以采用制备方式或者加工方式得到，如图 2.7（c）所示，制备方式采用预制的弧形模具得到弧形复合材料工件，而加工方式一般用于复合材料与金属连接结构，在金属件上进行加工得到确定形式的装配间隙[7]，但针对复合材料与复合材料的连接结构并不适用，因为加工会影响复合材料制件的性能。

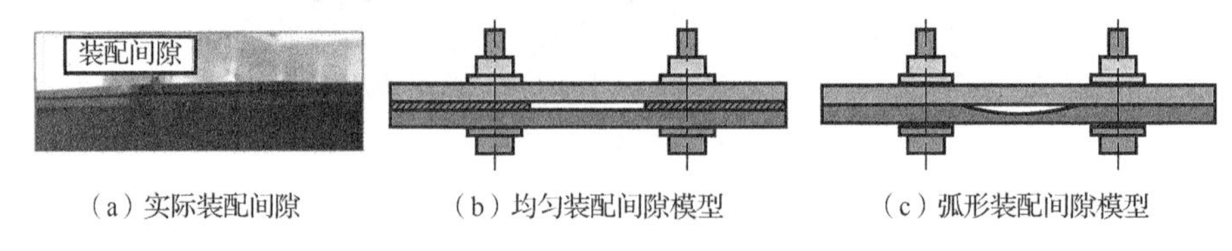

（a）实际装配间隙　（b）均匀装配间隙模型　（c）弧形装配间隙模型

图 2.7　实际装配间隙及常见模型[8]

如图 2.8 所示，以液体垫片填隙样件为例说明填隙试验样件的制作过程。首先均匀混合环氧树脂和固化剂制备液态的填隙介质，利用透明胶带将其中一个层合板的搭接区包起来（隔离填隙介质，方便固化后分开样件），利用精密虎钳台和螺旋测微仪标定填隙之前的样件厚度，然后将液态填隙介质填入样件搭接区之间，测量含填隙介质样件的整体厚度并通过精密虎钳台挤压样件以控制填隙垫片的厚度，待样件固化之后得到液体垫片填隙的复合材料单搭接样件。固体垫片填隙以及混合垫片填隙的单搭接样件制备方式类似。对填隙介质固化之后的样件进行一体化钻孔，然后通过螺栓连接在一起，最后对连接件进行力学性能测试。

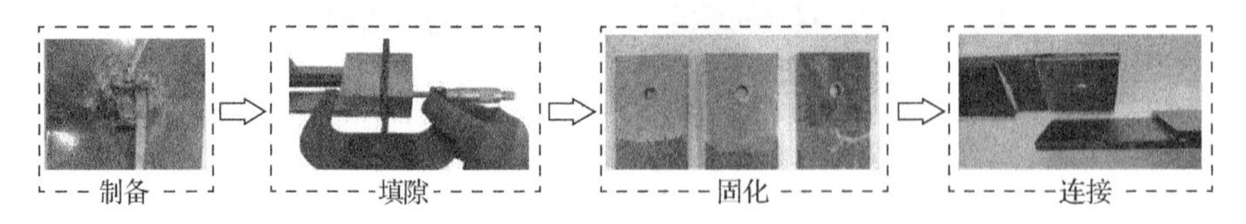

图 2.8　填隙试验样件制备过程

2.4　复合材料单板三点弯曲承载性能测试方法

单板三点弯曲试验旨在通过试验的方法获得复合材料层合板在三点弯曲载荷作用下的力-位移曲线，以确定层合板的弯曲性能，包括弯曲刚度、极限载荷以及材料的弯曲模量。

单板三点弯曲试验的相关尺寸参数主要包括样件长度 L 、样件宽度 b 、样件厚度 t 、支撑跨距 L_S 、加载头半径和支撑头半径 R ，具体尺寸参数见图 2.9。依据 ASTM D7264—15 标准，推荐的样件宽度为 13.0mm，推荐的样件厚度为 4.0mm，推荐的跨厚比为 32∶1，常用的跨厚比有 16∶1、20∶1、40∶1 和 60∶1，样件长度等于 1.2 倍支撑跨距。采用三轴及以上的数控机床加金刚石砂轮切割片进行样件裁切，制备单板三点弯曲试验样件，每个试验至少重复 6 次。三点弯曲试验采用位移控制法，速度选择为 1.0mm/min[9]，通过万能试验机记录样件弯曲试验过程中的载荷和位移，观察试验的力-位移曲线，直到载荷下降到极限载荷的 10%或加载位移达到 16.0mm 时停止试验。

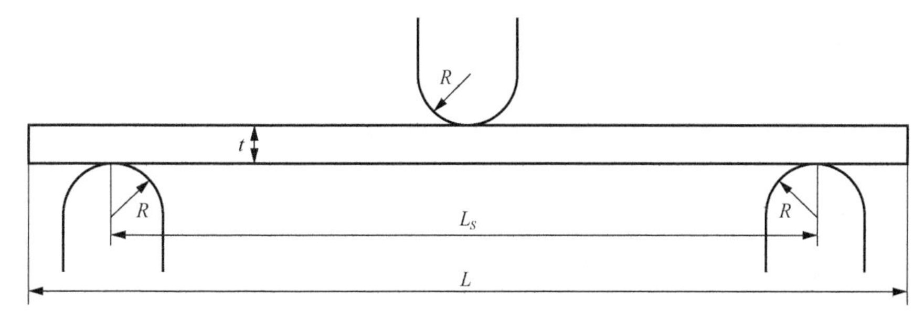

图 2.9　单板三点弯曲承载性能试验方案

三点弯曲试验还可以用来获得层合板的弯曲模量。弯曲模量可根据经典层合板理论计算得到，具体计算方法如式（2.1）所示， $F_{\mathrm{Fl}}/w_{\mathrm{Fl}}$ 为三点弯曲试验获得的力-位移曲线的弹性阶段的斜率。

$$E_{Fc}=\frac{L_S^3}{4bt^3}\cdot\frac{F_{\mathrm{Fl}}}{w_{\mathrm{Fl}}} \tag{2.1}$$

2.5　复合材料连接结构三点弯曲承载性能测试方法

复合材料连接结构三点弯曲试验旨在通过试验的方法获得复合材料连接结构在三点弯曲载荷作用下的力-位移曲线，以确定连接结构的三点弯曲性能，包括连接结构的三点弯曲刚度和极限载荷。

含装配间隙的复合材料双钉连接结构三点弯曲试验的相关尺寸如图 2.10 所示，具体参数可自定义，表 2.1 为本书推荐尺寸。该试验的主要变量为装配间隙大小 Δ。试验样件由复合材料弧形板、复合材料直板和螺栓紧固件组成。采用位移控制法，速度选择为 1.0mm/min[11]，观察试验过程中的力-位移曲线，直到载荷下降到极限载荷的 10%或加载位移达到 16.0mm 时停止试验。

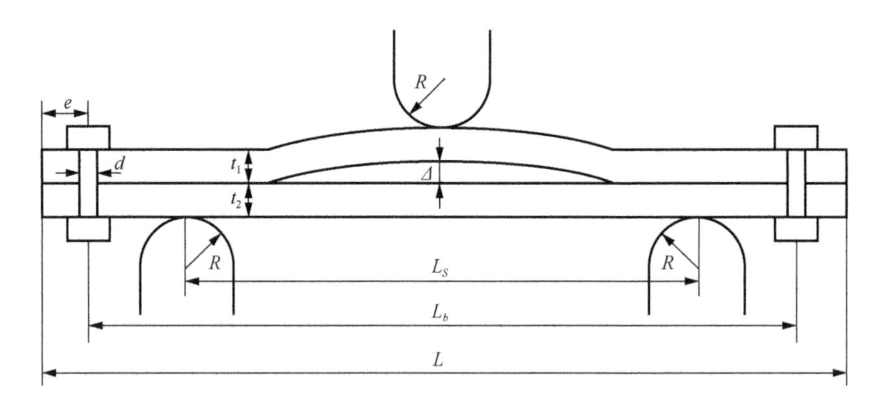

图 2.10　含装配间隙的复合材料双钉连接结构三点弯曲承载性能实验方案

表 2.1　含装配间隙的复合材料双钉连接结构三点弯曲试验参数

	长度/mm	宽度/mm	弧形板厚度/mm	直板厚度/mm	孔径/mm	孔距/mm	端距/mm	支撑跨距/mm	支撑头半径/mm
变量符号	L	b	t_1	t_2	d	L_b	e	L_S	R
数值	140	18	2.5	3.0	6.0	122	9. 0	96	3.0

参 考 文 献

[1] ASTM. Standard test method for bearing response of polymer matrix composite laminates: ASTM D5961M—13[S]. West Conshohocken, PA: ASTM International, 2013.

[2] ASTM. Standard test method for bearing/bypass interaction response of polymer matrix composite laminates using 2-fastener specimens: ASTM D7248M—12[S]. West Conshohocken, PA: ASTM International, 2012.

[3] 王建. 连接孔垂直度误差对复合材料连接性能的影响[D]. 大连: 大连理工大学, 2016.

[4] 杨宇星. 虑及填隙装配的 CFRP 构件螺接性能研究[D]. 大连: 大连理工大学, 2019.

[5] 蒋麒麟, 安鲁陵, 云一珅, 等. 间隙补偿及液体垫片参数对层合板单层与层间应力的影响[J]. 机械科学与技术, 2017, 36(10): 1633-1640.

[6] Wang Q, Dou Y, Cheng L, et al. Shimming design and optimal selection for non-uniform gaps in wing assembly[J]. Assembly Automation, 2017, 37(4): 471-482.

[7] Zhai Y, Li D, Li X, et al. An experimental study on the effect of joining interface condition on bearing response of single-lap, countersunk composite-aluminum bolted joints[J]. Composite Structures, 2015, 134: 190-198.
[8] Yang Y X, Wang Y Q, Liu X S, et al. The effect of shimming material on flexural behavior for composite joints with assembly gap[J]. Composite Structures, 2019, 209: 375-382.
[9] ASTM. Standard test method for flexural properties of polymer matrix composite materials: ASTM D7264M—15[S]. West Conshohocken, PA: ASTM International, 2015.

第 3 章　碳纤维复合材料连接性能分析模型

3.1　单钉单搭接刚度解析模型

常见的复合材料构件连接形式主要分为单搭接和双搭接两种，单搭接结构对应的主要承载形式为单搭接承载，以单搭接螺接结构为例，其主要特点是连接件之间的拉伸载荷通过对螺栓的剪切作用进行传递，整体结构呈现载荷偏心的特点，如图 3.1 所示，复合材料单搭接螺接结构在高预紧扭矩下的典型拉伸力 F-位移 x 曲线可以分为 5 个阶段：摩擦阶段、过渡阶段、螺栓承载阶段、损伤累积阶段和性能退化阶段[1]。

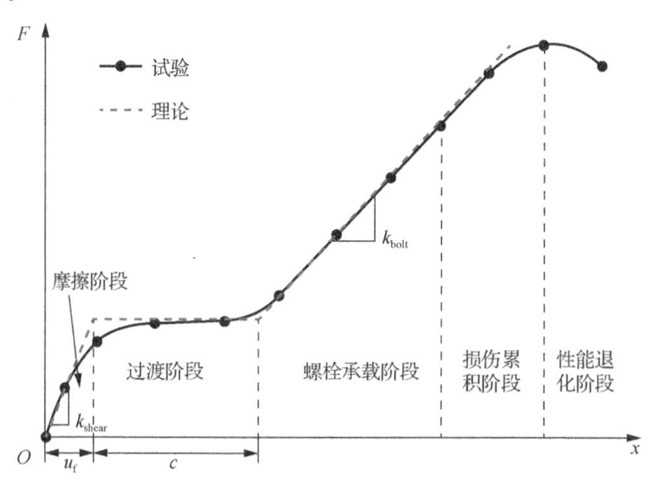

图 3.1　高预紧扭矩下复合材料单钉单搭接接头的典型力-位移曲线

摩擦阶段是力-位移曲线的第一个线性阶段，主要是连接件之间的摩擦力起作用，紧固件在摩擦阶段的主要作用是提供法向约束力以保证连接件之间的摩擦作用，该阶段可用摩擦刚度 k_{shear}、最大静摩擦力 F_f 和摩擦阶段位移 u_f 表征。过渡阶段在力-位移曲线上表现为位移增加而力基本不变化，该阶段的长度近似等于螺栓与孔的钉孔配合间隙 c。过渡阶段之后，力-位移曲线出现第二个线性阶段，即螺栓承载阶段，螺栓杆与孔壁在拉伸载荷作用下开始接触并传递沿 x 方向的载荷，该阶段可用螺栓刚度 k_{bolt} 表征。螺栓承载阶段之后，继续增大拉伸载荷，连接结构将出现损伤，力-位移曲线进入损伤累积阶段。继续增大载荷直到超过极限载荷后，力-位移曲线进入性能退化阶段。弹簧-质点模型主要用来分析复合材料构件损伤萌生之前的 3 个阶段，损伤退化模型主要用来分析复合材料构件损伤萌生之后的 2 个阶段。

含装配间隙的复合材料单钉单搭接接头及相应的弹簧-质点模型如图 3.2 所示，其尺寸参考自 ASTM D5961/5961M—13[2]。针对典型的无装配间隙接头、含装配间隙接头和含填隙垫片接头的刚度模型分别进行理论推导。文中以圆环形装配间隙为例进行说明，装配间隙大小用 Δ 表征，装配间隙半径用 r_Δ 表征，其余任意形状的装配间隙均可以采用等效为圆环形的方法进行计算。

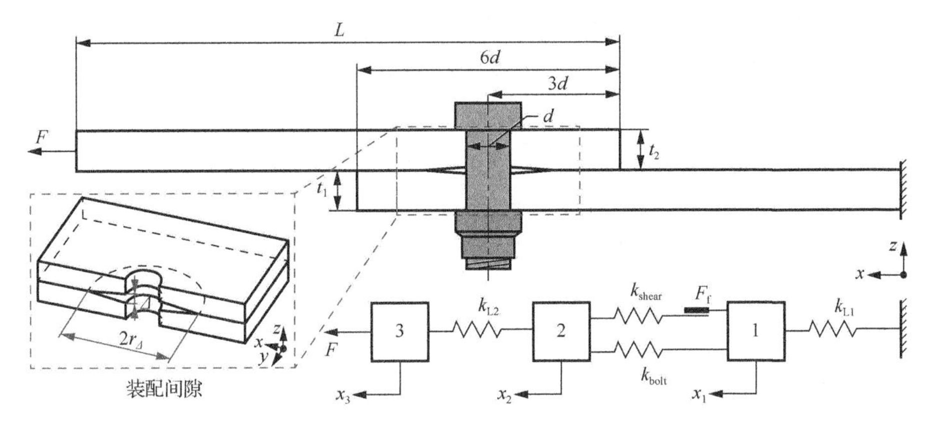

图 3.2　含装配间隙的复合材料单钉单搭接接头及其弹簧-质点模型

图中 F 代表外载荷；1～3 代表质点；k_{L1} 和 k_{L2} 表示下板和上板的刚度；k_{shear} 代表两板之间的摩擦刚度，主要取决于横向剪切应力，对应力-位移曲线中第一个线性段的斜率，而 k_{bolt} 代表螺栓刚度，对应力-位移曲线中第二个线性段的斜率（图 3.1）；$x_i\ (i=1,2,3)$ 表征相应的质点沿受载方向的位移；F_{f} 是两板之间的最大静摩擦力（$F_{\mathrm{f}}=\mu F_{\mathrm{N}}$，其中 μ 代表两板之间的最大静摩擦系数，F_{N} 代表螺栓预紧力）。该弹簧-质点模型的质点默认只能沿 x 方向移动，其平衡方程可由式（3.1）表示，其中 $\boldsymbol{M}$ 和 $\boldsymbol{K}$ 分别表示质量矩阵和刚度矩阵，$\ddot{\boldsymbol{x}}$、$\boldsymbol{x}$ 和 $\boldsymbol{F}$ 分别表示加速度向量、节点位移向量和外载荷向量。

$$\boldsymbol{M}\ddot{\boldsymbol{x}}+\boldsymbol{K}\boldsymbol{x}=\boldsymbol{F} \tag{3.1}$$

对于准静态面内拉伸工况，加速度可以忽略，因此上述平衡方程可以简写为[3,4]

$$\boldsymbol{K}\boldsymbol{x}=\boldsymbol{F} \tag{3.2}$$

摩擦阶段的线性方程为

$$\begin{bmatrix} k_{\mathrm{L1}}+k_{\mathrm{shear}} & -k_{\mathrm{shear}} & 0 \\ -k_{\mathrm{shear}} & k_{\mathrm{shear}}+k_{\mathrm{L2}} & -k_{\mathrm{L2}} \\ 0 & -k_{\mathrm{L2}} & k_{\mathrm{L2}} \end{bmatrix}\begin{bmatrix} x_1 \\ x_2 \\ x_3 \end{bmatrix}=\begin{bmatrix} 0 \\ 0 \\ F \end{bmatrix} \tag{3.3}$$

式中，层合板刚度$k_{\mathrm{L}i}$可以采用式（3.4）计算，其中$E_{\mathrm{L}i}$表示层合板沿轴向等效弹性模量（可以通过层合板性能均化方法[5]计算得到），b_i和t_i分别是层合板的宽度和厚度，p_i表征孔心到层合板加载边的距离，d是孔直径。

$$k_{\mathrm{L}i}=\frac{E_{\mathrm{L}i}\cdot b_i\cdot t_i}{p_i-d/2},\quad i=1,2 \tag{3.4}$$

摩擦刚度k_{shear}是由两个层合板剪切刚度项$k_{\mathrm{sh\text{-}1}}$和$k_{\mathrm{sh\text{-}2}}$组成的，如式（3.5）所示。其中，$k_{\mathrm{sh\text{-}1}}$和$k_{\mathrm{sh\text{-}2}}$可以通过式（3.6）～式（3.9）计算得到。

$$k_{\mathrm{shear}}=\left(\frac{1}{k_{\mathrm{sh\text{-}1}}}+\frac{1}{k_{\mathrm{sh\text{-}2}}}\right)^{-1} \tag{3.5}$$

假设在层合板中任意厚度位置z，横向剪切应力$\tau_{xz}(z)$满足式（3.6），其中$A_{\mathrm{e}}(z)$表示在厚度z处层合板的横向剪切应力作用的有效面积。

$$\tau_{xz}(z)=\frac{F_{\mathrm{f}}}{A_{\mathrm{e}}(z)} \tag{3.6}$$

对于面外剪切情况，一定体积材料的线弹性应变能U满足式(3.7)，其中V表示受到高剪切应力的层合板体积，G_{xz}表示层合板面外剪切模量，t是层合板厚度。

$$U=\int_V\frac{\tau_{xz}^2}{2G_{xz}}\mathrm{d}V=\int_0^t\frac{F_{\mathrm{f}}^2A_{\mathrm{e}}(z)}{2G_{xz}A_{\mathrm{e}}^2(z)}\mathrm{d}z=\frac{F_{\mathrm{f}}^2}{2G_{xz}}\int_0^t\frac{1}{A_{\mathrm{e}}(z)}\mathrm{d}z \tag{3.7}$$

层合板的变形量δ可以表征为

$$\delta=\frac{\mathrm{d}U}{\mathrm{d}F_{\mathrm{f}}}=\frac{F_{\mathrm{f}}}{G_{xz}}\int_0^t\frac{1}{A_{\mathrm{e}}(z)}\mathrm{d}z \tag{3.8}$$

层合板剪切刚度项$k_{\mathrm{sh\text{-}}i}$可以采用式（3.9）计算。

$$k_{\mathrm{sh\text{-}}i}=\frac{F_{\mathrm{f}}}{\delta}=\frac{G_{xz(i)}}{\int_0^{t_i}\frac{1}{A_{\mathrm{e}i}(z)}\mathrm{d}z},\quad i=1,2 \tag{3.9}$$

螺栓承载阶段的线性方程如式（3.10）所示。其中，u_{f}表征摩擦阶段位移。

$$\begin{bmatrix} k_{\mathrm{L1}}+k_{\mathrm{bolt}} & -k_{\mathrm{bolt}} & 0 \\ -k_{\mathrm{bolt}} & k_{\mathrm{bolt}}+k_{\mathrm{L2}} & -k_{\mathrm{L2}} \\ 0 & -k_{\mathrm{L2}} & k_{\mathrm{L2}} \end{bmatrix}\begin{bmatrix} x_1 \\ x_2 \\ x_3 \end{bmatrix}=\begin{bmatrix} -k_{\mathrm{bolt}}(c+u_{\mathrm{f}})+F_{\mathrm{f}} \\ k_{\mathrm{bolt}}(c+u_{\mathrm{f}})-F_{\mathrm{f}} \\ F \end{bmatrix} \tag{3.10}$$

如式（3.11）所示，螺栓刚度k_{bolt}包含螺栓剪切刚度项$k_{\mathrm{shear\text{-}b}}$、螺栓弯曲刚度项$k_{\mathrm{bend\text{-}b}}$、层合板挤压刚度项$k_{\mathrm{bear\text{-}1}}$和$k_{\mathrm{bear\text{-}2}}$以及二次弯曲刚度项$k_{\mathrm{sec\text{-}1}}$和$k_{\mathrm{sec\text{-}2}}$。

$$k_{\text{bolt}}=\left[\frac{1}{k_{\text{shear-b}}}+\frac{1}{k_{\text{bend-b}}}+\frac{1}{k_{\text{bear-1}}}+\frac{1}{k_{\text{bear-2}}}+\frac{1}{k_{\text{sec-1}}}+\frac{1}{k_{\text{sec-2}}}\right]^{-1} \tag{3.11}$$

式（3.11）中包含的刚度项可以通过式（3.12）～式（3.15）计算得到。

$$k_{\text{shear-b}}=\frac{3G_{\text{b}}A_{\text{b}}}{2\left(t_1+t_2\right)} \tag{3.12}$$

$$k_{\text{bend-b}}=\frac{E_{\text{b}}t_1t_2}{2\left(t_1+t_2\right)} \tag{3.13}$$

$$k_{\text{bear-}i}=t_i\sqrt{E_{\text{L}i}E_{\text{T}i}} \tag{3.14}$$

$$k_{\text{sec-}i}=\frac{2}{t_{\text{m}}t_i}\cdot\frac{L_{\text{efc2}}^4E_{\text{Fc1}}^2I_{\text{c1}}^2+2L_{\text{efc1}}L_{\text{efc2}}E_{\text{Fc1}}E_{\text{Fc2}}I_{\text{c1}}I_{\text{c2}}\left(2L_{\text{efc1}}^2+3L_{\text{efc1}}L_{\text{efc2}}+2L_{\text{efc2}}^2\right)+L_{\text{efc1}}^4E_{\text{Fc2}}^2I_{\text{c2}}^2}{L_{\text{efc1}}L_{\text{efc2}}\left(L_{\text{efc2}}^3E_{\text{Fc1}}I_{\text{c1}}+L_{\text{efc1}}^3E_{\text{Fc2}}I_{\text{c2}}\right)} \tag{3.15}$$

式中，G_{b} 是螺栓剪切模量；A_{b} 是螺栓杆横截面积；$E_{\text{L}i}$ 和 $E_{\text{T}i}$ 分别是层合板沿轴向和沿横向等效弹性模量；t_{m} 表征载荷偏心量（两个层合板中性层的距离）；$L_{\text{efc}i}$ 表征孔壁到层合板加载边的距离（对单钉单搭接结构，$L_{\text{efc}i}=p_i-d/2$）；$E_{\text{Fc}i}$ 表征层合板弯曲模量[6]（可以通过三点弯曲试验获得相应值[7]）；I_{ci} 表征层合板惯性矩。

针对两个连接件完全相同的情况，式（3.15）可以简化为

$$k_{\text{sec-1}}=k_{\text{sec-2}}=\frac{16}{t_{\text{m}}t}\cdot\frac{E_{\text{Fc}}I_{\text{c}}}{L_{\text{efc}}} \tag{3.16}$$

一般情况下，层合板之间的装配间隙与填隙垫片会影响摩擦刚度 k_{shear} 和螺栓刚度 k_{bolt}。当装配间隙半径较小时，装配间隙对载荷偏心量的影响可以忽略，故不会影响螺栓刚度，主要影响摩擦刚度。当装配间隙半径超过搭接区半径 $r_{\Delta}\geqslant 3\sqrt{2}d$（搭接区外接圆半径为 $3\sqrt{2}d$），装配间隙的存在会影响载荷偏心量，见式（3.17），进而影响螺栓刚度。

$$t_{\text{m}}=\frac{t_1+t_2}{2}+\Delta \tag{3.17}$$

针对不填隙工况，装配间隙改变了层合板的横向剪切应力有效面积以及载荷偏心量，进而影响摩擦刚度 k_{shear} 和螺栓刚度 k_{bolt}。针对填隙工况，除以上两个因素外，填隙垫片的剪切模量是影响摩擦刚度 k_{shear} 的又一重要因素。

以下针对单钉无装配间隙工况、含装配间隙工况和填隙工况分别建立刚度模型。

1）单钉无装配间隙工况

常用的横向剪切应力假设由 McCarthy 等[8]提出，认为螺栓预紧力作用下层合板的横向剪切应力满足圆筒形分布形式。然而，通过文献调研发现预紧力作用下板内压力分布满足圆锥台分布形式。根据库仑摩擦定律可知预紧力下的板间摩擦

力正比于预紧力，横向剪切应力与板间摩擦力成正比关系，因此，横向剪切应力分布形式应与板内压力分布形式相似，故提出无装配间隙接头的横向剪切应力分布应满足如图 3.3 所示圆锥台分布形式，基于该假设建立单钉无装配间隙工况弹簧-质点模型。

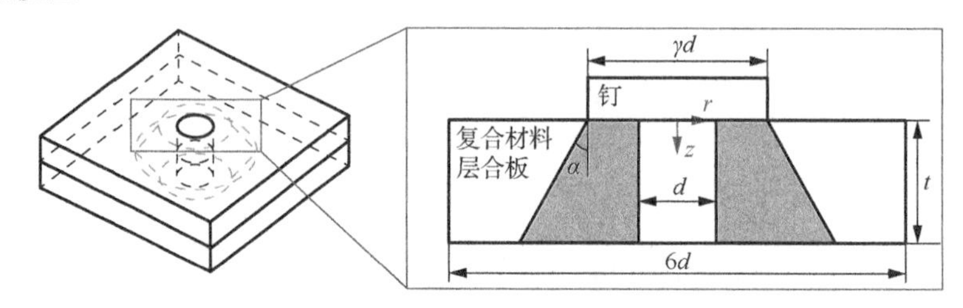

图 3.3　单钉无装配间隙工况的横向剪切应力分布假设

如图 3.3 所示，无装配间隙接头的横向剪切应力有效作用面积 $A_e(z)$ 可用式（3.18）表达。其中，接触半径比 $\gamma = 1.5$，压应力分布角 $\alpha = 30°$。

$$A_e(z) = \pi\left[\left(\frac{\gamma d}{2} + z\tan\alpha\right)^2 - \left(\frac{d}{2}\right)^2\right] \tag{3.18}$$

单钉无装配间隙接头的两个层合板剪切刚度项 $k_{sh\text{-}i}$ 如下：

$$k_{sh\text{-}i} = \frac{G_{xz(i)}\pi d\tan\alpha}{\ln\left[\dfrac{2(\gamma+1)t_i\tan\alpha + (\gamma^2-1)d}{2(\gamma-1)t_i\tan\alpha + (\gamma^2-1)d}\right]}, \quad i = 1,2 \tag{3.19}$$

将式（3.19）代入式（3.5）即可得到单钉无装配间隙接头的摩擦刚度 k_{shear}。

2）单钉含装配间隙工况

建立的单钉含装配间隙工况弹簧-质点模型需要进一步满足以下假设。

（1）两个层合板装配间隙条件完全相同，满足关于两板界面对称条件。

（2）以与孔同轴的圆环形装配间隙作为基本装配间隙形式，其余任意形状的装配间隙采用等效成圆环形的处理方法。

（3）横向剪切应力 τ_{xz} 在装配间隙处不能传递。

（4）装配间隙不影响原始的横向剪切应力边界。

以装配间隙半径 r_Δ 为指标，存在 3 种情况：①当装配间隙半径足够小（$r_\Delta \approx d/2$），装配间隙的存在对摩擦刚度的影响可以忽略；②当装配间隙半径超过横向剪切应力的边界（$r_\Delta \geqslant \gamma d/2 + (t+\Delta/2)\tan\alpha$），两个层合板搭接区域没有任何有效接触区域，则不存在两板之间的摩擦力，摩擦刚度为零；③当装配间隙半径处于横向剪切应力边界内且有一定大小（$d/2 < r_\Delta < \gamma d/2 + (t+\Delta/2)\tan\alpha$），装配间隙的存在会影响摩擦刚度，以下针对该情况进行分析[9]。

如图3.4所示，当装配间隙半径满足$d/2 < r_{\Delta} < \gamma d/2 + (t + \Delta/2)\tan\alpha$，线弹性应变能可以分为两部分：一部分是无装配间隙部分，其z坐标范围是$[0,t]$，有效面积用$A_{en}(z)$表示，见式（3.20）；另一部分是含装配间隙部分，其z坐标范围是$(t, t+\Delta/2]$，有效面积用$A_{eg}(z)$表示，见式（3.21）。

$$A_{en}(z) = \pi\left[\left(\frac{\gamma d}{2} + z\tan\alpha\right)^2 - \left(\frac{d}{2}\right)^2\right] \tag{3.20}$$

$$A_{eg}(z) = \pi\left[\left(\frac{\gamma d}{2} + z\tan\alpha\right)^2 - (r_{\Delta})^2\right] \tag{3.21}$$

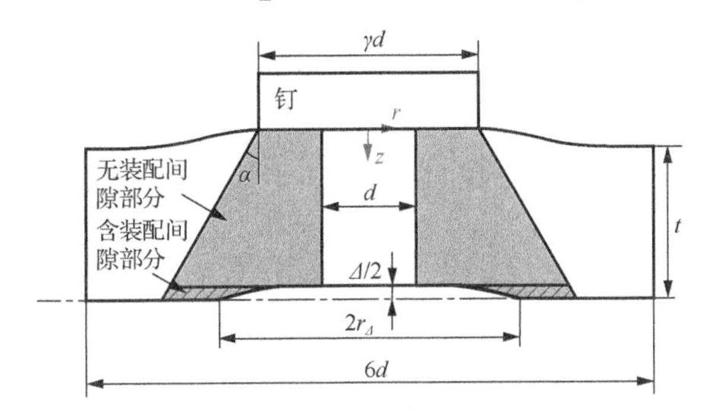

图3.4 单钉含装配间隙工况的横向剪切应力分布假设

针对单钉含装配间隙工况，两个层合板的剪切刚度项可以采用式（3.22）进行计算，将式（3.22）代入式（3.5）即可得到单钉含装配间隙接头的摩擦刚度k_{shear}。

$$k_{sh\text{-}i} = \frac{G_{xz(i)}}{\int_0^t \frac{dz}{A_{en}(z)} + \int_t^{t+\Delta/2} \frac{dz}{A_{eg}(z)}},\quad i = 1,2 \tag{3.22}$$

在此基础上，考虑更一般的装配间隙工况：装配间隙为任意形状。采用有效面积等效替代法，其中心思想是将实际装配间隙形状处于横向剪切应力边界内的高应力部分作为有效面积，将实际装配间隙形状等效为相同有效面积的圆环形装配间隙，然后进行刚度计算。此处以矩形装配间隙为例（图3.5，装配间隙长度L_{Δ}，装配间隙宽度b_{Δ}），图中阴影部分代表高横向剪切应力部分，斜线区部分代表实际装配间隙的有效装配间隙部分（其面积以S_{eff}表征），而矩形装配间隙中的白色部分代表无效装配间隙部分，半径为$\hat{r}_{\Delta}$的虚线圆代表等效圆环形装配间隙的边界（其面积以S_{equ}表征）。等效装配间隙半径$\hat{r}_{\Delta}$可通过式（3.23）～式（3.26）计算得到，其中，r_{bd}表示$z = t_i + \Delta/2$位置横向剪切应力边界的半径；θ表示实际装配间隙与等效装配间隙相交扇形的圆心角。

$$S_{\mathrm{eff}} = \pi\left(r_{\mathrm{bd}}\right)^2 - 2\left[\frac{1}{2}\theta\left(r_{\mathrm{bd}}\right)^2 - \left(\frac{L_\varDelta}{2}\right)^2 \tan\frac{\theta}{2}\right],\quad \theta \neq \pi \tag{3.23}$$

$$r_{\mathrm{bd}} = \frac{\gamma d}{2} + \left(t_i + \frac{\varDelta}{2}\right)\tan\alpha,\ \theta = 2\arccos\left(\frac{L_\varDelta}{2r_{\mathrm{bd}}}\right),\quad L_\varDelta \neq 0 \tag{3.24}$$

$$S_{\mathrm{equ}} = \pi\left(\hat{r}_\varDelta\right)^2 \tag{3.25}$$

$$S_{\mathrm{eff}} = S_{\mathrm{equ}} \tag{3.26}$$

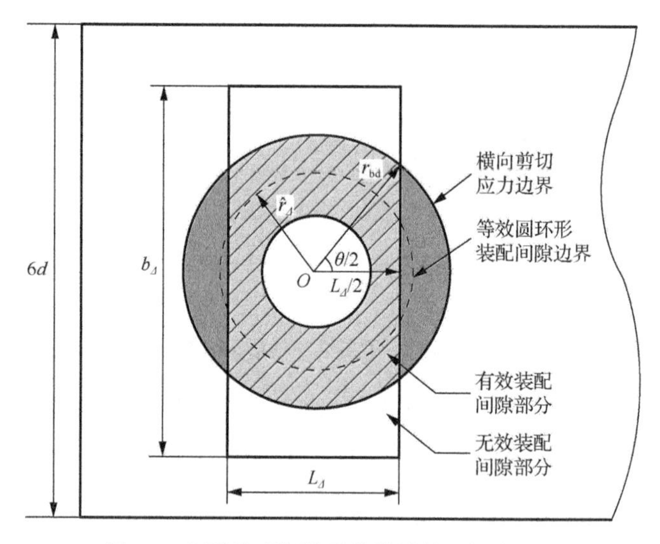

图 3.5　矩形装配间隙及其等效装配间隙形状

3）单钉填隙工况

建立的单钉填隙工况弹簧-质点模型需要额外满足以下假设。

（1）填隙垫片半径满足 $r_{\mathrm{s2}} \geqslant r_{\mathrm{s1}} \geqslant d/2$（$r_{\mathrm{s1}}$ 是垫片内径，r_{s2} 是垫片外径）。

（2）横向剪切应力 τ_{xz} 在填隙垫片中同样满足圆锥台分布形式。

以圆环形装配间隙为例（间隙大小为 $\varDelta$，间隙半径为 $r_\varDelta$），按照装配间隙半径分类，存在两种填隙工况：一种是装配间隙处于横向剪切应力边界内，满足 $d/2 \leqslant r_\varDelta \leqslant \gamma d/2 + \left(t + \varDelta/2\right)\tan\alpha$，此处命名为单钉填隙工况 A［图 3.6（a）］；另一种是装配间隙超出横向剪切应力边界，命名为单钉填隙工况 B［图 3.6（b）］。

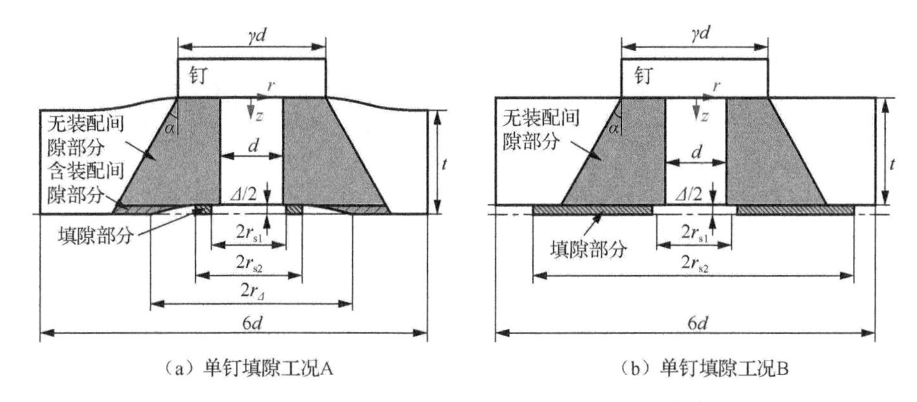

图 3.6　单钉填隙工况的横向剪切应力分布假设

对单钉填隙工况 A 而言，线弹性应变能可以分为三部分：第一部分是无装配间隙部分，其 z 坐标范围是$[0,t]$，有效面积用 $A_{en}(z)$ 表示［式（3.27）］，横向剪切模量为 G_{xz}，摩擦力为 F_f；第二部分是含装配间隙部分，其 z 坐标范围是$(t,t+\Delta/2]$，有效面积用 $A_{eg}(z)$ 表示［式（3.28）］，横向剪切模量为 G_{xz}，摩擦力为 F_{fg}；第三部分是填隙部分，其 z 坐标范围是$(t,t+\Delta/2]$，有效面积用 A_{es} 表示［式（3.29）］，剪切模量为 G_{shim}，摩擦力为 F_{fs}。

$$A_{en}(z)=\pi\left[\left(\frac{\gamma d}{2}+z\tan\alpha\right)^2-\left(\frac{d}{2}\right)^2\right] \tag{3.27}$$

$$A_{eg}(z)=\pi\left[\left(\frac{\gamma d}{2}+z\tan\alpha\right)^2-{r_\Delta}^2\right] \tag{3.28}$$

$$A_{es}=\pi\left[{r_{s2}}^2-{r_{s1}}^2\right] \tag{3.29}$$

考虑到装配间隙相对于连接结构尺寸而言比较小，图 3.6（a）中的弧形装配间隙形状可以近似为矩形，因此含装配间隙部分的有效面积 $A_{eg}(z)$ 可以近似为常量 $\overline{A}_{eg}$，见式（3.30），此时摩擦力 F_{fg} 和 F_{fs} 可近似为与积分变量 z 不相关的两个常数，见式（3.31）与式（3.32）。

$$\overline{A}_{eg}=\pi\left\{\left[\frac{\gamma d}{2}+\left(t_i+\frac{\Delta}{2}\right)\tan\alpha\right]^2-r_\Delta^2\right\} \tag{3.30}$$

$$F_{fg}=\left(\frac{A_{eg}(z)}{A_{eg}(z)+A_{es}}\right),\quad F_f\approx\left(\frac{\overline{A}_{eg}}{\overline{A}_{eg}+A_{es}}\right)F_f \tag{3.31}$$

$$F_{fs}=\left(\frac{A_{es}}{A_{eg}(z)+A_{es}}\right),\quad F_f\approx\left(\frac{A_{es}}{\overline{A}_{eg}+A_{es}}\right)F_f \tag{3.32}$$

故单钉填隙工况 A 的两个层合板剪切刚度项可以由式（3.33）计算得到。

$$k_{\text{sh-}i}=\frac{1}{\dfrac{1}{G_{\text{xz}(i)}}\left[\displaystyle\int_0^{t_i}\frac{\mathrm{d}z}{A_{\text{en}}(z)}+\left(\frac{\bar{A}_{\text{eg}}}{\bar{A}_{\text{eg}}+A_{\text{es}}}\right)^2\int_{t_i}^{t_i+\frac{\Delta}{2}}\frac{\mathrm{d}z}{A_{\text{eg}}(z)}\right]+\dfrac{A_{\text{es}}\Delta}{2G_{\text{shim}}\left(\bar{A}_{\text{eg}}+A_{\text{es}}\right)^2}},\quad i=1,2 \tag{3.33}$$

对单钉填隙工况 B 而言，线弹性应变能可以分为两部分：一部分是无装配间隙部分，其 z 坐标范围是$[0,t]$，有效面积用 $A_{\text{en}}(z)$ 表示［式（3.34）］，横向剪切模量为 G_{xz}；另一部分是填隙部分，其 z 坐标范围是$(t,t+\Delta/2]$，有效面积用 A_{es} 表示［式（3.35）］，横向剪切模量为 G_{shim}。当填隙垫片超出横向剪切应力边界 $r_{\text{s2}}>\gamma d/2+(t+\Delta/2)\tan\alpha$，超出部分属于非搭接区域，不存在有效接触，此时用横向剪切应力边界作为填隙垫片外径，即 $r_{\text{s2}}=\gamma d/2+(t+\Delta/2)\tan\alpha$。

$$A_{\text{en}}(z)=\pi\left[\left(\frac{\gamma d}{2}+z\tan\alpha\right)^2-\left(\frac{d}{2}\right)^2\right] \tag{3.34}$$

$$A_{\text{es}}=\pi(r_{\text{s2}}^2-r_{\text{s1}}^2) \tag{3.35}$$

故单钉填隙工况 B 的两个层合板剪切刚度项可以由式（3.36）计算得到。

$$k_{\text{sh-}i}=\frac{1}{\dfrac{1}{G_{\text{xz}(i)}}\displaystyle\int_0^{t_i}\frac{\mathrm{d}z}{A_{\text{en}}(z)}+\dfrac{\Delta}{2G_{\text{shim}}A_{\text{es}}}},\quad i=1,2 \tag{3.36}$$

以上是针对含圆环形装配间隙的单钉接头在填隙工况下的单搭接刚度计算方法。当装配间隙形状为其他任意形状时，可以采用有效面积等效替代法将装配间隙转换成圆环形再进行后续计算。

采用试验和有限元仿真相结合的方法验证复合材料单钉单搭接刚度解析模型的有效性。试验样件为 IMS194/977-2 碳纤维/环氧树脂预浸料制备的复合材料层合板，单钉单搭接螺接性能试验选用 J1 和 J2 两种形式的接头，其几何尺寸见表 3.1。试验样件在预紧前均采用最细 600 目的砂纸打磨搭接区域以保证接触稳定性，并采用酒精清洗表面。采用超景深显微镜观察样件在打磨前、打磨后和试验后的表面形貌。

表 3.1　接头 J1 和 J2 的几何尺寸　　单位：mm

参数	符号	J1	J2
样件长度	L	120	135
样件宽度	b	28. 8	36.6
孔径	d	4. 8	6.1
钉孔配合间隙	c	0. 04	0.2
孔心到层合板加载边距离	p	105. 6	116.7

接头 J1 采用 Ti6Al4V 高锁螺栓预紧（E_b=110GPa, ν_b=0.3[10]），螺栓直径 4.76mm，主要用以研究装配间隙对单钉单搭接刚度的影响，通过在样件搭接区的两个边缘布置等厚度的钢垫片以引入均匀装配间隙，预紧力均为 3.5kN，其装配间隙设置为 0mm、0.2mm 和 0.4mm，分别命名为 G0、G02 和 G04。接头 J2 采用 SCM435 普通螺栓预紧（E_b=162.43GPa, ν_b=0.286[11]），螺栓直径 5.90mm，主要用以研究预紧力对单钉单搭接刚度的影响，采用无装配间隙工况，设置 6kN 和 8kN 两种预紧力，分别命名为 G0-6kN 和 G0-8kN。

单钉单搭接刚度解析模型计算过程中需要复合材料层合板的弯曲模量，因此，针对相同铺层的 IMS194/977-2 碳纤维/环氧树脂复合材料层合板，采用单板三点弯曲试验得到该层合板弯曲模量 E_{Fc}，具体三点弯曲试验方案参考 ASTM D7264—07[6]。其中，试验样件长度 L=170.0mm，支撑跨距 L_S=141.5mm，跨距厚度比为 38∶1，样件宽度 b=13.34mm。试验采用位移加载，速度为 1.0mm/min，因只需要线性段刚度值，当力达到 250N 停止试验。试验共重复 5 次以降低试验数据的离散性。图 3.7 所示为三点弯曲试验得到的力-位移曲线，其斜率平均值 F_{FL}/w_{FL}=31.3N/mm。根据经典层合板理论可计算得到弯曲模量，具体计算方法见公式（3.37）所示[5,6]，最终获得 20 层 IMS194/977-2 碳纤维/环氧树脂复合材料层合板的弯曲模量为 31.26 GPa，基于此参数可开展解析模型计算结果与试验结果的对比。

$$E_{Fc}=\frac{L_S^3}{4bt^3}\cdot\frac{F_{Fl}}{w_{Fl}} \tag{3.37}$$

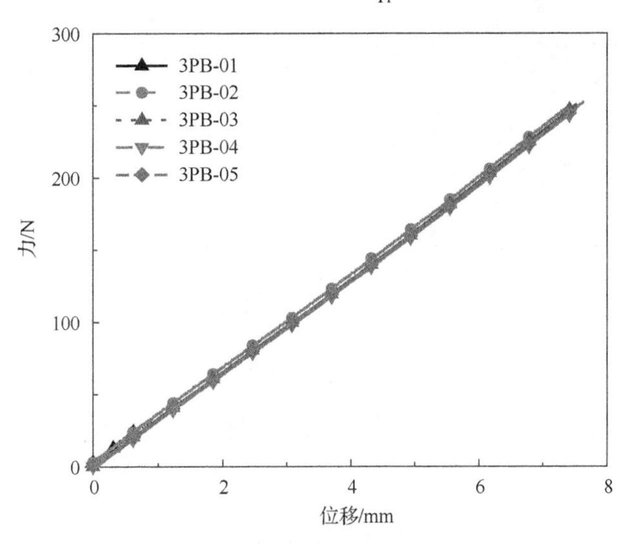

图 3.7　三点弯曲试验的力-位移曲线

首先采用试验验证单钉单搭接刚度解析模型中所提出的横向剪切应力圆锥台分布假设的合理性。以无装配间隙接头为例，样件表面形貌如图 3.8 所示，图 3.8（a）是损伤萌生之前的样件表面形貌，左边图所示为层合板外表面（靠近螺栓头侧），右边图所示为层合板内表面（两板贴合界面），图 3.8（b）是打磨之前的样件搭接区形貌，图 3.8（c）是打磨之后的样件搭接区形貌，图 3.8（d）是承受单搭接载荷之后的样件搭接区形貌。由图 3.8（a）可以看出，层合板内表面磨损面积明显比其外表面磨损面积大，这也间接证明了所提出的横向剪切应力圆锥台分布假设的合理性。此外，采用 McCarthy 等[8]提出的基于横向剪切应力圆筒形分布假设的弹簧-质点模型计算接头 J1 在无装配间隙工况下的摩擦刚度，与所提出的基于横向剪切应力圆锥台分布假设的弹簧-质点模型计算结果进行对比，如图 3.9 所示。采用本节模型计算得到的摩擦刚度与试验平均值的相对误差为−2.6%，而采用 McCarthy 等[8]提出的模型计算得到的摩擦刚度与试验平均值的相对误差为 8.3%，证明所提出的横向剪切应力圆锥台分布假设能够一定程度提高弹簧-质点模型中的摩擦刚度的计算精度。

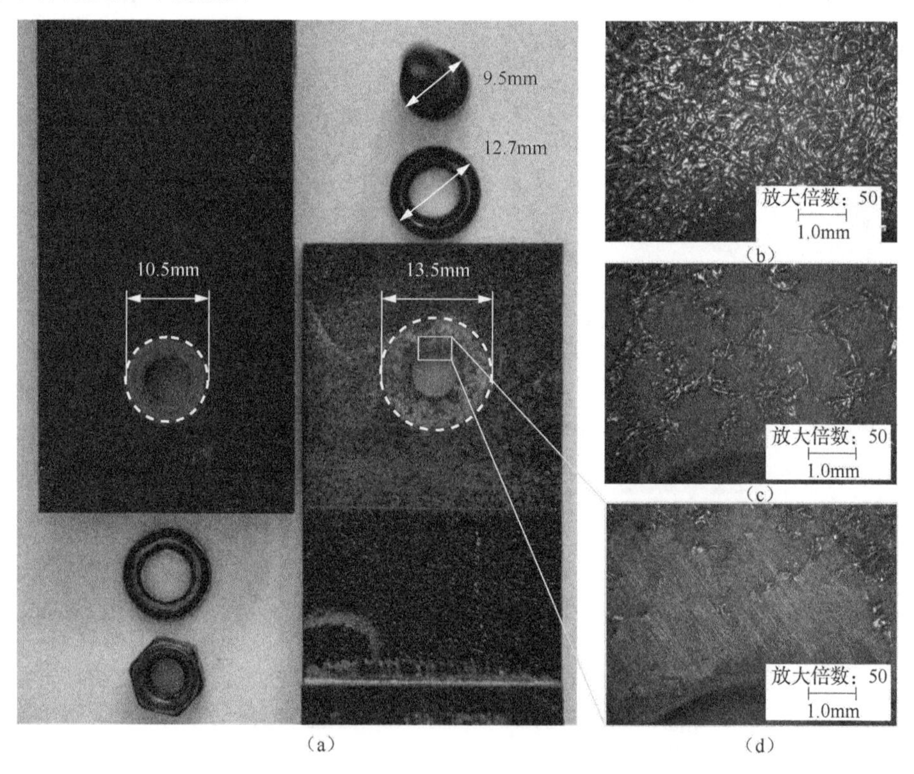

图 3.8　无装配间隙接头的表面形貌图

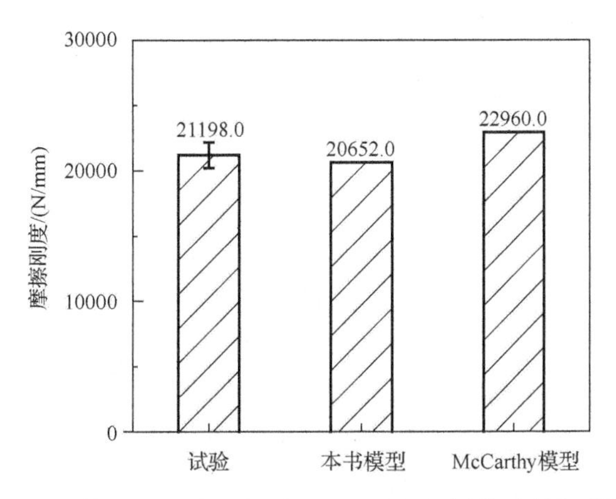

图 3.9　接头 J1 无装配间隙工况下不同解析模型刚度对比

图 3.10 为接头 J1 和 J2 损伤萌生之前的力-位移曲线，其中，接头 J1 的刚度对比结果见表 3.2。无装配间隙工况（G0）下，接头 J1 的摩擦刚度试验平均值为 21198.0N/mm，解析模型值为 20652.0N/mm，解析模型计算结果相对试验平均值的相对误差为-2.6%。接头 J2 的摩擦刚度的解析模型计算结果与试验平均值的相对误差为-6.9%，螺栓刚度的解析模型计算结果与试验平均值的相对误差为-12.1%。力-位移曲线在过渡阶段理论上应表现为力不变化而位移不断增加，而图 3.10 中试验曲线过渡阶段均呈现轻微的力上升趋势，这是因为层合板搭接区域表面粗糙度在承载过程中不断改变［图 3.8（b）～（d）］，导致摩擦系数在受载过程中也发生改变，因此，造成实际的力-位移曲线过渡阶段呈现轻微上升趋势而非理论上保持水平不变的现象。

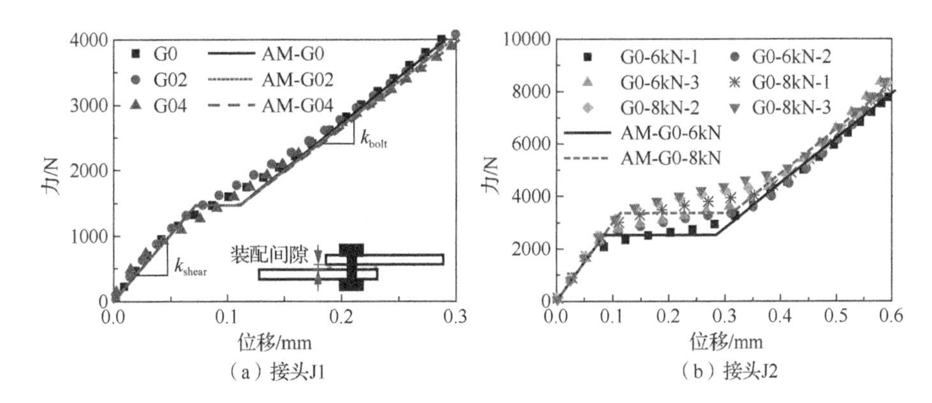

图 3.10　接头 J1 和 J2 的试验与解析模型的力-位移曲线

表 3.2　不同装配间隙下接头 J1 的试验和解析模型刚度值

	摩擦刚度/（N/mm）		相对误差	螺栓刚度/（N/mm）		相对误差
	试验值	解析值	/%	试验值	解析值	/%
G0	21198.0	20652.0	−2.60	14073.0	14084.0	0.08
G02	20224.0	20599.0	1.90	13060.0	13617.0	4.30
G04	20499.0	20545.0	0.22	12071.0	13181.0	9.20

另外，采用有限元分析方法作为辅助验证手段。复合材料层合板与紧固件均采用增强型沙漏控制法的 C3D8R 三维六面体单元建模并采用均化材料定义法赋予等效力学性能，螺栓和螺母采用增强型沙漏控制法的 C3D8R 三维六面体单元一体化建模。模型考虑法向为硬接触和切向为基于惩罚函数的摩擦接触，层合板之间摩擦系数为 0.42，螺栓头与层合板之间摩擦系数为 0.01，螺栓杆与孔壁之间摩擦系数为 0.1。此处，只需计算模型刚度，不涉及复合材料损伤，因此该模型计算无须采用 UMAT 子程序，直接利用 Abaqus Standard 默认求解器计算即可。经网格无关化分析后，最终复合材料层合板与螺栓头接触区域的面内网格尺寸定为 0.5mm，搭接区域的网格尺寸为 1.0mm，其余非接触区域网格尺寸均为 3.0mm，沿厚度方向每 4 个铺层划分一层网格（共 5 层网格）。图 3.11 为液体垫片填隙工况 B 的解析模型与有限元模型的力-位移曲线对比图，填隙厚度分别为 0.5mm（命名为液体垫片 0.5）和 1.0mm（命名为液体垫片 1.0），预紧力均为 8 kN。解析模型计算结果与有限元模型结果相比，其摩擦刚度的相对误差和螺栓刚度的相对误差分别在 15%和 5%以内。

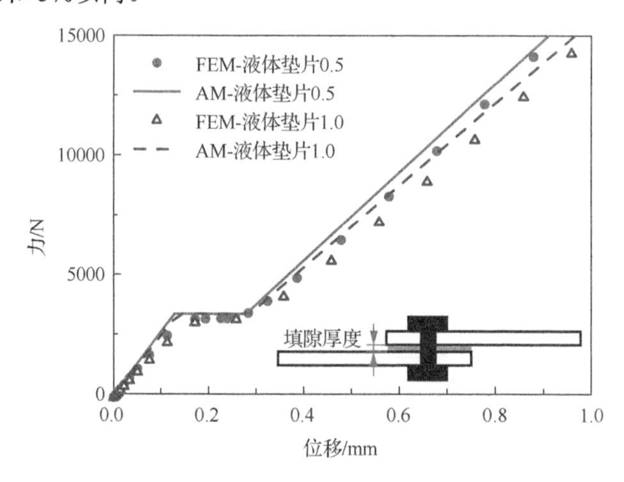

图 3.11　填隙接头的有限元模型和解析模型结果对比

经试验和有限元分析方法验证，结果证明所提出的复合材料单钉单搭接刚度解析模型是有效的，且摩擦刚度计算精度相比原有的弹簧-质点模型有所提升。

3.2　多钉单搭接刚度解析模型

基于前文所述虑及装配间隙的复合材料单钉单搭接刚度解析模型，可扩展出针对多钉工况的弹簧-质点模型以分析多钉工况单搭接刚度。航空复合材料构件连接结构的常用钉距一般在 5～6 倍孔径，针对 ASTM D7248—12 标准推荐的钉距为 6 倍孔径的多钉单搭接连接工况（该工况下各钉之间不存在应力重叠区域），因此，可将多钉单搭接刚度解析模型视为多个单钉工况的叠加，可分别计算不同工况下单钉单搭接连接刚度，然后通过叠加获得多钉单搭接结构的刚度。为实现上述目标，针对可能出现的 5 种典型装配间隙工况和填隙工况分别建立了相应结构刚度解析计算方法，实现了多钉单搭接结构刚度的快速评估。

采用具有代表性的复合材料三钉单搭接结构为研究对象，具体结构及其对应弹簧-质点模型如图 3.12 所示，模型几何尺寸参考 ASTM D7248—12[4]。其中 F 代表外载荷，1～7 代表质点，$k_{\mathrm{L1}\text{-}i}$ 和 $k_{\mathrm{L2}\text{-}i}$ $(i=1,2,3)$ 表示下板刚度和上板刚度，$k_{\mathrm{shear}i}$ 代表第 i 个螺栓的摩擦刚度，对应单钉单搭接结构力-位移曲线中第一个线性段的斜率，而 $k_{\mathrm{bolt}i}$ 代表第 i 个螺栓的螺栓刚度，对应单钉单搭接结构力-位移曲线中第二个线性段的斜率，x_i $(i=1,2,3)$ 代表相应的质点沿受载方向的位移，$F_{\mathrm{f}i}$ $(i=1,2,3)$ 表示每个螺栓位置对应的最大静摩擦力（$F_{\mathrm{f}i}=\mu F_{\mathrm{N}i}$，其中 μ 代表两板之间的最大静摩擦系数，$F_{\mathrm{N}i}$ 代表第 i 个螺栓的预紧力）。该弹簧-质点模型的质点默认只能沿 x 方向移动，其平衡方程见式（3.1）。对于准静态面内拉伸工况，各质点的加速度可以忽略，因此平衡方程可以简化为式（3.2）。

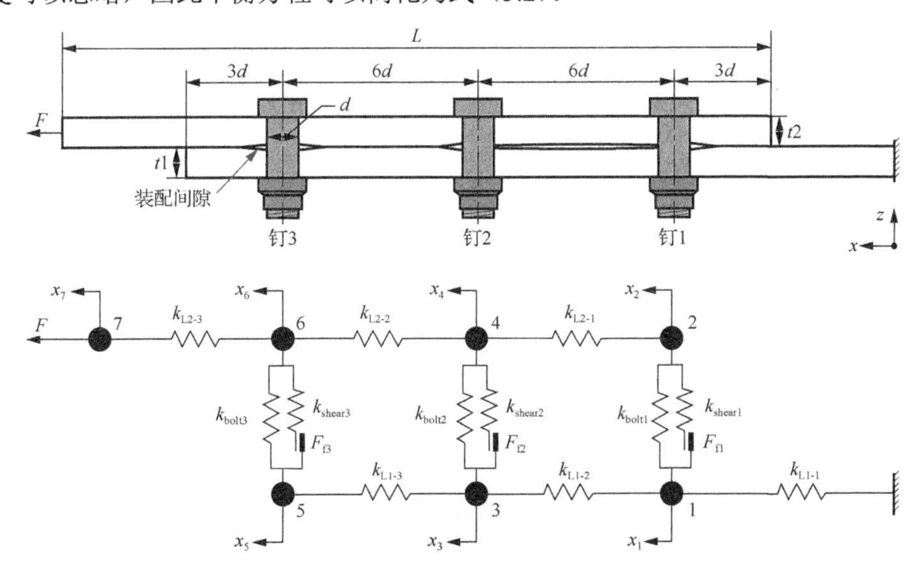

图 3.12　含装配间隙的复合材料多钉单搭接接头及其弹簧-质点模型

摩擦阶段的线性运动方程如下：

$$\begin{bmatrix} \begin{pmatrix} k_{\text{L1-1}} \\ +k_{\text{L1-2}} \\ +k_{\text{shear1}} \end{pmatrix} & -k_{\text{shear1}} & -k_{\text{L1-2}} & 0 & 0 & 0 & 0 \\ -k_{\text{shear1}} & \begin{pmatrix} k_{\text{L2-1}} \\ +k_{\text{shear1}} \end{pmatrix} & 0 & -k_{\text{L2-1}} & 0 & 0 & 0 \\ -k_{\text{L1-2}} & 0 & \begin{pmatrix} k_{\text{L1-2}} \\ +k_{\text{L1-3}} \\ +k_{\text{shear2}} \end{pmatrix} & -k_{\text{shear2}} & -k_{\text{L1-3}} & 0 & 0 \\ 0 & -k_{\text{L2-1}} & -k_{\text{shear2}} & \begin{pmatrix} k_{\text{L2-1}} \\ +k_{\text{L2-2}} \\ +k_{\text{shear2}} \end{pmatrix} & 0 & -k_{\text{L2-2}} & 0 \\ 0 & 0 & -k_{\text{L1-3}} & 0 & \begin{pmatrix} k_{\text{L1-3}} \\ +k_{\text{shear3}} \end{pmatrix} & -k_{\text{shear3}} & 0 \\ 0 & 0 & 0 & -k_{\text{L2-2}} & -k_{\text{shear3}} & \begin{pmatrix} k_{\text{L2-2}} \\ +k_{\text{L2-3}} \\ +k_{\text{shear3}} \end{pmatrix} & -k_{\text{L2-3}} \\ 0 & 0 & 0 & 0 & 0 & -k_{\text{L2-3}} & k_{\text{L2-3}} \end{bmatrix} \begin{bmatrix} x_1 \\ x_2 \\ x_3 \\ x_4 \\ x_5 \\ x_6 \\ x_7 \end{bmatrix} = \begin{bmatrix} 0 \\ 0 \\ 0 \\ 0 \\ 0 \\ 0 \\ F \end{bmatrix} \tag{3.38}$$

层合板刚度项 $k_{\text{L}i\text{-}j}$ 可以用式（3.39）给出，其中 $E_{\text{L}i}$ 表示层合板沿轴向等效弹性模量（可以通过层合板性能均化方法[5]计算），b_i 和 t_i 分别是层合板的宽度和厚度，p_{ij} 表征孔心到层合板加载边的距离（或者相邻两孔中心距），d 是孔直径，n 表示计算刚度项所在位置的相邻孔数量（计算 $k_{\text{L1-1}}$ 和 $k_{\text{L2-3}}$ 时，$n=1$；计算其他刚度项时，$n=2$）。

$$k_{\text{L}i\text{-}j} = \frac{E_{\text{L}i} \cdot b_i \cdot t_i}{p_{ij} - n \cdot d / 2}, \quad i=1,2;\ j=1,2,3 \tag{3.39}$$

三钉单搭接结构中的每个钉都可以视为一个单钉单搭接结构，其摩擦刚度 $k_{\text{shear}i}\ (i=1,2,3)$ 是各层合板剪切刚度项 $k_{\text{sh}i\text{-1}}$ 和 $k_{\text{sh}i\text{-2}}$ 之和，计算公式如下：

$$k_{\text{shear}i} = \left(\frac{1}{k_{\text{sh}i\text{-1}}} + \frac{1}{k_{\text{sh}i\text{-2}}} \right)^{-1}, \quad i=1,2,3 \tag{3.40}$$

式中，各个钉的层合板剪切刚度项 $k_{\text{sh}i\text{-}1}$ 和 $k_{\text{sh}i\text{-}2}$ 与装配间隙参数直接相关，如第 3.1 节所述。按照装配间隙存在与否以及填隙形式，每个钉的层合板剪切刚度项的计算可采用式（3.41）～式（3.44）得到，三钉弹簧-质点模型的摩擦段刚度是每个钉的摩擦刚度的组合。

（1）单钉无装配间隙工况的层合板剪切刚度项：

$$k_{\text{sh}i\text{-}j}=\frac{G_{\text{xz}(i)}\pi d\tan\alpha}{\ln\left[\dfrac{2(\gamma+1)t_i\tan\alpha+\left(\gamma^2-1\right)d}{2(\gamma-1)t_i\tan\alpha+\left(\gamma^2-1\right)d}\right]},\quad i=1,2,3;\ j=1,2 \tag{3.41}$$

（2）单钉含装配间隙工况的层合板剪切刚度项：

$$k_{\text{sh}i\text{-}j}=\frac{G_{\text{xz}(i)}}{\displaystyle\int_0^t\frac{\mathrm{d}z}{A_{\text{en}}(z)}+\int_t^{t+\varDelta/2}\frac{\mathrm{d}z}{A_{\text{eg}}(z)}},\quad i=1,2,3;\ j=1,2 \tag{3.42}$$

（3）单钉填隙工况 A 的层合板剪切刚度项：

$$k_{\text{sh-}i}=\frac{1}{\dfrac{1}{G_{\text{xz}(i)}}\left[\displaystyle\int_0^{t_i}\frac{\mathrm{d}z}{A_{\text{en}}(z)}+\left(\frac{\overline{A_{\text{eg}}}}{\overline{A_{\text{eg}}}+A_{\text{es}}}\right)^2\int_{t_i}^{t_i+\varDelta/2}\frac{\mathrm{d}z}{A_{\text{eg}}(z)}\right]+\dfrac{A_{\text{es}}\varDelta}{2G_{\text{shim}}\left(\overline{A_{\text{eg}}}+A_{\text{es}}\right)^2}},\quad i=1,2 \tag{3.43}$$

（4）单钉填隙工况 B 的层合板剪切刚度项：

$$k_{\text{sh-}i}=\frac{1}{\dfrac{1}{G_{\text{xz}(i)}}\displaystyle\int_0^{t_i}\frac{\mathrm{d}z}{A_{\text{en}}(z)}+\dfrac{\varDelta}{2G_{\text{shim}}A_{\text{es}}}},\quad i=1,2 \tag{3.44}$$

McCarthy 等[8]的研究结果表明，采用钉孔配合间隙的最大值代表过渡阶段长度的假设所得出的位移与试验结果仍有一定的偏差。通过试验研究发现，多钉力-位移曲线中过渡阶段长度与所有钉的钉孔配合间隙之和相当。因此，可以采用所有钉的钉孔配合间隙之和代表过渡阶段长度。

螺栓承载阶段的载荷向量 $\boldsymbol{F}$ 和刚度矩阵 $\boldsymbol{K}$ 如式（3.45）与式（3.46）所示。其中，$u_{\text{f}i}\ (i=1,2,3)$ 代表各个钉在摩擦阶段的最大位移。

$$
\boldsymbol{F}=\begin{bmatrix} -k_{\text{bolt1}}\left(c_1+u_{\text{f1}}\right)+F_{\text{f1}} \\ k_{\text{bolt1}}\left(c_1+u_{\text{f1}}\right)-F_{\text{f1}} \\ -k_{\text{bolt2}}\left(c_2+u_{\text{f2}}\right)+F_{\text{f2}} \\ k_{\text{bolt2}}\left(c_2+u_{\text{f2}}\right)-F_{\text{f2}} \\ -k_{\text{bolt3}}\left(c_3+u_{\text{f3}}\right)+F_{\text{f3}} \\ k_{\text{bolt3}}\left(c_3+u_{\text{f3}}\right)-F_{\text{f3}} \\ F \end{bmatrix} \tag{3.45}
$$

$$
\boldsymbol{K}=\begin{bmatrix}
\begin{pmatrix} k_{\text{L1-1}} \\ +k_{\text{L1-2}} \\ +k_{\text{bolt1}} \end{pmatrix} & -k_{\text{bolt1}} & -k_{\text{L1-2}} & 0 & 0 & 0 & 0 \\
-k_{\text{bolt1}} & \left(k_{\text{L2-1}}+k_{\text{bolt1}}\right) & 0 & -k_{\text{L2-1}} & 0 & 0 & 0 \\
-k_{\text{L1-2}} & 0 & \begin{pmatrix} k_{\text{L1-2}} \\ +k_{\text{L1-3}} \\ +k_{\text{bolt2}} \end{pmatrix} & -k_{\text{bolt2}} & -k_{\text{L1-3}} & 0 & 0 \\
0 & -k_{\text{L2-1}} & -k_{\text{bolt2}} & \begin{pmatrix} k_{\text{L2-1}} \\ +k_{\text{L2-2}} \\ +k_{\text{bolt2}} \end{pmatrix} & 0 & -k_{\text{L2-2}} & 0 \\
0 & 0 & -k_{\text{L1-3}} & 0 & \left(k_{\text{L1-3}}+k_{\text{bolt3}}\right) & -k_{\text{bolt3}} & 0 \\
0 & 0 & 0 & -k_{\text{L2-2}} & -k_{\text{bolt3}} & \begin{pmatrix} k_{\text{L2-2}} \\ +k_{\text{L2-3}} \\ +k_{\text{bolt3}} \end{pmatrix} & -k_{\text{L2-3}} \\
0 & 0 & 0 & 0 & 0 & -k_{\text{L2-3}} & k_{\text{L2-3}}
\end{bmatrix} \tag{3.46}
$$

以下针对多钉无装配间隙工况、多钉含装配间隙工况及多钉填隙工况等 5 种工况分别进行分析，主要考查各工况下层合板剪切刚度项 $k_{\text{sh}i\text{-}j}$ $(i=1,2,3;\ j=1,2)$ 的计算方法。

1）多钉无装配间隙工况

多钉无装配间隙工况定义为三个钉位置均无装配间隙。针对 ASTM D7248—12 推荐的标准钉距 $6d$ 以及考虑各个钉的横向剪切应力边界不重叠的情况（$\gamma d/2+t\tan\alpha\leqslant 3d$），因此要求孔径与板厚比满足 $d/t\geqslant\tan\alpha/(3-\gamma/2)$。此处无装配间隙多钉单搭接接头的横向剪切应力分布满足如图 3.13 形式，将三钉模型等效为三个无装配间隙单钉模型的叠加，该工况下各个钉的层合板剪切刚度项 $k_{\text{sh}i\text{-}j}$ $(i=1,2,3;\ j=1,2)$ 均采用式（3.41）计算。

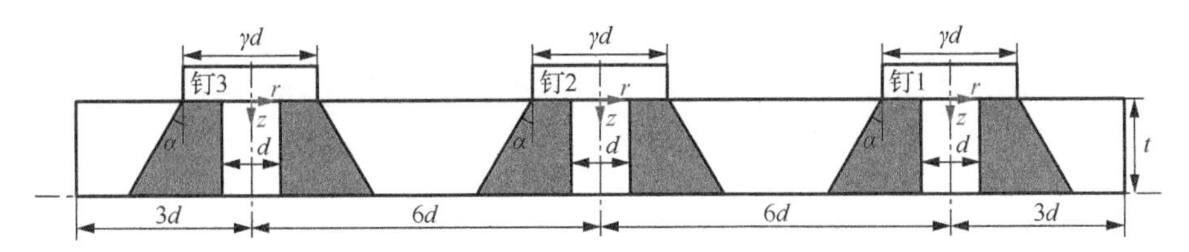

图 3.13　多钉无装配间隙工况的横向剪切应力分布假设

2）多钉含装配间隙工况

多钉含装配间隙工况包括多钉含装配间隙工况 A 和多钉含装配间隙工况 B。多钉含装配间隙工况 A 定义为三个钉位置均含有装配间隙，且相互之间没有装配间隙重叠区，其横向剪切应力分布如图 3.14（a）所示。该工况可视为三个含装配间隙单钉模型的叠加，各个钉的层合板剪切刚度项 $k_{\mathrm{sh}i\text{-}j}$ $(i=1,2,3;\ j=1,2)$ 均采用式（3.42）计算。

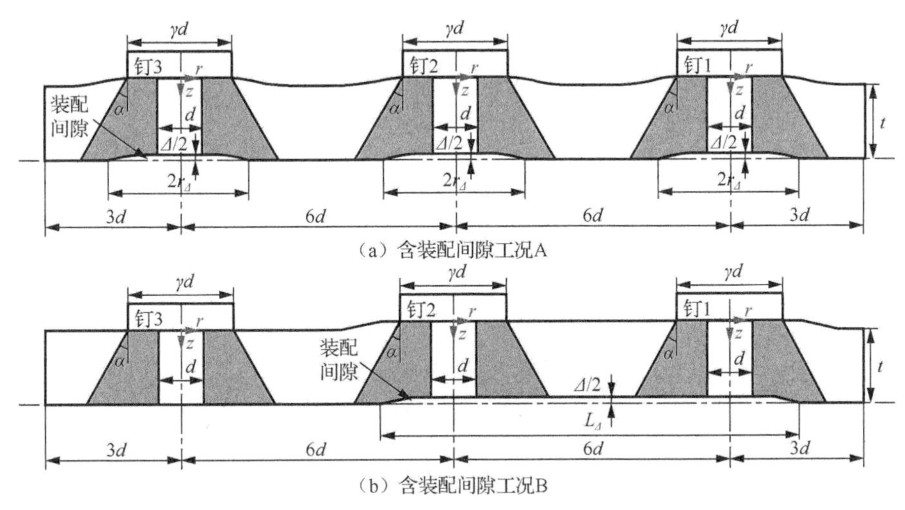

图 3.14　多钉含装配间隙工况的横向剪切应力分布假设

多钉含装配间隙工况 B 定义为装配间隙存在于相邻两个钉之间且对第三个钉没有影响，其横向剪切应力分布如图 3.14（b）所示。该工况可视为一个无装配间隙单钉和两个含装配间隙单钉的组合，其中无装配间隙单钉的层合板剪切刚度项 $k_{\mathrm{sh}3\text{-}j}$ $(j=1,2)$ 采用式（3.41）计算，含装配间隙单钉需要先采用有效面积等效替代法将任意装配间隙转换为圆环形装配间隙，然后用式（3.42）计算其层合板剪切刚度项 $k_{\mathrm{sh}i\text{-}j}$ $(i=1,2,3;\ j=1,2)$。如图 3.15 所示，以对称矩形装配间隙为例（装配间隙在钉 1 和钉 2 之间对称分布，图示为钉 2 处装配间隙分布形式）：装配间隙长度为 L_{Δ}，装配间隙宽度为 $b_{\Delta}=6d$，等效装配间隙半径为 $\hat{r}_{\Delta}$。图中竖直黑色实线为无装配间隙区（左边）与装配间隙区（右边）的分界线。阴影区域代表高横向剪切应力部分，其边界半径为r_{bd}，其中斜线区部分代表有效装配间隙部分（其面积以S_{eff}表征），而装配间隙区的白色部分代表无效装配间隙部分。等效装配间隙半径可采用式（3.47）～式（3.51）计算。

$$S_{eff}=\pi r_{bd}^2-\left[\frac{\theta}{2}r_{bd}^2-\left(\frac{L_\Delta-6d}{2}\right)^2\tan\frac{\theta}{2}\right],\quad \theta\neq\pi \tag{3.47}$$

$$r_{bd}=\frac{\gamma d}{2}+\left(t_i+\frac{\Delta}{2}\right)\tan\alpha,\quad i=1,2 \tag{3.48}$$

$$\theta=2\arccos\left(\frac{L_\Delta-6d}{2r_{bd}}\right),\quad L_\Delta\neq 6d \tag{3.49}$$

$$S_{equ}=\pi\hat{r}_\Delta^{\ 2} \tag{3.50}$$

$$S_{eff}=S_{equ} \tag{3.51}$$

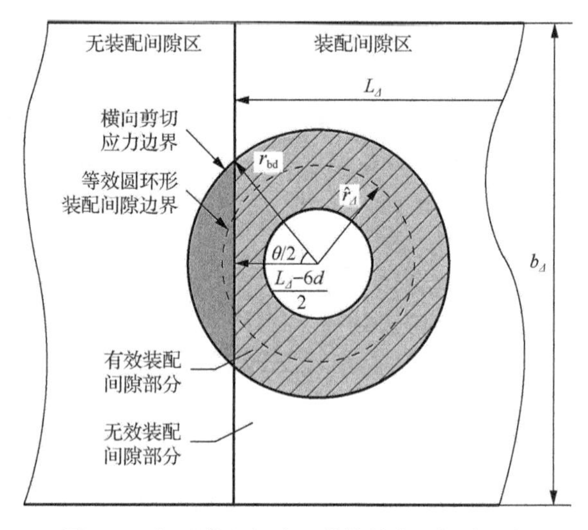

图 3.15　矩形装配间隙及其等效装配间隙形状

3）多钉填隙工况

多钉填隙工况包括多钉填隙工况 A 和多钉填隙工况 B。多钉填隙工况 A 定义为三个钉位置均含有装配间隙，且相互之间没有装配间隙重叠区，三个钉位置的装配间隙均采用填隙垫片进行补偿，其横向剪切应力分布如图 3.16（a）所示。该工况可视为三个单钉填隙工况 A 的叠加，各个钉的层合板剪切刚度项 $k_{shi\text{-}j}$ $(i=1,2,3;\ j=1,2)$ 均采用式（3.43）计算。

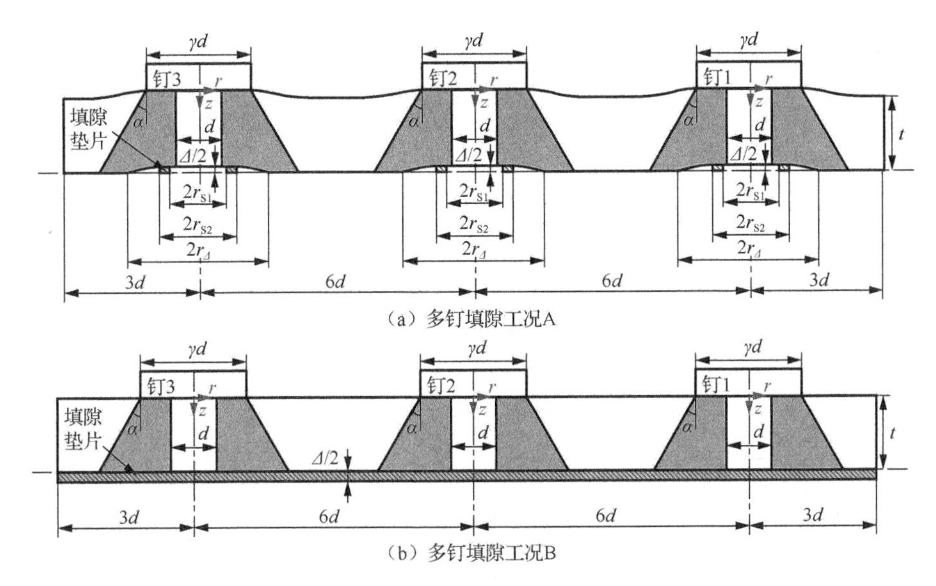

图 3.16　多钉填隙工况的横向剪切应力分布假设

多钉填隙工况 B 定义为装配间隙横跨三钉搭接区且采用完全填满的填隙策略，其横向剪切应力分布如图 3.16（b）所示。该工况可视为三个单钉填隙工况 B 的叠加，各个钉的层合板剪切刚度项 $k_{\text{sh}i\text{-}j}$ $(i=1,2,3;\ j=1,2)$ 均采用式（3.44）计算。

采用试验和有限元仿真相结合的方法验证多钉单搭接刚度解析模型有效性。试验样件为 IMS194/977-2 碳纤维/环氧树脂复合材料板，单板长 $L=6d\times3+4d$ =134.2mm，样件宽度 $b=6d$ =36.6mm，孔径 d =6.1mm。采用 SCM435 普通内六角螺栓预紧，挑选直径均为 5.97mm 的螺栓以保证三个钉的钉孔配合间隙均为 0.13mm。

考虑到三钉模型及试验操作的复杂性，采用如图 3.17 所示的复合材料多钉单搭接结构有限元模型作为辅助验证方法。层合板采用增强型沙漏控制法的 C3D8R 三维六面体单元建模并采用均化材料定义法赋予等效力学性能，紧固件采用增强型沙漏控制法的 C3D8R 单元一体化建模。模型考虑法向硬接触和切向基于惩罚函数的摩擦接触，层合板之间摩擦系数为 0.42，螺栓头与层合板之间摩擦系数为 0.01，螺栓杆与孔壁之间摩擦系数为 0.1。此处，只需计算模型刚度，不涉及复合材料损伤，因此模型计算无须采用 UMAT 子程序分析结构损伤，直接利用 Abaqus Standard 默认求解器计算即可。考虑到计算精度和效率，对层合板螺栓连接区进行了网格无关化分析，如图 3.18 所示，面内网格大小从 0.3mm 变化到 0.9mm，厚度方向网格从 4 个变化到 20 个。对比摩擦刚度和螺栓刚度结果，最终复合材料层合板与螺栓头接触区域的面内网格尺寸定为 0.5mm，搭接区域的网格尺寸为

1.0mm，其余区域网格尺寸均为 3.0mm，沿厚度方向每 5 个铺层划分一层网格（共 4 层网格）。图 3.17 中，限制下板所有平移自由度（U1、U2 和 U3），限制上板沿 Y 方向和沿 Z 方向的自由度 U2 和 U3，通过沿 X 方向施加 U1 位移实现拉伸载荷施加。

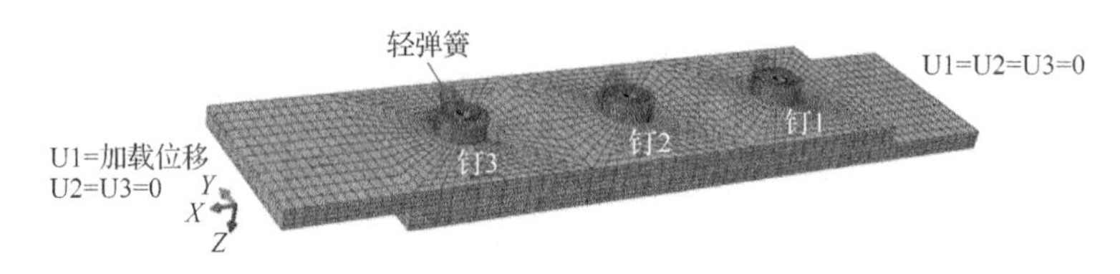

图 3.17 复合材料多钉单搭接接头有限元模型

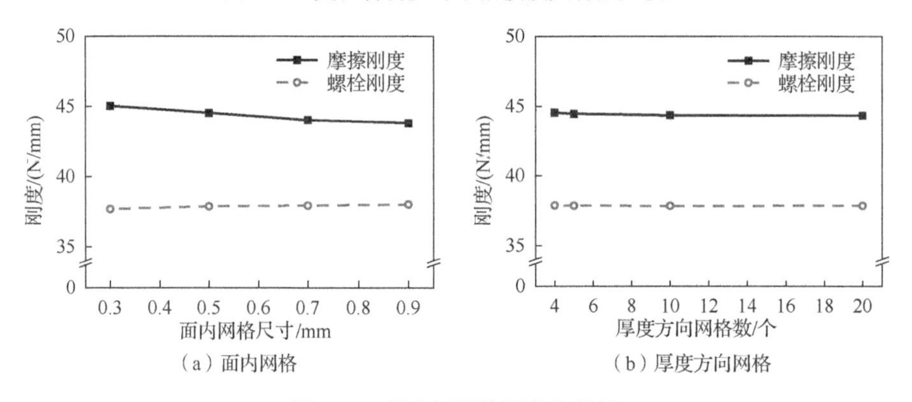

（a）面内网格 （b）厚度方向网格

图 3.18 层合板网格无关化结果

有限元验证过程中各工况所使用的模型装配间隙参数见表 3.3。其中，多钉含装配间隙工况 B 以矩形装配间隙为例，装配间隙长度为 36.6mm，装配间隙宽度为 36.6mm，且装配间隙关于 1 号螺栓和 2 号螺栓对称分布，等效装配间隙半径在 1 号螺栓和 2 号螺栓处均为 4.8mm。填隙工况 A 是在含装配间隙工况 A 的基础上增加填隙垫片以补偿装配间隙。填隙工况 B 是对装配间隙为 1.0mm 且装配间隙横跨三钉搭接区（$\hat{r}_\Delta > 3\sqrt{2}d \approx 25.9\text{mm}$）的工况进行完全填隙补偿。

表 3.3 各多钉工况的装配间隙参数 单位：mm

工况	装配间隙	等效装配间隙半径		
		钉 1	钉 2	钉 3
无装配间隙工况	0.0	0.0	0.0	0.0
含装配间隙工况 A	1.0	6.0	6.0	6.0
含装配间隙工况 B	1.0	4.8	4.8	0.0
填隙工况 A	1.0	6.0	6.0	6.0
填隙工况 B	1.0	25.9	25.9	25.9

针对复合材料螺接性能分析有限元模型，其计算过程分为两步：①施加 5kN 螺栓预紧力（等同于紧固件预紧扭矩 7.7N·m），同时限制层合板加载端和固定端的所有自由度；②固定螺栓长度以保持预紧力，然后释放层合板加载端的沿 x 方向的平移自由度，并施加位移载荷。

图 3.19 为多钉各工况下试验、解析模型和有限元模型对应的刚度结果。如图 3.19（a）所示，无装配间隙工况下，摩擦刚度试验值为（37094.9±123.8）N/mm，解析模型计算结果与试验结果的相对误差为 0.31%，有限元分析结果与试验结果的相对误差为 18.8%。试验获得的最大静摩擦力为（6172.9±190.3）N，通过解析模型和有限元分析获得的最大静摩擦力分别为 6300.0N 和 6176.9N，与试验结果的相对误差分别为 2.1%和−2.4%。试验获取的过渡阶段长度平均值是 0.48mm，解析模型和有限元分析的结果分别是 0.39mm 和 0.15mm。这是因为试验样件在承受拉伸载荷过程中靠近移动夹头的第一个钉最先克服最大静摩擦力而滑动，第一个钉处层合板之间的摩擦系数由最大静摩擦系数转变为动摩擦系数而降低了接头承载能力，而其他钉因受最大静摩擦力影响而未发生位置改变；随着载荷的不断增大，第一个钉的钉孔配合间隙逐渐消除，而第二个钉也因发生滑移而消除配合间隙，在此过程中第一个钉已经进入螺栓承载阶段，因而力-位移曲线在过渡阶段有一定的载荷增大趋势，试验样件的拉伸载荷随位移增加而不断增大，直到所有钉的孔轴配合间隙完全消除，提出的解析模型考虑了上述变化过程，而有限元模型并不考虑每个钉的孔轴配合间隙逐渐消除的过程，因此有限元结果中力-位移曲线的过渡阶段与试验结果相差较大。螺栓刚度的试验值为（32367.7± 770.2）N/mm，解析模型计算结果与试验结果的相对误差为 19.8%，有限元模型结果与试验结果的相对误差为 12.4%。

图 3.19（b）～（e）为 2 种含装配间隙工况和 2 种填隙工况下的有限元模型和解析模型计算得到的摩擦刚度和螺栓刚度对比图，5 种工况下的具体刚度解析计算结果和有限元分析结果见表 3.4，解析模型与有限元仿真计算得到的摩擦刚度最大相对误差为 17.0%，解析模型与有限元模型计算得到的螺栓刚度最大相对误差为 15.8%。综上可见，所提出的复合材料多钉单搭接刚度解析模型能够较好地预测三钉单搭接接头的刚度，理论上可扩展到无数钉单搭接结构的刚度计算。

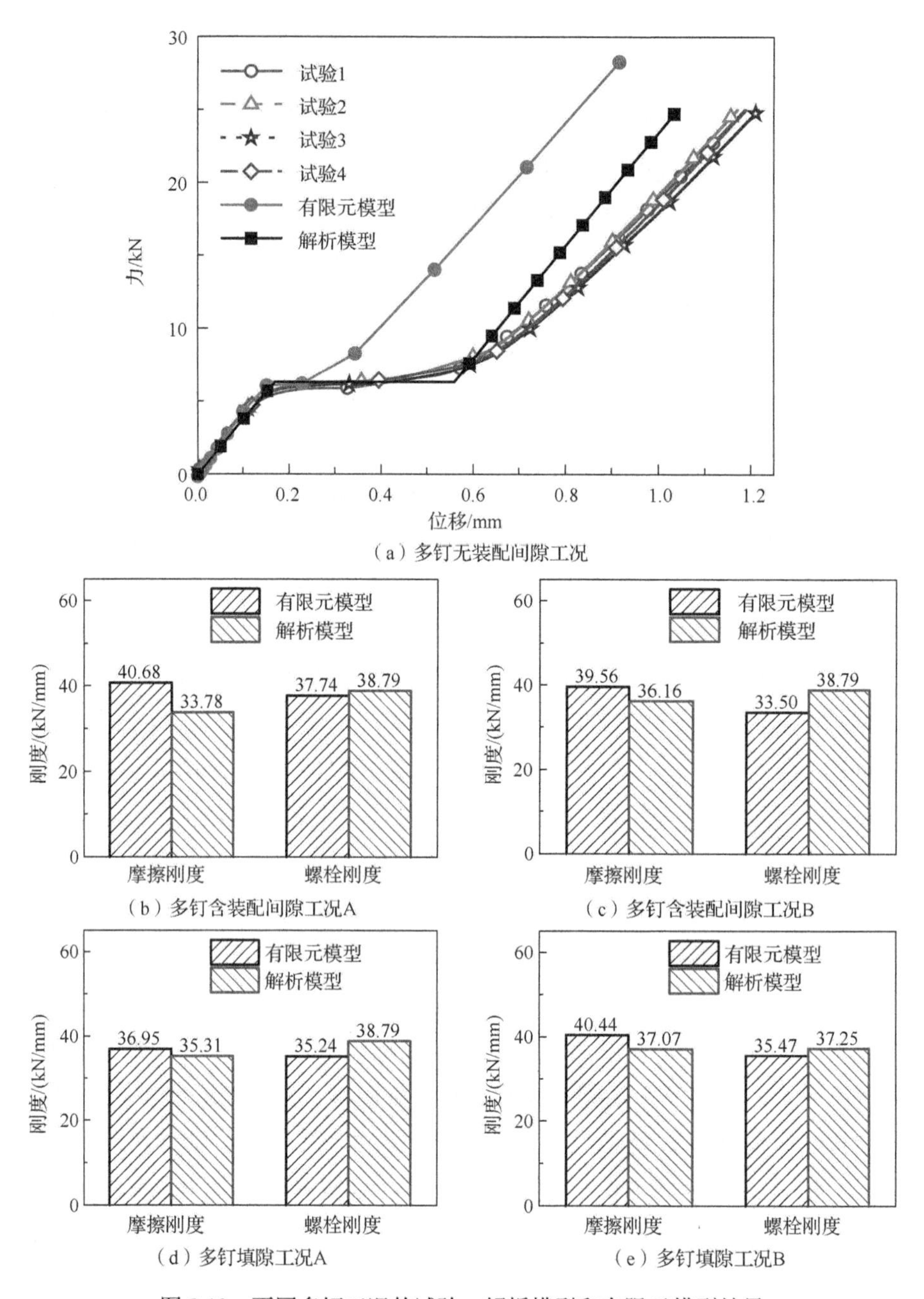

图 3.19　不同多钉工况的试验、解析模型和有限元模型结果

表 3.4　不同多钉工况的解析模型和有限元模型刚度结果对比

工况	摩擦刚度/（N/mm）			螺栓刚度/（N/mm）		
	仿真值	解析值	相对误差/%	仿真值	解析值	相对误差/%
无装配间隙工况	44065.0	37208.8	−15.6	36367.0	38787.3	6.7
含装配间隙工况 A	40680.0	33784.0	−17.0	37740.0	38787.3	2.8
含装配间隙工况 B	39561.1	36158.1	−8.6	33502.0	38787.3	15.8
填隙工况 A	36946.3	35310.8	−4.4	35243.3	38787.3	10.1
填隙工况 B	40441.1	37065.1	−8.3	35466.8	37246.3	5.0

3.3　三点弯曲刚度解析模型

弯曲载荷在复合材料构件装配过程中属于一种常见载荷。例如，复合材料机翼装配过程中因采用卡扣收紧带及压紧块加载而导致构件弯曲变形。因此，采用螺接接头三点弯曲模型研究含填隙垫片的复合材料螺接结构在装配过程中承受弯曲载荷时的变形程度，为螺接性能评估提供理论依据和技术支撑。

含填隙垫片的复合材料螺接接头三点弯曲模型如图 3.20 所示。在螺栓的连接作用下，复合材料层合板与填隙垫片构成一个整体结构，整体结构可以简化为简支边界条件下的弯曲力学模型［图 3.20（b）］，结构的有效长度可取支撑跨距长度 L_S 。受夹心结构简支梁弯曲变形计算方法[12]的启示，含填隙垫片的复合材料螺接接头三点弯曲刚度计算可以转换为简支梁的弯曲变形和剪切变形计算。

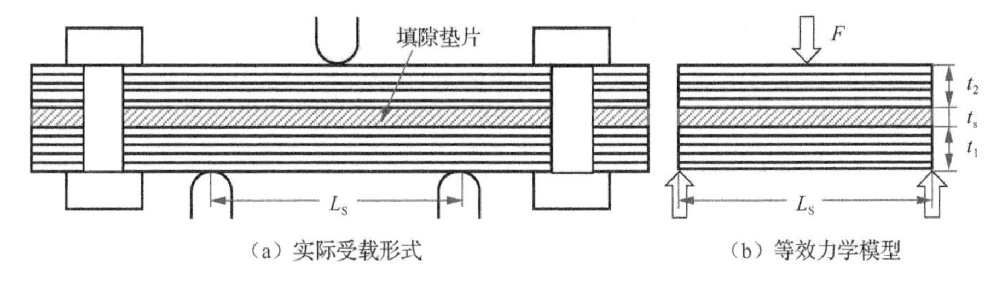

（a）实际受载形式　　（b）等效力学模型

图 3.20　含填隙垫片的复合材料螺接接头三点弯曲模型

该解析模型基于以下 3 点假设。

（1）复合材料层合板变形后仍满足直法线假设。

（2）复合材料层合板与填隙垫片所受剪切力相同。

（3）忽略复合材料层合板表层的剪切变形。

基于上述假设，含填隙垫片的复合材料螺接接头在三点弯曲载荷作用下的总变形 δ_{ss} 为结构弯曲变形 ω 和剪切变形 ς 之和：

$$\delta_{ss} = \omega + \varsigma \tag{3.52}$$

层合板和填隙垫片相对于整体结构中性轴的惯性矩 $I_{\mathrm{lam}i}$ 和 I_{shim} 分别用式（3.53）和式（3.54）给出，其中 b 表示结构宽度，$t_i\ (i=1,2)$ 表示两个层合板的厚度，t_{s} 表示填隙垫片的厚度。

$$I_{\mathrm{lam}i}=\frac{bt_i^3}{12}+bt_i\left(\frac{t_i+t_{\mathrm{s}}}{2}\right)^2,\quad i=1,2 \tag{3.53}$$

$$I_{\mathrm{shim}}=\frac{bt_{\mathrm{s}}^3}{12} \tag{3.54}$$

复合材料层合板与填隙垫片组成的整体结构的弯曲刚度 W_{eq} 如下：

$$W_{\mathrm{eq}}=\bar{E}_1 I_{\mathrm{lam1}}+\bar{E}_2 I_{\mathrm{lam2}}+E_{\mathrm{shim}} I_{\mathrm{shim}} \tag{3.55}$$

式中，复合材料层合板的弹性模量采用 Gray 等[13]所提出的形式 $\bar{E}_i=\sqrt{E_{\mathrm{xx}i}E_{\mathrm{yy}i}}\ (i=1,2)$，$E_{\mathrm{xx1}}$ 和 E_{xx2} 以及 E_{yy1} 和 E_{yy2} 分别表示板 1 和板 2 均化后的轴向弹性模量以及横向弹性模量。含填隙垫片的复合材料螺接接头的弯曲变形 ω 计算方法如下：

$$\omega=\frac{FL^3}{48W_{\mathrm{eq}}} \tag{3.56}$$

式中，F 代表外载荷；L 代表接头总长度。

给定外载荷 F，剪切内力 $Q=F/2$，结构受剪切载荷作用下的局部剪切变形示意图如图 3.21 所示。连接结构的剪切变形 ς 为直线 AG 和直线 AB 的夹角，剪切变形 ς 是剪切内力 Q 和剪切刚度 J_{eq} 的比值，如式（3.57）所示。剪切变形可以分解为两块复合材料层合板的剪切变形和填隙垫片的剪切变形三部分。

$$\varsigma=\frac{FL}{4J_{\mathrm{eq}}} \tag{3.57}$$

先计算接头相对于整体结构中性轴的惯性矩 I_y 和静矩 S_y（横截面上距结构中性轴为 z 的横线以外的部分横截面面积对中性轴 y 的静矩），如下：

$$I_y=\frac{b\left(t_1+t_2+t_{\mathrm{s}}\right)^3}{12} \tag{3.58}$$

$$S_y=\frac{b}{2}\left[\frac{\left(t_1+t_2+t_{\mathrm{s}}\right)^2}{4}-z^2\right] \tag{3.59}$$

含填隙垫片的复合材料螺接接头的剪切应力分布满足：

$$\tau=\frac{QS_y}{bI_y} \tag{3.60}$$

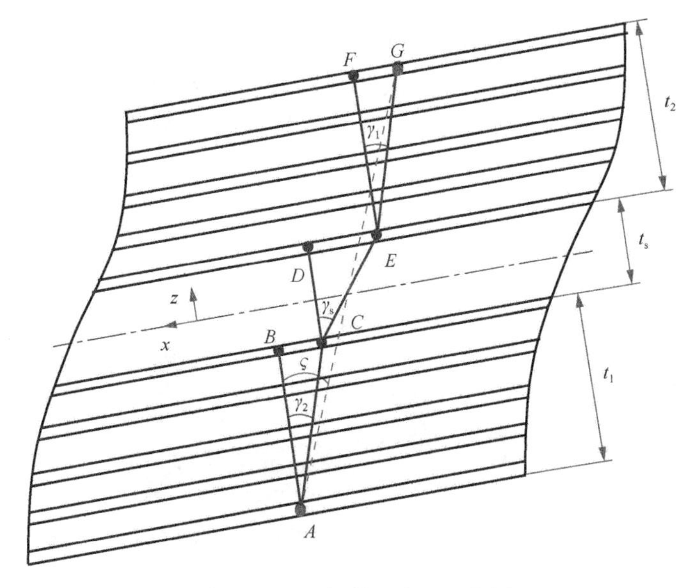

图 3.21　局部剪切变形示意图

复合材料层合板的剪切应力采用其中性层所在位置$\left[y=(t_i+t_s)/2\right]$的剪切应力平均值$\tau_{\mathrm{lam}i}$ $(i=1,2)$，填隙垫片的剪切应力采用其中性层所在位置（$y=0$）的剪切应力平均值τ_{shim}，分别代入式（3.60）得到连接结构的剪切应力。

根据式（3.61）得到连接结构的等效剪切刚度J_{eq}，代入式（3.57）可得含填隙垫片的复合材料螺接接头的剪切变形ς。

$$J_{\mathrm{eq}}=Q\left(\frac{G_{\mathrm{lam1}}}{\tau_{\mathrm{lam1}}}+\frac{G_{\mathrm{lam2}}}{\tau_{\mathrm{lam2}}}+\frac{G_{\mathrm{shim}}}{\tau_{\mathrm{shim}}}\right) \tag{3.61}$$

将弯曲变形和剪切变形求和得到复合材料填接头在三点弯曲载荷作用下的总变形δ_{ss}。利用$K_{\mathrm{ss}}=F/\delta_{\mathrm{ss}}$得到含填隙垫片的复合材料接头三点弯曲刚度。

采用试验结合有限元分析的方法对复合材料三点弯曲刚度解析模型的有效性进行验证。试验样件由两块 IMS194/977-2 复合材料板、SCM435 普通螺栓组成，采用 Hysol EA9394 液体垫片对装配间隙进行完全填充。螺栓预紧扭矩为 9.3N · m，对应预紧力为 6410N。

复合材料接头三点弯曲有限元模型爆炸图如图 3.22 所示。复合材料层合板采用增强型沙漏控制法的 C3D8R 三维六面体单元建模并采用逐层材料定义法赋予复合材料单层板力学性能，螺栓与螺母采用增强型沙漏控制法的 C3D8R 三维六面体单元一体化建模，填隙垫片采用增强型沙漏控制法的 C3D8R 三维六面体单元建模，三点弯曲所需的加载头和支撑头采用解析刚体建模。填隙垫片上表面与上层合板下表面绑定在一起，填隙垫片下表面与下层合板上表面建立接触。模型考虑法向硬接触和切向基于惩罚函数的摩擦接触，层合板之间摩擦系数为 0.42，螺栓头与层合板之间摩擦系数为 0.01，螺栓杆与孔壁之间摩擦系数为 0.1，填隙垫片下表面与下层合板上表面之间摩擦系数为 0.3，层合板与加载头（或支撑头）之间的摩擦系数为 0.3。对复合材料层合板进行网格无关化分析，最终确定复合材料层合板与螺栓头接触区域的面内网格尺寸为 0.5mm，其余区域网格尺寸为 2.0mm，沿厚度方向每个铺层划分一层网格（共 20 层网格）。

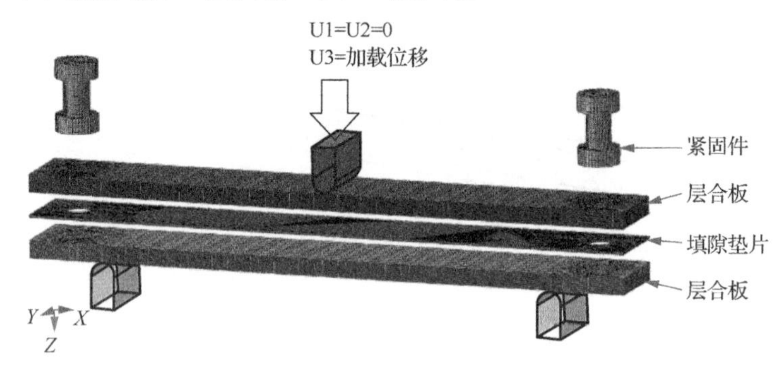

图 3.22 复合材料接头三点弯曲有限元模型爆炸图

图 3.23 为采用厚度 0.2mm 的 Hysol EA9394 液体垫片填隙的复合材料连接结构三点弯曲试验、有限元仿真和解析方法获得的力-位移曲线对比图。试验样件的刚度平均值为 969.8N/mm，解析模型得到的刚度值为 974.5N/mm，解析方法获取的刚度与试验结果的相对误差为 0.48%，有限元分析方法得到的刚度值为 1052.4N/mm，与试验结果的相对误差为 8.5%，解析方法与有限元分析方法获得的结果与试验结果的相对误差均小于 10%。

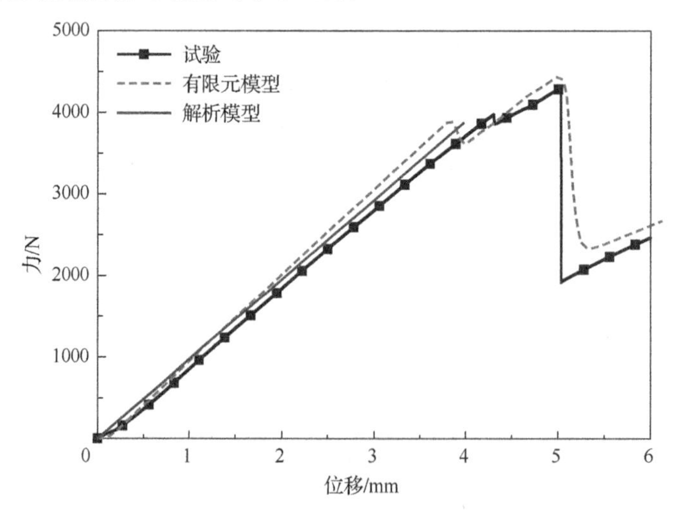

图 3.23 复合材料连接结构三点弯曲工况力-位移曲线对比图

以上结果证明所提出的三点弯曲刚度解析模型能够较好地预测含填隙垫片的复合材料螺接结构三点弯曲刚度。

3.4　复合材料渐进损伤模型

受载的复合材料连接结构在损伤产生之后，随着外载荷的不断增加，损伤逐渐累积并逐渐扩大，复合材料连接结构逐渐出现宏观破坏，结构的承载性能随之出现大幅降低但不会瞬间完全失去承载能力。此后，随着损伤的不断扩大，结构承载性能持续下降直至结构完全失效。通过分析复合材料连接结构受载失效的变化过程，可以发现复合材料连接结构从极限载荷点到最终失效点的这段过程尤为重要，若能准确预测复合材料连接结构损伤后的性能退化过程，可为复合材料构件在服役过程中出现损伤后的承载性能评估提供一定的指导。因此，如何准确预测复合材料连接结构在承受极限载荷之后性能退化阶段的力-位移响应成为关键所在。

采用基于 3D Hashin 准则和内聚力方法的渐进损伤模型实现对复合材料承载性能的预测分析。该模型可以预测 8 种典型失效模式：纤维拉伸失效（fiber tension failure，FT）、纤维压缩失效（fiber compression failure，FC）、面内基体拉裂（in-plane matrix crack，IMT）、面内基体压溃（in-plane matrix crush，IMC）、面外基体拉裂（out-of-plane matrix crack，OMT）、面外基体压溃（out-of-plane matrix crush，OMC）、纤维基体剪出（fiber matrix shear-out，FMS）、分层损伤（scalar stiffness degradation variable，SDEG）。此处，面内基体损伤代表损伤沿层内横向扩展，面外基体损伤代表损伤沿厚度方向扩展。除分层损伤外，其余 7 种损伤形式的判断条件如式（3.62）～式（3.68）所示[14]。

纤维拉伸失效，当 $\varepsilon_1 > 0$ 时：

$$\left(\frac{\varepsilon_1}{X_{\mathrm{T}} / C_{11}}\right)^2 + \left(\frac{\gamma_{12}}{S_{12} / C_{44}}\right)^2 + \left(\frac{\gamma_{13}}{S_{13} / C_{55}}\right)^2 = e_{\mathrm{FT}}^2 \tag{3.62}$$

纤维压缩失效，当 $\varepsilon_1 < 0$ 时：

$$\left(\frac{\varepsilon_1}{X_{\mathrm{C}} / C_{11}}\right)^2 = e_{\mathrm{FC}}^2 \tag{3.63}$$

面内基体拉裂，当 $\varepsilon_2 > 0$ 时：

$$\left(\frac{\varepsilon_2}{Y_{\mathrm{T}} / C_{22}}\right)^2 + \left(\frac{\gamma_{12}}{S_{12} / C_{44}}\right)^2 + \left(\frac{\gamma_{23}}{S_{23} / C_{66}}\right)^2 = e_{\mathrm{IMT}}^2 \tag{3.64}$$

面内基体压溃，当 $\varepsilon_2 < 0$ 时：

$$\left(\frac{\varepsilon_2}{Y_{\mathrm{C}}/C_{22}}\right)^2+\left(\frac{\gamma_{12}}{S_{12}/C_{44}}\right)^2+\left(\frac{\gamma_{23}}{S_{23}/C_{66}}\right)^2=e_{\mathrm{IMC}}^2 \tag{3.65}$$

面外基体拉裂，当 $\varepsilon_3>0$ 时：

$$\left(\frac{\varepsilon_3}{Z_{\mathrm{T}}/C_{33}}\right)^2+\left(\frac{\gamma_{13}}{S_{13}/C_{55}}\right)^2+\left(\frac{\gamma_{23}}{S_{23}/C_{66}}\right)^2=e_{\mathrm{OMT}}^2 \tag{3.66}$$

面外基体压溃，当 $\varepsilon_3<0$ 时：

$$\left(\frac{\varepsilon_3}{Z_{\mathrm{C}}/C_{33}}\right)^2+\left(\frac{\gamma_{13}}{S_{13}/C_{55}}\right)^2+\left(\frac{\gamma_{23}}{S_{23}/C_{66}}\right)^2=e_{\mathrm{OMC}}^2 \tag{3.67}$$

纤维基体剪出，当 $\varepsilon_1<0$ 时：

$$\left(\frac{\varepsilon_1}{X_{\mathrm{C}}/C_{11}}\right)^2+\left(\frac{\gamma_{12}}{S_{12}/C_{44}}\right)^2+\left(\frac{\gamma_{13}}{S_{13}/C_{55}}\right)^2=e_{\mathrm{FMS}}^2 \tag{3.68}$$

式中，$\varepsilon_i\ (i=1,2,3)$ 代表正应变；$\gamma_{ij}\ (i,j=1,2,3;i\neq j)$ 代表剪应变；$C_{ij}\ (i,j=1,2,3,4,5,6;i=j)$ 为刚度矩阵的各个元素；X_{T}、Y_{T} 和 Z_{T} 分别表示沿轴向、沿横向和沿厚度方向的单层板拉伸强度，而 X_{C}、Y_{C} 和 Z_{C} 分别表示沿轴向、沿横向和沿厚度方向的单层板压缩强度；S_{12}、S_{13} 和 S_{23} 表示相应的剪切强度。对任意网格单元，一旦某个判定条件满足 $e\geqslant 1$，则表明相应的损伤已经产生。

在 Abaqus UMAT（用户自定义材料子程序）计算过程中，复合材料的损伤可以采用刚度折减的方式描述，即在弹性刚度矩阵的相应元素上乘以一个与损伤变量 d_k 有关的系数降低刚度值，如式（3.69）所示。其中，C_{ij}^0 是初始刚度项，C_{ij}^{d} 是损伤萌生后的有效刚度项。

$$C_{ij}^{\mathrm{d}}=(1-d_k)C_{ij}^0 \tag{3.69}$$

各种失效模式对应的损伤程度用 $d_k\ (k=\mathrm{FT,FC,IMT,IMC,OMT,OMC,FMS})$ 表示，当 $d_k=1$ 时单元完全失效。考虑到实际情况下损伤是不可逆的，所以 d_k 从 0 到 1 单调递增。计算损伤变量常用的有常数形式、线性形式和指数形式等，本章采用指数形式的损伤变量计算方法如下：

$$d_k=1-\frac{1}{e_k}\exp\left[\frac{C_{ij}\varepsilon_i^2(1-e_k)L^{\mathrm{C}}}{G_k}\right] \tag{3.70}$$

式中，L^{C} 代表与材料点相关的特征长度；G_k 代表纤维断裂能或基体断裂能（取决于具体的失效模式），采用这两个参数有助于减小计算结果对网格尺寸的敏感性。

基于前述的损伤萌生判断准则，此处假设纤维损伤影响轴向相关模量（E_1 和 G_{13}），面内基体损伤影响横向相关模量（E_2 和 G_{23}），面外基体损伤影响厚度方向相关模量（E_3、G_{13}和G_{23}），纤维基体剪出只影响面内剪切模量（G_{12}）。考虑到各参数形式的一致性，假设所有有效刚度项均为关于损伤变量的二次函数，且损伤后刚度矩阵仍满足对称性[14]。因此，损伤后的有效刚度矩阵如式（3.71）和式（3.72）所示。其中，下标 FF、IMF 和 OMF 分别表示纤维损伤、面内基体损伤和面外基体损伤（包括拉伸和压缩损伤）。

$$\boldsymbol{C}^{\mathrm{d}}=\begin{bmatrix} C_{11}^{\mathrm{d}} & C_{12}^{\mathrm{d}} & C_{13}^{\mathrm{d}} & 0 & 0 & 0 \\ & C_{22}^{\mathrm{d}} & C_{23}^{\mathrm{d}} & 0 & 0 & 0 \\ & & C_{33}^{\mathrm{d}} & 0 & 0 & 0 \\ & \text{对称} & & C_{44}^{\mathrm{d}} & 0 & 0 \\ & & & & C_{55}^{\mathrm{d}} & 0 \\ & & & & & C_{66}^{\mathrm{d}} \end{bmatrix} \tag{3.71}$$

$$\begin{gathered} C_{11}^{\mathrm{d}}=(1-d_{\mathrm{FF}})^2 C_{11}, C_{12}^{\mathrm{d}}=(1-d_{\mathrm{FF}})(1-d_{\mathrm{IMF}})C_{12}, C_{13}^{\mathrm{d}}=(1-d_{\mathrm{FF}})(1-d_{\mathrm{OMF}})C_{13} \\ C_{22}^{\mathrm{d}}=(1-d_{\mathrm{IMF}})^2 C_{22}, C_{23}^{\mathrm{d}}=(1-d_{\mathrm{IMF}})(1-d_{\mathrm{OMF}})C_{23}, C_{33}^{\mathrm{d}}=(1-d_{\mathrm{OMF}})^2 C_{33} \\ C_{44}^{\mathrm{d}}=(1-d_{\mathrm{FMS}})^2 C_{44}, C_{55}^{\mathrm{d}}=(1-d_{\mathrm{FF}})(1-d_{\mathrm{OMF}})C_{55}, C_{66}^{\mathrm{d}}=(1-d_{\mathrm{IMF}})(1-d_{\mathrm{OMF}})C_{66} \end{gathered} \tag{3.72}$$

损伤后应力更新采用如式（3.73）所示形式：

$$\boldsymbol{\sigma}=\boldsymbol{C}^{\mathrm{d}}:\boldsymbol{\varepsilon} \tag{3.73}$$

式中，$\boldsymbol{\sigma}$为应力；$\boldsymbol{C}^{\mathrm{d}}$为损伤后有效刚度矩阵；$\boldsymbol{\varepsilon}$为应变。

损伤后应力对应变求偏导得到雅可比矩阵，如式（3.74）所示，雅可比矩阵与损伤后刚度矩阵、损伤变量等直接相关。

$$\begin{aligned} \frac{\partial\boldsymbol{\sigma}}{\partial\boldsymbol{\varepsilon}}=\boldsymbol{C}^{\mathrm{d}}&+\left(\frac{\partial\boldsymbol{C}^{\mathrm{d}}}{\partial d_{\mathrm{FF}}}:\boldsymbol{\varepsilon}\right)\left(\frac{\partial d_{\mathrm{FF}}}{\partial e_{\mathrm{FF}}}\frac{\partial e_{\mathrm{FF}}}{\partial\boldsymbol{\varepsilon}}\right)+\left(\frac{\partial\boldsymbol{C}^{\mathrm{d}}}{\partial d_{\mathrm{IMF}}}:\boldsymbol{\varepsilon}\right)\left(\frac{\partial d_{\mathrm{IMF}}}{\partial e_{\mathrm{IMF}}}\frac{\partial e_{\mathrm{IMF}}}{\partial\boldsymbol{\varepsilon}}\right) \\ &+\left(\frac{\partial\boldsymbol{C}^{\mathrm{d}}}{\partial d_{\mathrm{OMF}}}:\boldsymbol{\varepsilon}\right)\left(\frac{\partial d_{\mathrm{OMF}}}{\partial e_{\mathrm{OMF}}}\frac{\partial e_{\mathrm{OMF}}}{\partial\boldsymbol{\varepsilon}}\right)+\left(\frac{\partial\boldsymbol{C}^{\mathrm{d}}}{\partial d_{\mathrm{FMS}}}:\boldsymbol{\varepsilon}\right)\left(\frac{\partial d_{\mathrm{FMS}}}{\partial e_{\mathrm{FMS}}}\frac{\partial e_{\mathrm{FMS}}}{\partial\boldsymbol{\varepsilon}}\right) \end{aligned} \tag{3.74}$$

为增强计算收敛性，对各个损伤变量均采用黏性正则化技术进行处理[15]。考虑到纤维力学性能远比基体强的客观事实，本节假设一旦发生纤维损伤，则必然发生面内基体损伤。当达到设定外载荷或者计算过程不再收敛时，计算停止[16]。

分层损伤主要发生在复合材料层间界面，因此，采用基于牵引-分离定律的零厚度内聚力层来描述分层损伤更为合理。复合材料层合板采用增强沙漏效应控制的实体单元 C3D8R 建模，沿厚度方向每个铺层划分一层网格，每层复合材料层之间界面采用网格偏移方式插入零厚度内聚力单元（COH3D8）。采用如图 3.24 所示的双线性牵引-分离定律，τ_{n}^0、τ_{s}^0和τ_{t}^0分别是对应断裂模式Ⅰ、断裂模式Ⅱ和断裂模式Ⅲ的界面强度，δ_o是界面开始分离时位移，δ_f是界面完全分离时位移，K'代表界面初始刚度（Abaqus 有限元软件中所用的界面初始刚度K_{n}、K_{s}和K_{t}为断裂能与应变的关系，需要在 K' 基础上乘以模型厚度），图中双线性曲线包络的三角形面积代表断裂能 G_C（包括 G_{IC}、G_{IIC} 和 G_{IIIC}），相应的计算方法如式（3.75）和式（3.76）所示[12,17]：

$$\tau_i^0 = \frac{2G_C}{\delta_f}, \quad i = n, s, t \tag{3.75}$$

$$K' = \frac{2G_C}{\delta_o \delta_f} \tag{3.76}$$

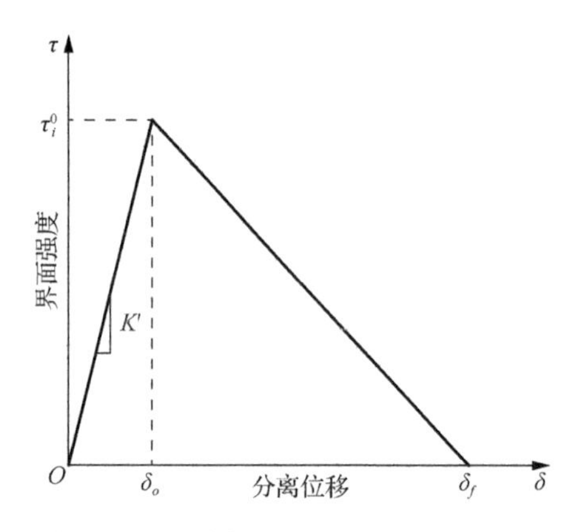

图 3.24　双线性牵引-分离定律示意图

采用如式（3.77）所示的二次名义应力准则判断混合模式的分层损伤萌生[14,18]，一旦满足分层损伤判断准则，分层开始扩展，此处分层扩展准则采用如式（3.78）所示的 BK 准则（Benzeggagh-Kenane Law，BK Law）[14]（η 为经验参数，可参考文献[19]获取）。分层损伤在 Abaqus 有限元软件中由刚度退化变量 SDEG 表征，其中 SDEG=0 表示无分层损伤，SDEG=1 表示已产生分层损伤。

$$\left(\frac{\tau_n}{\tau_n^0}\right)^2 + \left(\frac{\tau_s}{\tau_s^0}\right)^2 + \left(\frac{\tau_t}{\tau_t^0}\right)^2 = 1 \tag{3.77}$$

$$G_{eqC} = G_{IC} + (G_{IIC} - G_{IC})\left(\frac{G_{II} + G_{III}}{G_I + G_{II} + G_{III}}\right)^{\eta} \tag{3.78}$$

本章所提出的渐进损伤模型的计算流程见图 3.25。Abaqus CAE 中的材料属性通过函数“Props”赋给 UMAT 子程序中相应变量，以计算材料损伤萌生前的弹性刚度矩阵和极限应变；经过损伤判断准则确定每个材料点的损伤状态，以损伤变量表征损伤大小；对损伤变量进行黏性正则化以增强计算收敛性；通过对比当前计算步与上一计算步的损伤变量大小，以确定损伤是否扩展，若满足某一种损伤的扩展条件，则更新该损伤形式对应的有效刚度矩阵；利用更新后的刚度矩阵和应变值计算应力值和雅可比矩阵，并将损伤变量返回给设定的状态变量 SDV。该计算流程不断循环直到结构达到设定载荷或完全失效以致不再收敛为止。

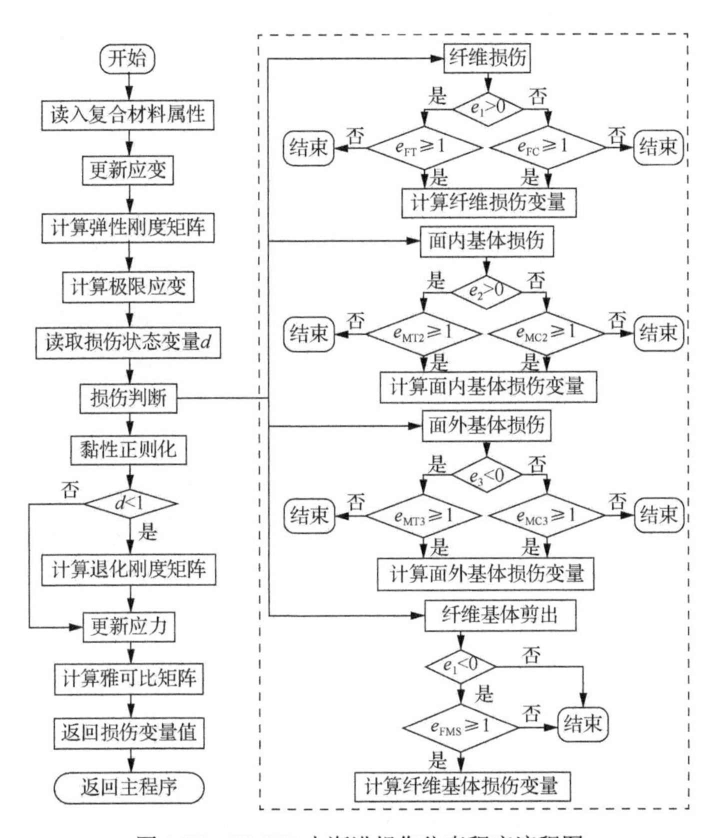

图 3.25　UMAT 中渐进损伤仿真程序流程图

采用复合材料单板三点弯曲试验数据来对所建复合材料渐进损伤模型有效性进行验证，通过对比力-位移曲线、损伤模式和损伤演化来评价模型的有效性。试验样件为 IMS194/977-2 预浸料制备的复合材料层合板，采用 28 层对称铺层 [45/0/0/−45/0/90/0/0/90/0/−45/0/0/45]s，模拟界面所用的内聚力层的材料属性见表 3.5。试验样件长度为 130mm，宽度为 13mm，厚度为 5.264mm，支撑跨距为 105mm，重复试验用样件共 6 件。

表 3.5　内聚力层材料属性

K_n /（MPa/mm）	K_s（K_t）/（MPa/mm）	τ_n^0 /MPa	τ_s^0（τ_t^0）/MPa	G_{IC} /（N/mm）	G_{IIC}（G_{IIIC}）/（N/mm）
4500	3450	12.8	24.2	0.478	0.58

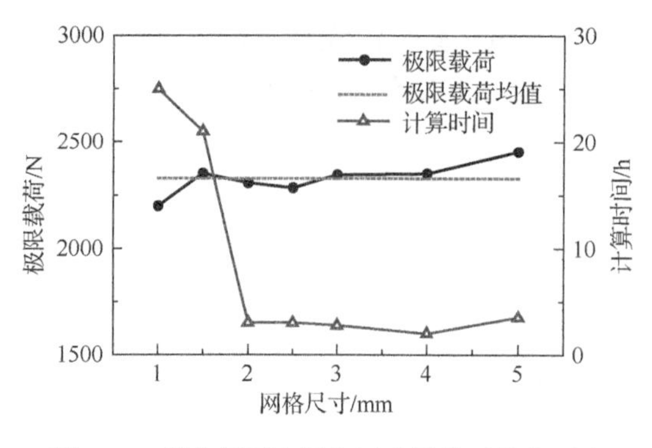

图 3.26　层合板面内网格尺寸网格无关化研究

层合板采用增强型沙漏控制法的 C3D8R 三维六面体单元建模并采用逐层材料定义法赋予复合材料单层板力学性能，三点弯曲所需的加载头和支撑头采用解析刚体建模。如图 3.26 所示，经网格无关化分析后，综合考虑计算精度和计算时间成本，最终选用面内网格尺寸为 2.0mm，沿厚度方向每个铺层划分一层网格（共 28 层网格）。

将利用所提模型获取的仿真结果与试验结果及基于 Linde 模型的仿真结果进行了对比分析。图 3.27 为试验和各数值仿真计算得到的力-位移曲线，图中包含 4 个特征点：损伤萌生（特征点 1）、极限载荷（特征点 2）、性能退化（特征点 3）以及结构失效（特征点 4）。依据试验数据获得的结构刚度为（557.9±7.3）N/mm，最大值为 565.3N/mm，最小值为 552.5N/mm。本书所提模型和 Linde 模型得到的结构刚度均为 556.0N/mm，与试验所得平均值的相对误差均为−0.35%，与最大值和最小值的相对误差分别为−1.7%和 0.63%。试验所得极限载荷为（2289.74±57.16）N，最大值为 2338.0N/mm，最小值为 2184.4N/mm。本书所提模型得到的极限载荷为 2306.88N，与试验平均值的相对误差为 0.75%，与最大值和最小值的相对误差分别为−1.3%和 5.6%；依据 Linde 模型得到的结果为 2304.9N，与试验所得平均值的相对误差为 0.66%，与最大值和最小值的相对误差分别为−1.4%和 5.5%。可见，依据两个模型计算得到的刚度及强度差距不大，而性能退化阶段的差距非常明显，如图 3.27 所示，与 Linde 模型结果相比，本书所提模型得到的力-位移响应更接近试验曲线。Linde 模型的力-位移曲线的性能退化阶段只有一个过程，即超过极限载荷后结构承载性能急剧下降到接近零值的水平，而本书所提模型的力-位移曲线表现出性能的渐进退化过程。在预报极限载荷之后的复合材料连接结构承载性能变化规律方面，本书所提模型具有显著的优势。依据本书所提模型得到的力和位移值与试验结果的相对误差在特征点 3 处分别是−1.9%和 8.4%，在特征点 4 处分别是 12.2%和−1.3%。

依据本书所提模型可得到 8 种损伤模式如图 3.28 所示。纤维拉伸损伤分布在靠近样件下侧位置（靠近加载头为上侧，靠近支撑头为下侧），纤维压缩损伤沿厚度方向靠近上侧分布。图 3.28（c）中靠近样件下侧分层位置出现面内基体拉裂但网格单元未完全失效（IMT<1），图 3.28（d）中靠近样件顶部位置出现面内基体压溃且第 24 层网格单元完全失效（IMC>1）。图 3.28（e）和图 3.28（f）中面外基体拉裂和面外基体压溃不明显。纤维基体剪出分布类似于纤维压缩损伤和面内基体压溃的组合形式。最严重的损伤是分布于第 4 层和第 5 层之间的拉伸分层损伤，造成分层的原因是层合板下侧因受拉伸而产生的数值较大的层间剪应力。在靠近层合板顶部的第 22 层和第 23 层之间则存在轻微的压缩分层损伤。

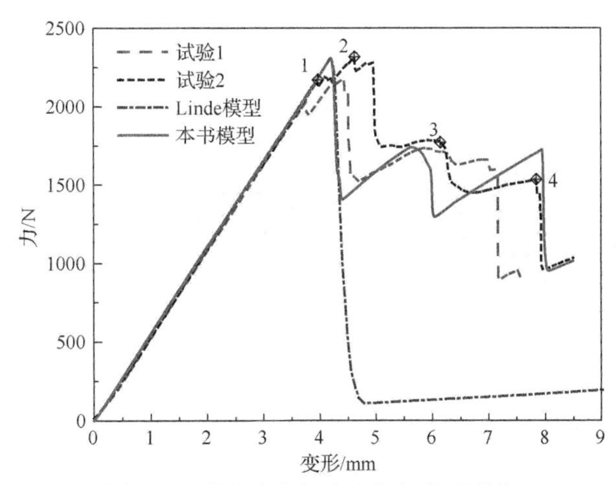

图 3.27　数值仿真与试验的力-位移曲线

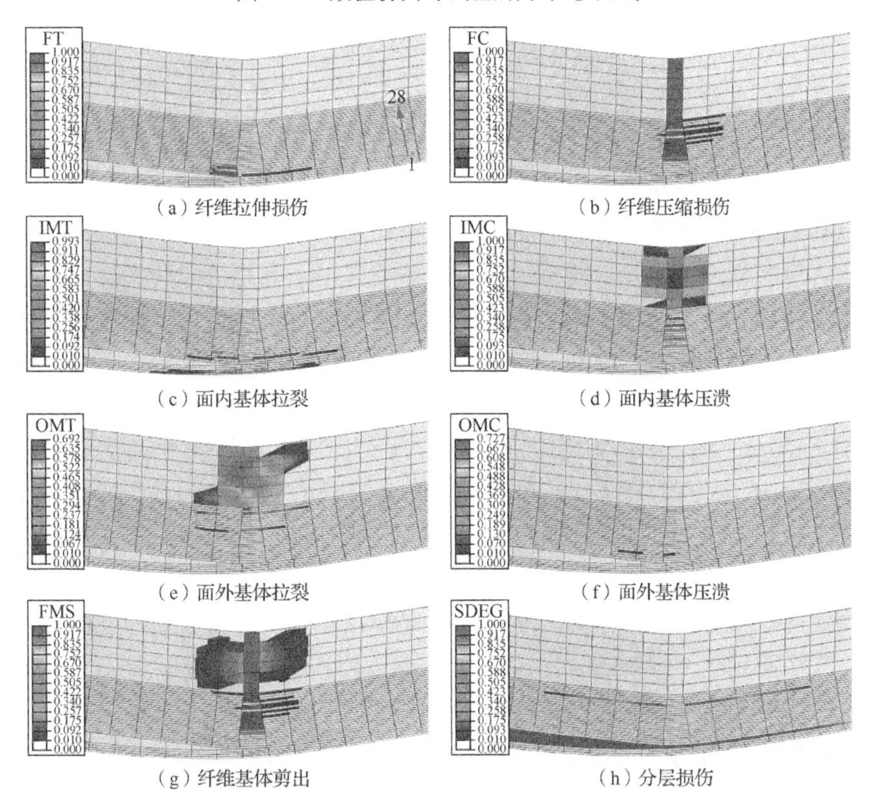

（a）纤维拉伸损伤　（b）纤维压缩损伤

（c）面内基体拉裂　（d）面内基体压溃

（e）面外基体拉裂　（f）面外基体压溃

（g）纤维基体剪出　（h）分层损伤

图 3.28　复合材料层合板典型损伤分布图

试验样件沿厚度方向的损伤分布如图 3.29 所示，大部分损伤分布于加载头正下方区域，与本书所提模型的预报结果一致，可以分为 5 个主要损伤区域（Ⅰ～Ⅴ）。区域Ⅰ主要是第 25 层和第 26 层之间的压缩分层损伤，区域Ⅱ包含纤维折断［对应图 3.29（b）中位置 1］和面内基体压溃［对应图 3.29（b）中位置 2］，区域Ⅲ显示的是沿厚度方向扩展的面外基体拉裂（最终引起中间位置的分层扩展），区域Ⅳ是跨层扩展的分层损伤，区域Ⅴ包含拉伸分层损伤以及纤维和基体损伤。

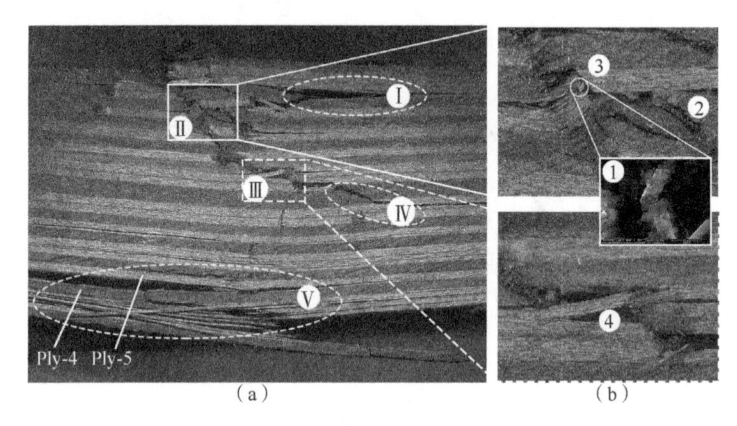

图 3.29　层合板侧面微观结构损伤图

仿真与试验获取的复合材料损伤演化过程分别如图 3.30 和图 3.31 所示，图 3.30 中（a）～（d）分别对应特征点 1～4。试验发现特征点 1～4 的重复性比较高，故可以观察来自对多个试验样件在不同载荷作用下的损伤状态以方便得到不同特征点所对应的微观损伤图。图 3.30 将同一载荷作用下利用本书所提模型得到的不同损伤图叠加到同一个图中进行综合分析。图 3.30（a）中仅层合板顶部位置的少数网格单元在加载头挤压作用下失效，仿真计算得到的沿厚度截面分布的损伤面积达 1.13mm^2，试验结果显示第 27 层和第 28 层产生面积约为 1.13mm^2 的损伤［图 3.31（a）］。图 3.30（b）中沿厚度方向损伤向下扩展面积达到 4.51mm^2，图 3.31（b）的试验结果显示已形成面积约 4.23mm^2 的三角形损伤区域，与仿真分析的结果基本一致。图 3.30（c）中靠近层合板底部出现分层损伤，且顶部损伤继续向下扩展，仿真分析计算得到的总损伤面积约为 25.95mm^2，图 3.31（c）中试验样件的三角形损伤区域进一步扩大，同样在层合板底部出现分层损伤，试验样件总损伤面积达 28.39mm^2。在图 3.30（d）和图 3.31（d）中，损伤完全扩展导致层合板断裂，最终在特征点 4 处仿真计算得到的损伤面积约为 85.35mm^2，试验样件损伤面积约为 75.58mm^2。

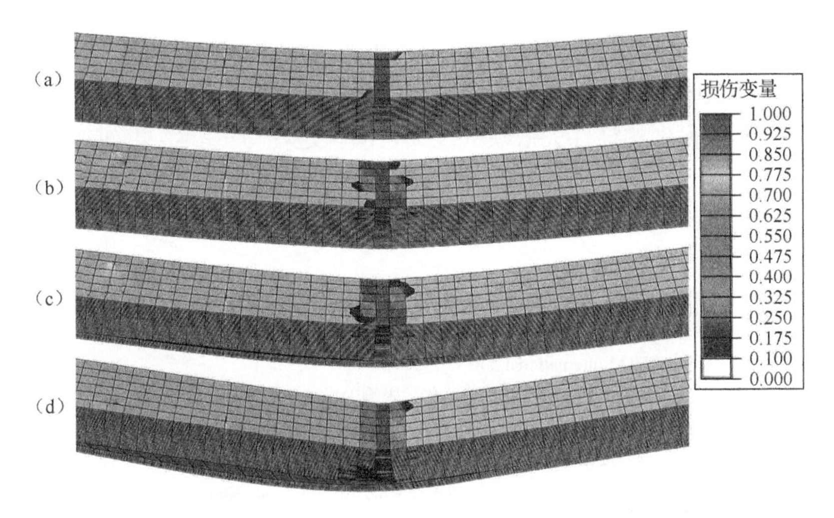

图 3.30　仿真分析得到的损伤演化图

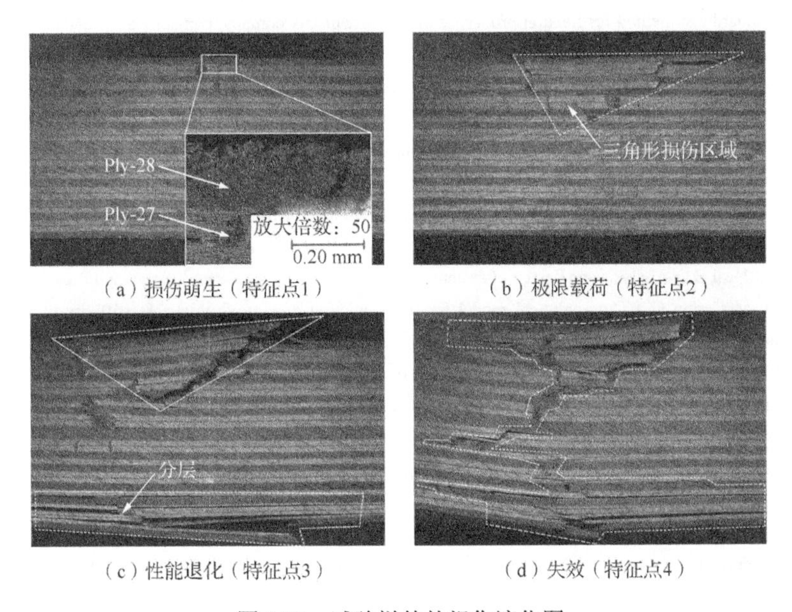

（a）损伤萌生（特征点1）　（b）极限载荷（特征点2）

（c）性能退化（特征点3）　（d）失效（特征点4）

图 3.31　试验样件的损伤演化图

综合分析结果显示，所建立的复合材料渐进损伤模型能够较好地分析复合材料连接结构承载性能的变化、损伤萌生和演化过程。采用三点弯曲标准试验检验仿真分析模型有效性，结果显示本书所提出的渐进损伤模型的刚度计算结果与试验结果的相对误差仅为-3.1%，极限载荷计算结果与试验结果的相对误差为0.75%，同时，所建立的复合材料渐进损伤模型在预报力-位移曲线的性能退化阶段具有明显的优势，与试验结果对比，本书所提模型得到的力-位移曲线中 4 个特征点的载荷与试验结果的最大相对误差为 12.5%，位移最大相对误差为 8.5%。依据本书所提模型得到的样件失效模式及损伤演化过程与试验结果均吻合较好。

参 考 文 献

[1] 杨宇星. 虑及填隙装配的 CFRP 构件螺接性能研究[D]. 大连: 大连理工大学, 2019.
[2] ASTM. Standard test method for bearing response of polymer matrix composite laminates: D5961/D5961M—13[S]. West Conshohocken, PA: ASTM International, 2013.
[3] 姜杰凤. 高锁螺栓干涉安装及其对螺接结构力学性能的影响[D]. 杭州: 浙江大学, 2014.
[4] ASTM. Standard test method for bearing/bypass interaction response of polymer matrix composite laminates using 2-fastener specimens: D7248/D7248—12[S]. West Conshohocken, PA: ASTM International, 2012.
[5] Mandal B, Chakrabarti A. A simple homogenization scheme for 3D finite element analysis of composite bolted joints[J]. Composite Structures, 2015, 120: 1-9.
[6] Reddy J N. Mechanics of laminated composite plates and shells: theory and analysis[M]. Boca Eaton: CRC Press, 2004.
[7] ASTM. Standard test method for flexural properties of polymer matrix composite materials: D7264/D7264M—15[S]. West Conshohocken, PA: ASTM International, 2015.
[8] McCarthy C T, Gray P J. An analytical model for the prediction of load distribution in highly torqued multi-bolt composite joints[J]. Composite Structures, 2011, 93(2): 287-298.
[9] Yang Y X, Liu X S, Wang Y Q, et al. An enhanced spring-mass model for stiffness prediction in single-lap composite joints with considering assembly gap and gap shimming[J]. Composite Structures, 2018, 187: 18-26.
[10] 姜杰凤. 高锁螺栓干涉安装及其对螺接结构力学性能的影响[D]. 杭州: 浙江大学, 2014.
[11] 邱木生. SCM435 冷镦钢亚温球化退火工艺研究[D]. 沈阳: 东北大学, 2014.
[12] Allen H G, Neal B G. Analysis and design of structural sandwich panels[M]. Oxford: Pergamon Press, 1969.
[13] Gray P J, McCarthy C T. An analytical model for the prediction of through-thickness stiffness in tension-loaded composite bolted joints[J]. Composite Structures, 2012, 94(8): 2450-2459.
[14] Yang Y X, Liu X S, Wang Y Q, et al. A progressive damage model for predicting damage evolution of laminated composites subjected to three-point bending[J]. Composites Science and Technology, 2017, 151: 85-93.
[15] Anon. Abaqus 2016 documentation[EB/OL]. [2010-06-01]. 130.149.89.49:2080/v2016/index.html.
[16] Kolks G, Tserpes K I. Efficient progressive damage modeling of hybrid composite/titanium bolted joints[J]. Composites Part A: Applied Science and Manufacturing, 2014, 56: 51-63.
[17] Pinho S T, Iannucci L, Robinson P. Formulation and implementation of decohesion elements in an explicit finite element code[J]. Composites Part A: Applied Science and Manufacturing, 2006, 37(5): 778-789.
[18] Giuliese G, Palazzetti R, Moroni F, et al. Cohesive zone modelling of delamination response of a composite laminate with interleaved nylon 6, 6 nanofibres[J]. Composites Part B: Engineering, 2015, 78: 384-392.
[19] Teng J, Zhuang Z, Li B. A study on low-velocity impact damage of Z-pin reinforced laminates[J]. Journal of Mechanical Science and Technology, 2007, 21(12): 2125-2132.

第 4 章　连接孔加工质量对连接性能的影响

4.1　连接孔加工质量综述

碳纤维复合材料连接孔加工质量取决于碳纤维复合材料构件加工过程的精度，主要包括形状精度、位置精度、尺寸精度和表面精度等。

按照制孔缺陷产生的位置和形态，碳纤维复合材料的制孔缺陷包括由于层间应力或制造缺陷等引起的分层、手工制孔过程中极易出现的制孔垂直度误差、发生在连接孔出口侧最外层的撕裂、出现在连接孔出口侧最外层的毛刺、钻削入口处产生的劈裂、孔壁表面的裂纹、因局部切削区温度迅速上升引发的缩孔及烧伤、在孔壁周围形成的凹坑缺陷以及树脂软化等。

制孔垂直度误差和分层对连接结构的性能影响较为严重。制孔垂直度误差会导致紧固件安装困难、预紧困难、被连接件表面划伤以及载荷偏心，严重影响碳纤维复合材料构件的连接性能。分层的产生和扩展将极大地降低复合材料连接结构的强度和刚度。当两者同时存在时，制孔垂直度误差的存在可能导致孔边分层损伤扩展，使连接性能进一步恶化。

本章研究的重点是连接孔垂直度误差对装配过程中应力、连接性能及分层损伤扩展规律的影响。

碳纤维复合材料零件大多拥有复杂的形貌，在连接孔加工过程中容易出现连接孔的形位偏差。制孔垂直度误差增大会使连接性能下降，损伤提前产生。航空工程应用中的螺栓连接多为多钉连接，在连接孔存在垂直度误差的多钉螺栓连接结构中，由于预紧力对螺栓的回正作用会改变载荷的传递路径并导致钉载分配不均。带有垂直度误差的多钉连接损伤机理更加复杂，钉载分配不均会造成结构不能发挥其应有的承载能力，导致结构破坏提前发生。因此，需要研究制孔垂直度误差对单钉单搭接及多钉单搭接连接性能的影响规律。

复合材料层合板连接区的拉伸性能亦受连接孔处垂直度误差的影响。考虑到外载荷的作用方向，垂直度误差主要由两个参数表征：倾斜方向 α 和倾斜角度 β。坐标系如图 4.1 所示，Z 为复合材料板的厚度方向。用连接孔中心轴 OC' 在 XY 平面上的投影与 X 轴正向的夹角 α 表示连接孔的倾斜方向，以逆时针为正[图 4.1(a)]；在板厚度 t 为常数的情况下，采用连接孔中心轴 OC' 与连接孔理论轴线 OC 之间的夹角 β 表征垂直度误差的大小［图 4.1（b)]。同时，考虑到连接区应力分布的对称性及螺栓预紧力的影响，选取的研究参数如表 4.1 所示，其中预紧力 F 与扭矩

T 的对应关系根据公式 $F=\dfrac{T}{kd}$ 确定，其中 d 为螺纹公称直径，k 为拧紧力系数，此处取 0.2。图中 α 用以标记采样点位置，α=0° 即为 X 轴正向。

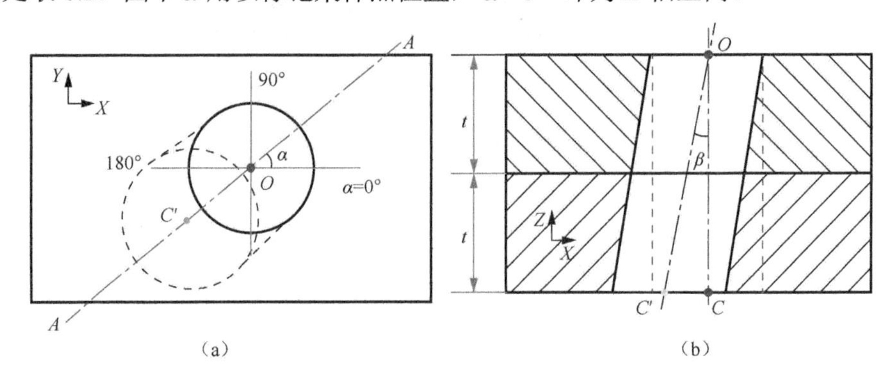

图 4.1 垂直度误差表征方法

表 4.1 与孔垂直度误差相关参数

参数	符号
倾斜方向	α
倾斜角度	β
扭矩	T
预紧力	F

对于含连接孔垂直度误差的单钉单搭接结构，采用 P$\alpha_i\alpha_j\alpha_k$-$\beta_i\beta_j\beta_k$ 表示不同的连接模式，最多适用于三钉连接结构，其中 α_i、α_j、α_k 分别表示连接结构中由左到右最多三个连接孔的倾斜状态，β_i、β_j、β_k 分别表示对应连接孔的倾斜角度。对于单钉单搭接结构，α_j、α_k、β_j 和 β_k 项可省略；对于双钉单搭接结构，α_k 和 β_k 项可以省略。α_i=0,1,2，α_j=0,1,2，α_k=0,1,2 分别代表连接孔不倾斜、向右倾斜（连接孔倾斜方向与结构受载方向的夹角为钝角）以及向左倾斜（连接孔倾斜方向与结构受载方向的夹角为锐角），考虑到垂直度误差的影响，单钉单搭接结构的连接模式共有 3 种，如图 4.2 所示。

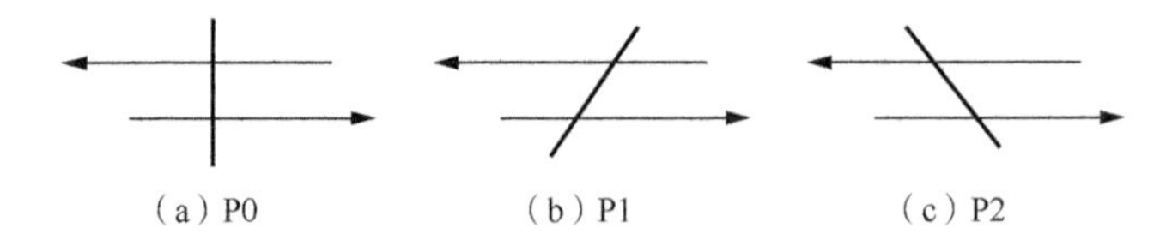

图 4.2 单钉单搭接连接模式

对于含连接孔垂直度误差的双钉单搭接结构，考虑到结构的对称性，其可能出现的连接模式共有 6 种，如图 4.3 所示。需要注意的是 P02 与 P20 相同，P01 与 P10 相同，P21 与 P12 相同。

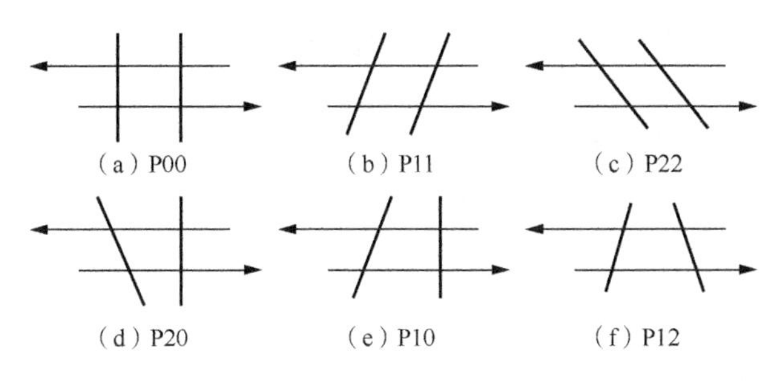

图 4.3　双钉单搭接连接模式

三钉单搭接结构可分为无垂直度误差、单孔存在垂直度误差、双孔存在垂直度误差和三孔同时存在垂直度误差四种情况。考虑到结构的对称性，三钉单搭接结构的连接模式共有 18 种，如图 4.4 所示。需要注意的是 P002 与 P200 相同，P001 与 P100 相同，P022 与 P220 相同，P011 与 P110 相同，P012 与 P210 相同，P102 与 P201 相同，P112 与 P211 相同，P122 与 P221 相同，P210 与 P012 相同。

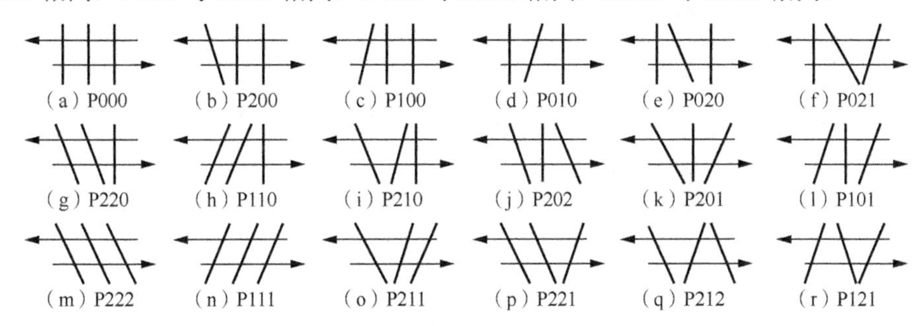

图 4.4　三钉单搭接结构的连接模式

4.2　垂直度误差影响装配应力分析

当连接孔存在垂直度误差时，在螺栓载荷施加过程中孔边会出现应力集中，本节主要对垂直度误差影响连接区的应力分布进行分析。图 4.5 为孔边周向路径和厚度方向示意图。

螺栓紧固扭矩为 3.5N·m（预紧力 2917N）时不同垂直度误差影响下的复合材料表层（45° 铺层）应力σ_1、σ_2、τ_{12}和σ_3分布情况如图 4.6 所示。无垂直度误差时，表层应力分布沿着纤维方向呈对称分布，孔边位置最大应力为 8.41MPa；当连接孔倾斜角度增大到 2° 时，连接孔在不同倾斜方向时复合材料连接件表层应力分布都呈一侧集中现象，最大值也增大到 116.60MPa 和 118.60MPa。垂直度误差使得螺栓夹持复合材料连接件应力分布的区域和最大值都发生了较大变化，有必要对不同垂直度误差影响螺栓夹持复合材料板应力分布情况进行进一步分析。由于应力集中区域在连接孔附近，所以取值方向定为连接孔的周向和厚度方向。

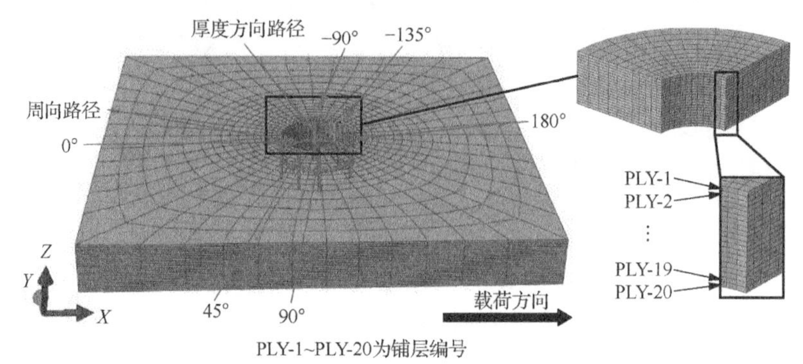

图 4.5　孔边周向路径和厚度方向示意图

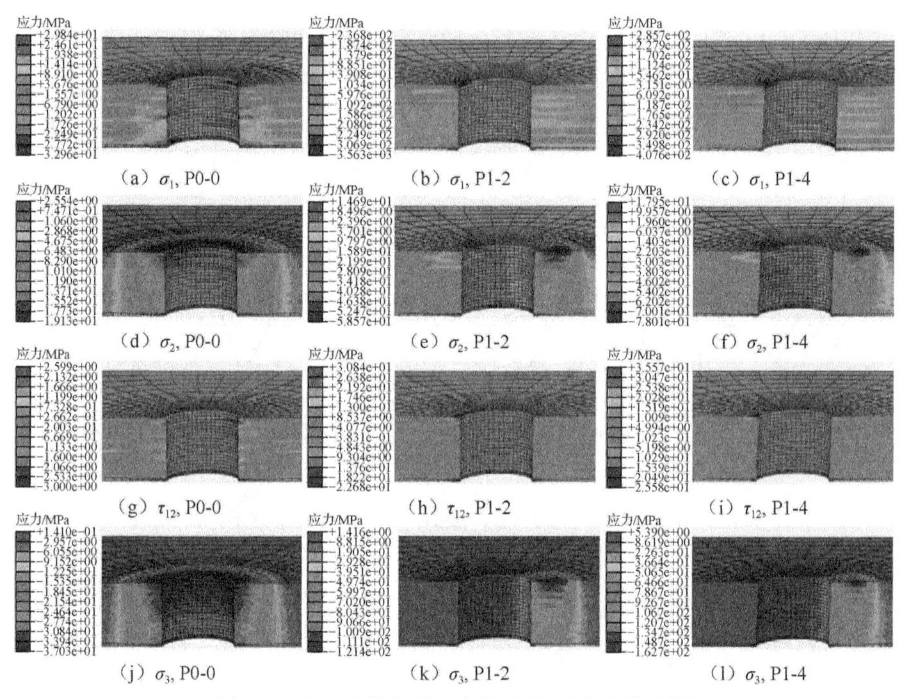

(a) σ_1, P0-0　(b) σ_1, P1-2　(c) σ_1, P1-4

(d) σ_2, P0-0　(e) σ_2, P1-2　(f) σ_2, P1-4

(g) τ_{12}, P0-0　(h) τ_{12}, P1-2　(i) τ_{12}, P1-4

(j) σ_3, P0-0　(k) σ_3, P1-2　(l) σ_3, P1-4

图 4.6　垂直度误差影响螺栓夹持区应力分布图

由于螺栓预紧过程中两个倾斜方向连接结构的受力形式类似，所以这里只对倾斜方向为 0° 的情况进行分析。图 4.7 是预紧力 F=2917N 时不同垂直度误差影响下复合材料连接件孔边各层的应力 σ_1、σ_2、τ_{12}、τ_{13}、τ_{23}、σ_3 分布情况。由图中给出的分析结果可知，连接孔倾斜角度的增加使得复合材料孔边的应力分布发生了很大变化，当连接孔倾斜角度为 0° 时，孔边的应力分量只有正应力 σ_3 数值较大且各层之间的数值相差不大，其他的应力分量数值都很小；而连接孔倾斜角度为 2° 和 4° 时，应力各分量在厚度方向上差距明显且数值较大，分布区域则与复合材料连接件的铺层方向密切相关，厚度方向呈现了明显的不连续。

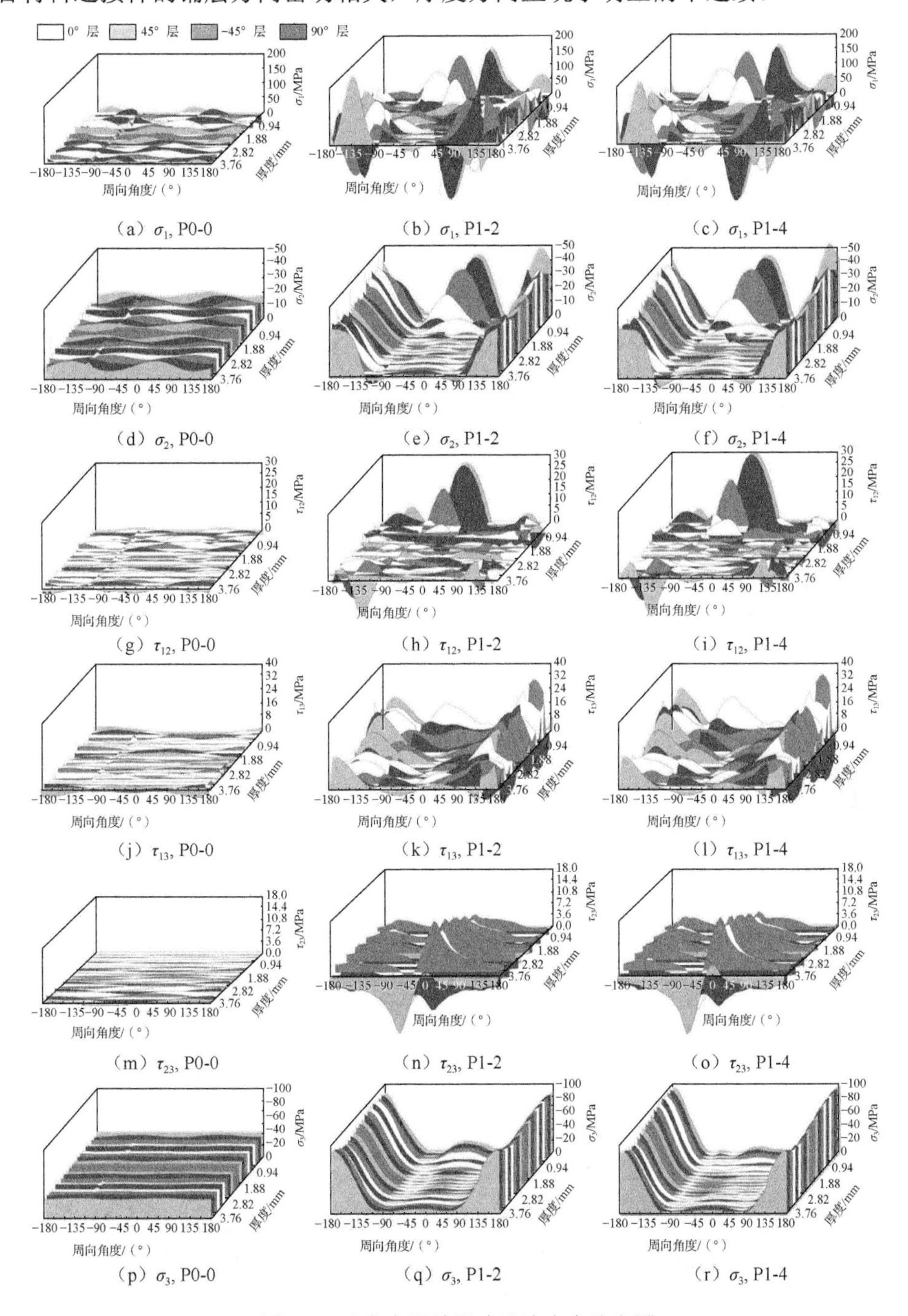

（a）σ_1, P0-0　（b）σ_1, P1-2　（c）σ_1, P1-4

（d）σ_2, P0-0　（e）σ_2, P1-2　（f）σ_2, P1-4

（g）τ_{12}, P0-0　（h）τ_{12}, P1-2　（i）τ_{12}, P1-4

（j）τ_{13}, P0-0　（k）τ_{13}, P1-2　（l）τ_{13}, P1-4

（m）τ_{23}, P0-0　（n）τ_{23}, P1-2　（o）τ_{23}, P1-4

（p）σ_3, P0-0　（q）σ_3, P1-2　（r）σ_3, P1-4

图 4.7　垂直度误差影响孔边应力分布图

表 4.2 为不同连接孔倾斜角度下施加 2917N 螺栓预紧力后孔边区域各应力分量极值出现的位置和数值大小。从表中可以看出，β=0° 和β=2° 两种情况下应力分量极值出现的位置发生了明显变化，而β=2° 和β=4° 两种情况下应力分量极值出现的位置几乎一致。与 P0-0 相比，P1-2 的正应力 σ_1 极值由−31.87MPa 变成−356.29MPa，数值增大了 10.18 倍；正应力 σ_2 极值由−19.13MPa 变成−49.33MPa，数值增大了 1.58 倍；正应力 σ_3 极值由−37.03MPa 变成−92.32MPa，数值增大了 1.49 倍；剪切应力 τ_{12} 极值由−3.00MPa 变成 26.38MPa，数值增大了 7.79 倍；剪切应力 τ_{13} 极值由 3.79MPa 变成 33.96MPa，数值增大了 7.96 倍；剪切应力 τ_{23} 极值由 1.21MPa 变成 17.45MPa，数值增大了 13.42 倍。而比较 P1-2 和 P1-4 的应力分量则相差不大，比值在 1.04～1.14。

表 4.2　孔边应力极值大小及对应位置

连接模式	应力分量	数值/MPa	位置	与 P0-0 比值
P0-0	σ_1	−31.87	PLY-1; 127.5°	—
	σ_2	−19.13	PLY-1; −127.5°	—
	τ_{12}	−3.00	PLY-2; −135°	—
	τ_{13}	3.79	PLY-20; −7.5°	—
	τ_{23}	1.21	PLY-20; 135°	—
	σ_3	−37.03	PLY-2; 90°	—
P1-2	σ_1	−356.29	PLY-1; −30°	11.18
	σ_2	−49.33	PLY-1; 157.5°	2.58
	τ_{12}	26.38	PLY-1; −0°	−8.79
	τ_{13}	33.96	PLY-3; 157.5°	8.96
	τ_{23}	17.45	PLY-20; −30°	14.42
	σ_3	−92.32	PLY-20;172.5°	2.49
P1-4	σ_1	−407.55	PLY-1; −30°	12.79
	σ_2	−53.14	PLY-1; 157.5°	2.78
	τ_{12}	30.73	PLY-1; −0°	−10.24
	τ_{13}	36.85	PLY-3; 157.5°	9.72
	τ_{23}	−18.18	PLY-20; −30°	−15.02
	σ_3	−98.72	PLY-6; 172.5°	2.67

由上述分析结果可见，垂直度误差的存在引起结构中应力大小和分布的同时改变，局部应力增加明显，这必将对连接结构的承载性能产生影响。

4.3　垂直度误差影响连接性能规律

单搭接结构在拉伸载荷作用下会出现载荷偏心，当连接孔存在垂直度误差时，在拉伸载荷下螺栓会出现“回正”或进一步偏斜的现象，影响载荷偏心量，所以本节主要对垂直度误差影响复合材料单搭接结构拉伸性能进行分析。

4.3.1　垂直度误差对单钉单搭接结构连接性能的影响

单钉单搭接结构是连接结构中最基本最简单的连接单元，通过分析连接孔垂直度误差对单钉单搭接结构连接性能的影响可以揭示连接孔垂直度误差对连接性能的影响规律。

这里采用的 IMS194/977-2 碳纤维/树脂复合材料样件的铺层顺序为[45/90/−45/0/90/0/−45/90/45/−45]s。紧固件选用 12.9 级半牙内六角螺栓（DIN 912），螺栓的螺杆直径 5.96mm。螺栓、螺母和垫片的弹性模量和泊松比分别为 210GPa 和 0.33。样件尺寸参照 ASTM D5961—13，如图 4.8 所示，夹具尺寸在试验标准基础上引入孔垂直度误差，夹具材质为经过高频淬火和回火处理的 41Cr4。

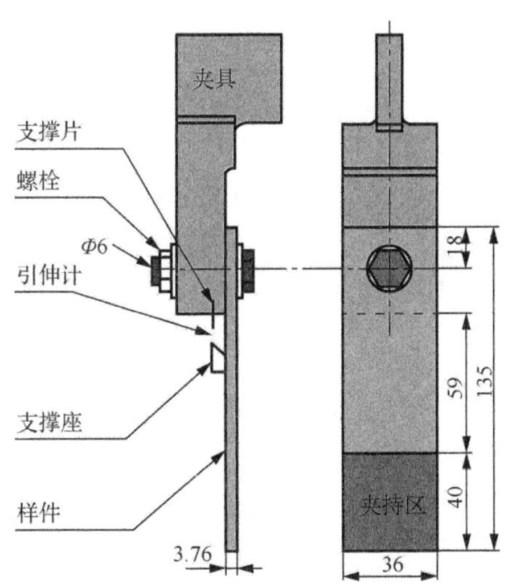

图 4.8　单钉单搭接夹具与样件尺寸

采用有限元仿真方法分析单钉连接性能，如图 4.9 所示，复合材料、垫片和螺母按照实际尺寸建模，夹具适当简化，将螺栓与螺母简化为一个部件。对孔边附近网格进行细化，孔边附近网格尺寸设置为 1mm，远离孔边网格尺寸设置为 2mm。螺栓、垫片和夹具都是钢材，试验中观察到在加载过程中三者都没有发生破坏，材料选用钢材，弹性模量 E=190GPa，泊松比 ν=0.308。单元类型都选用

C3D8R。选用面面接触，采用有限滑移，切向接触使用罚函数，法向摩擦为硬接触，允许面与面接触后脱离，复合材料上下面与金属之间的摩擦系数为 0.3，其他接触摩擦系数为 0.1；主从面选择时保证以金属材料为主面，复合材料为从面。边界条件设置：将夹具一端固支，限制复合材料板自由端在 Y、Z 方向的位移，在复合材料板自由端施加 X 方向位移载荷。

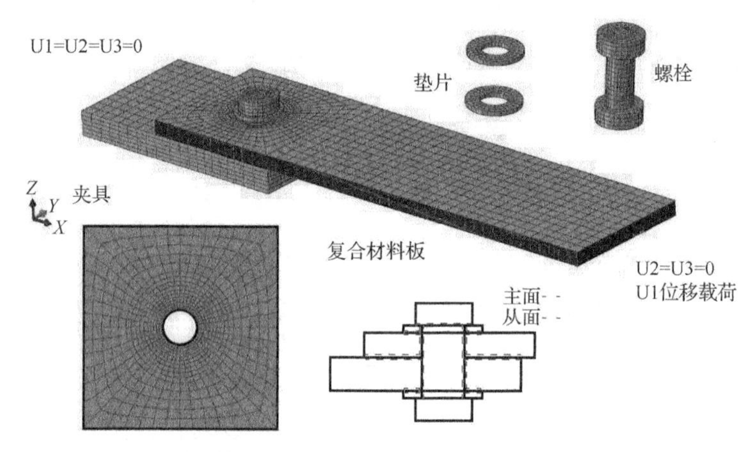

图 4.9 复合材料单钉单搭接连接有限元模型

考虑到连接孔倾斜方向、倾斜角度和螺栓预紧力对复合材料单钉单搭接连接性能的影响。表 4.3 为螺栓预紧力为 2917N 时不同连接孔倾斜角度影响下单钉单搭接结构的损伤形式、损伤位置及对应的损伤载荷。

从表 4.3 可知，当 $\alpha=0°$ 时 3 种倾斜角度最开始出现的都是纤维基体剪出损伤，P1-2 模式出现损伤时对应的载荷与 P1-4 模式基本相同，相比于 P0-0 增大约 26.22%。

表 4.3 复合材料板损伤起始

仿真组	损伤起始		
	损伤形式	损伤位置	损伤载荷/N
P0-0	纤维基体剪出损伤	PLY-18	8429
P1-2	纤维基体剪出损伤	PLY-19	10640
P1-4	纤维基体剪出损伤	PLY-19	10535

图 4.10 是螺栓预紧力分别为 417N、2917N、8750N 时不同垂直度误差影响下通过复合材料单钉单搭接结构数值计算得到的力-位移曲线。由于破坏模式相近，此处不讨论垂直度误差对最终破坏模式的影响。通过观察数值分析计算得到的力-位移曲线，发现除了极限载荷和刚度有差别之外，还有一个很明显的特征就是力-

位移曲线的第一次峰值大小有明显差别。因此，需要重点分析第一次峰值载荷、结构失效载荷和弦刚度。

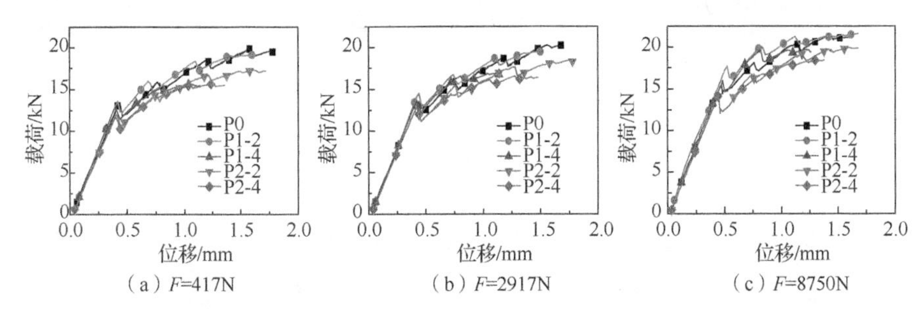

（a）F=417N　（b）F=2917N　（c）F=8750N

图 4.10　不同垂直度误差下力-位移曲线

由于采用 ABAQUS 隐式求解，所以在收敛性方面存在一定影响，导致载荷位移曲线不是很完整，不过通过观察发现，数值分析计算的力-位移曲线在最后阶段斜率已经呈下降趋势。为了方便后续讨论分析，取第四次较为明显的峰值作为结构极限载荷。

图 4.11 是螺栓预紧力为 2917N 时三种具有不同倾斜角度的复合材料单钉单搭接结构在第一次峰值时材料的损伤状态，由于并未发生压缩分层，因此没有给出层间损伤结果。从图中可以看出，在第一次峰值时复合材料的损伤区域已经扩展到多个铺层，其中基体压缩损伤因子达到 1，也就是表明在第一次峰值时复合材料因与紧固件挤压并已造成了基体的压缩损伤[1]。

表 4.4 为三种预紧力作用下垂直度误差对复合材料单钉单搭接结构第一次峰值载荷、破坏载荷和弦刚度的影响规律。从表 4.4 中可以看出，无论 α=0° 还是 α=180°，随着连接孔倾斜角度的增大，复合材料单钉单搭接结构拉伸破坏载荷逐渐减小，当 β=4° 且 F=417N 时，α=0° 和 180° 的连接结构所对应的极限载荷分别下降 21.74%和 21.34%；而当 F=8750N 且 β=4° 时，α=0° 和 α=180° 的连接结构所对应的极限载荷分别下降为 7.63%和 14.02%，对比其他情况也可以看出螺栓预紧力的增大可以减小垂直度误差对连接结构极限承载性能的影响。α=0° 的连接结构的极限承载性能要略大于 α=180° 的连接结构，而 α=0° 的连接结构的第一次载荷峰值要比 α=180° 的连接结构大 13%～24%；当倾斜方向沿着加载方向时，连接结构刚度更大，α=0° 连接结构的刚度比无垂直度误差影响的连接结构大 2%～7%，无垂直度误差影响的连接结构刚度比 α=180° 连接结构的刚度大 0%～5%。

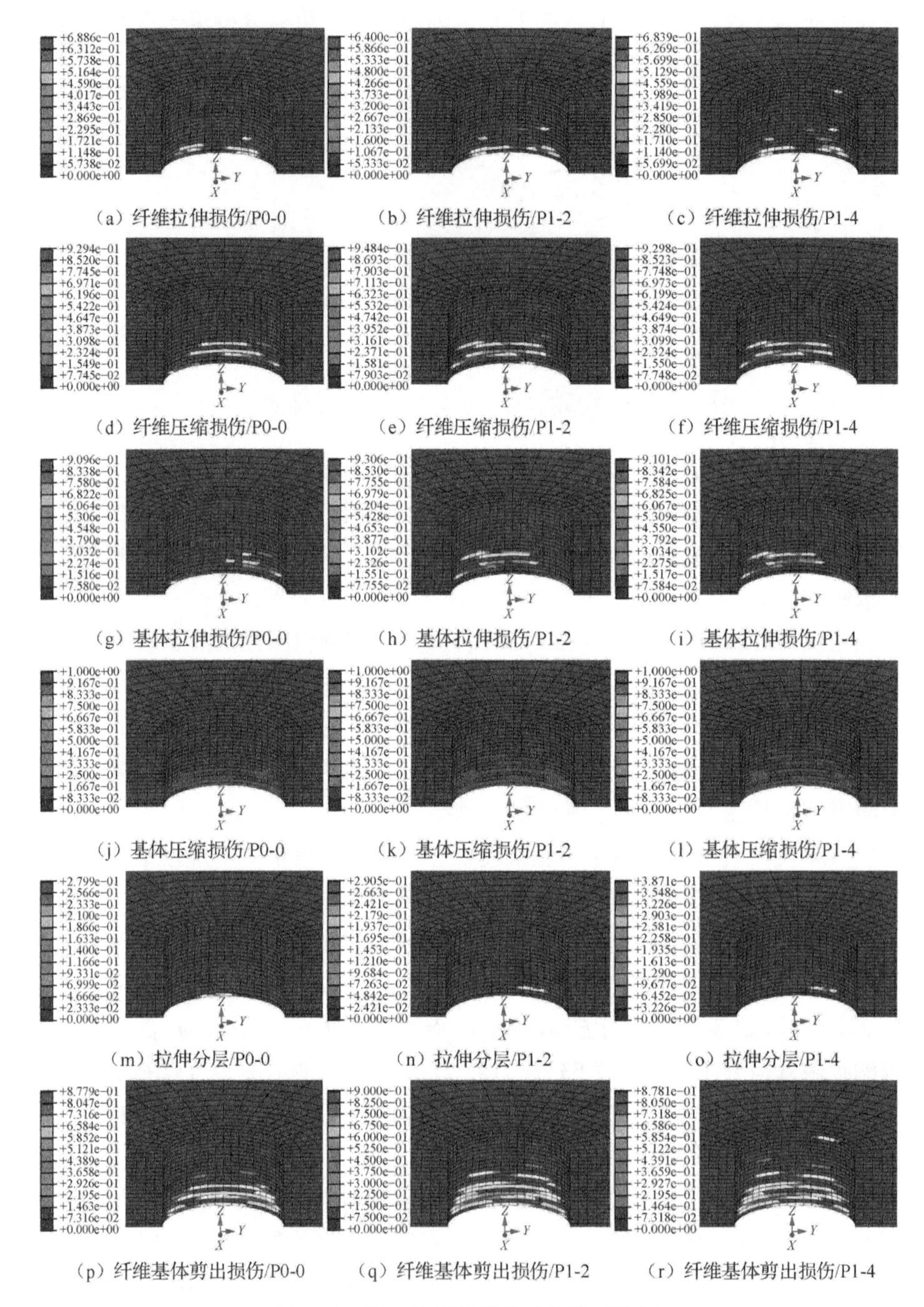

（a）纤维拉伸损伤/P0-0　（b）纤维拉伸损伤/P1-2　（c）纤维拉伸损伤/P1-4

（d）纤维压缩损伤/P0-0　（e）纤维压缩损伤/P1-2　（f）纤维压缩损伤/P1-4

（g）基体拉伸损伤/P0-0　（h）基体拉伸损伤/P1-2　（i）基体拉伸损伤/P1-4

（j）基体压缩损伤/P0-0　（k）基体压缩损伤/P1-2　（l）基体压缩损伤/P1-4

（m）拉伸分层/P0-0　（n）拉伸分层/P1-2　（o）拉伸分层/P1-4

（p）纤维基体剪出损伤/P0-0　（q）纤维基体剪出损伤/P1-2　（r）纤维基体剪出损伤/P1-4

图 4.11　第一次峰值载荷时损伤对比图

表 4.4　第一次峰值载荷、破坏载荷和弦刚度

编号	第一次峰值载荷		破坏载荷		弦刚度	
	数值/N	偏差/%	数值/N	偏差/%	数值/GPa	偏差/%
P0-F417	13075.61	—	19813.41	—	32.63	—
P1-2-F417	13442.40	2.81	18835.35	−4.94	34.55	5.88
P1-4-F417	12894.32	−1.39	15504.64	−21.74	34.69	6.31
P2-2-F417	11851.52	−9.36	17193.44	−13.22	32.23	−1.23
P2-4-F417	11631.27	−11.05	15585.41	−21.34	32.12	−1.56
P0-F2917	13286.63	—	20330.66	—	34.16	—
P1-2-F2917	14442.97	8.70	19534.21	−4.40	35.01	2.49
P1-4-F2917	13713.37	3.21	16761.83	−17.55	34.75	1.73
P2-2-F2917	12925.27	−2.72	18044.43	−11.25	32.54	−4.74
P2-4-F2917	12687.81	−4.51	16442.27	−19.13	32.46	−4.98
P0-F8750	15437.56	—	21442.27	—	34.50	—
P1-2-F8750	17760.57	15.05	21307.07	−0.63	36.26	5.10
P1-4-F8750	15926.25	3.17	19806.34	−7.63	35.97	4.26
P2-2-F8750	13981.81	−9.43	19776.85	−7.77	34.50	0.00
P2-4-F8750	13950.84	−9.63	18436.93	−14.02	34.19	−0.90

4.3.2　垂直度误差对双钉单搭接结构连接性能的影响

双钉单搭接结构是研究多钉连接性能的最基本形式，通过分析双钉单搭接结构的连接性能可以进一步揭示连接孔垂直度误差对连接性能的影响规律。

所用 IMS194/977-2 碳纤维/树脂复合材料样件的铺层顺序为[−45/0/45/90/0/90/45/0/−45/45]s。紧固件选用 12.9 级半牙内六角螺栓（DIN 912），螺栓的螺杆直径为 5.96mm。螺栓、螺母和垫片的弹性模量和泊松比分别为 190GPa 和 0.3。样件尺寸参照 ASTM D5961—13，如图 4.12 所示，夹具尺寸在试验标准基础上引入孔垂直度误差。

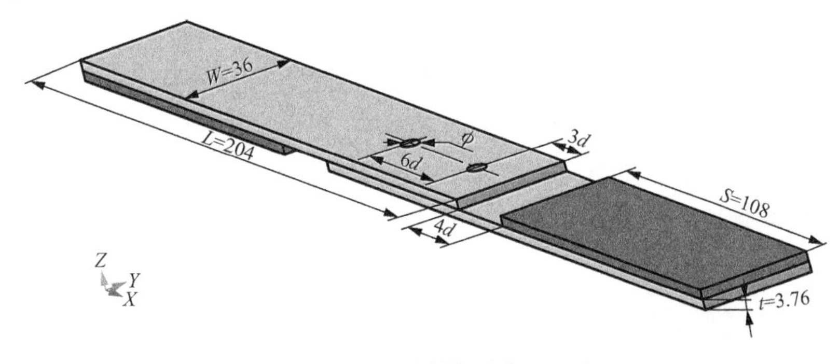

图 4.12　双钉单搭接结构和尺寸

有限元模型如图 4.13 所示，该模型在厚度方向上布置 5 个单元，这样是为了在保证收敛性和精度的同时尽量减少计算量，面内网格足够细化保证分析的精确性。建模时忽略复合材料层合板的夹持区域，进一步提升计算速度。螺栓和螺母简化成一体，所有零件的倒角和圆角被忽略。试验中螺栓的无螺纹部分与复合材料层合板接触，仿真中认为螺杆是圆柱体。有限元模型选取三维实体单元 C3D8R（三维八节点缩减积分单元）。复合材料层合板孔边受力情况复杂，是应力集中易发的部位，所以对孔边进行细化，孔边最小网格大小约为 0.32mm。非接触部分以及远离孔边的单元最大尺寸为 4mm。由于金属材料的刚度较大，按照接触面设置原则设为主面，其网格尺寸比复合材料层合板的网格尺寸稍大[2]。

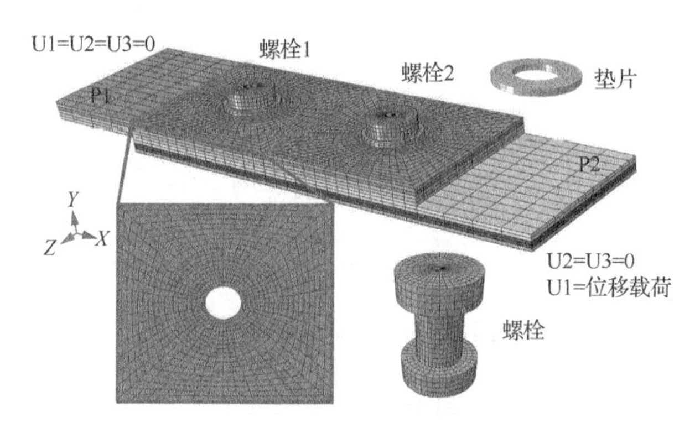

图 4.13　双钉单搭接结构有限元模型

通过对比数值分析结果和试验中无垂直度误差连接结构的强度和刚度的相对误差来评价仿真分析结果的正确性，图 4.14 是无垂直度误差影响的仿真分析结果与试验结果的对比图。三组样件的平均极限承载力为 38047N，数值仿真结果的极限承载力为 35900N，与试验值相比相对误差为 5.6%。数值仿真结果的线性段的刚度为 26690N/mm，与试验结果的刚度平均值 30711N/mm 的相对误差为 13.1%。数值仿真结果（刚度与强度）与试验值的相对误差在可接受范围内。通过对双钉单搭接结构在考虑垂直度误差影响后形成的 6 种连接模式和倾斜角度由 1° 到 4° 的连接工况进行数值仿真分析，可以获取连接孔垂直度误差对双钉单搭接结构力学性能的影响规律。

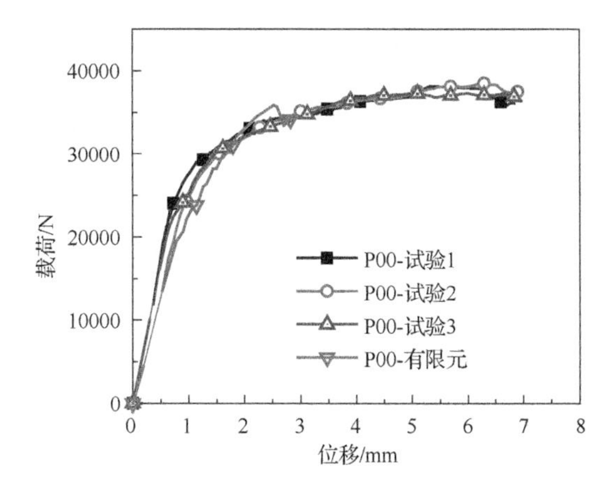

图 4.14　数值与试验力-位移曲线对比

将每个连接模式通过数值仿真获得的力-位移曲线与无垂直度误差状态下获得的力-位移曲线进行对比，能够直观看到不同连接模式下连接孔倾斜角度的变化对结构连接性能的影响，进而能够明确何种连接模式对结构连接性能的影响最大。图 4.15 是五种含垂直度误差连接模式通过数值仿真获得的力-位移曲线。由图中可见，对于 P02 连接模式，通过仿真获取的力-位移曲线在线性段与无垂直度误差的 P00 连接模式基本重合。P02 模式中所有的力-位移曲线中线弹性阶段与非线性阶段的拐点也都出现在相同位置，说明对于 P02 连接模式来说，复合材料损伤起始时刻比较接近，同时，在该连接模式下连接孔倾斜角的变化对结构的承载性能影响较小。而对于 P01 连接模式来说，随着连接孔倾斜角度的增加，结构刚度大幅度减小。对于 P02 连接模式而言，连接孔的倾斜方向与载荷作用方向相同，而 P01 连接模式的连接孔倾斜方向与载荷作用方向相反。这说明当连接孔的倾斜方向与载荷作用方向相同时，其对结构连接性能的影响较小，相反时则对连接性能影响较大。对于 P12 连接模式，一侧连接孔的倾斜方向与载荷作用方向相反，另一侧则与载荷作用方向相同，两者对结构的影响相互制约，因此 P01 连接模式的力-位移曲线与 P12 连接模式的力-位移曲线比较相似。而 P11 连接模式中两个连接孔的倾斜方向都与载荷作用方向相反，因此在五种连接模式中其刚度随倾斜角度的增加减小的幅度最大。综上所述，连接孔倾斜方向与载荷作用方向相反的连接模式对双钉单搭接结构力学性能的影响较大，五种模式中 P11 对结构拉伸性能的影响最大。

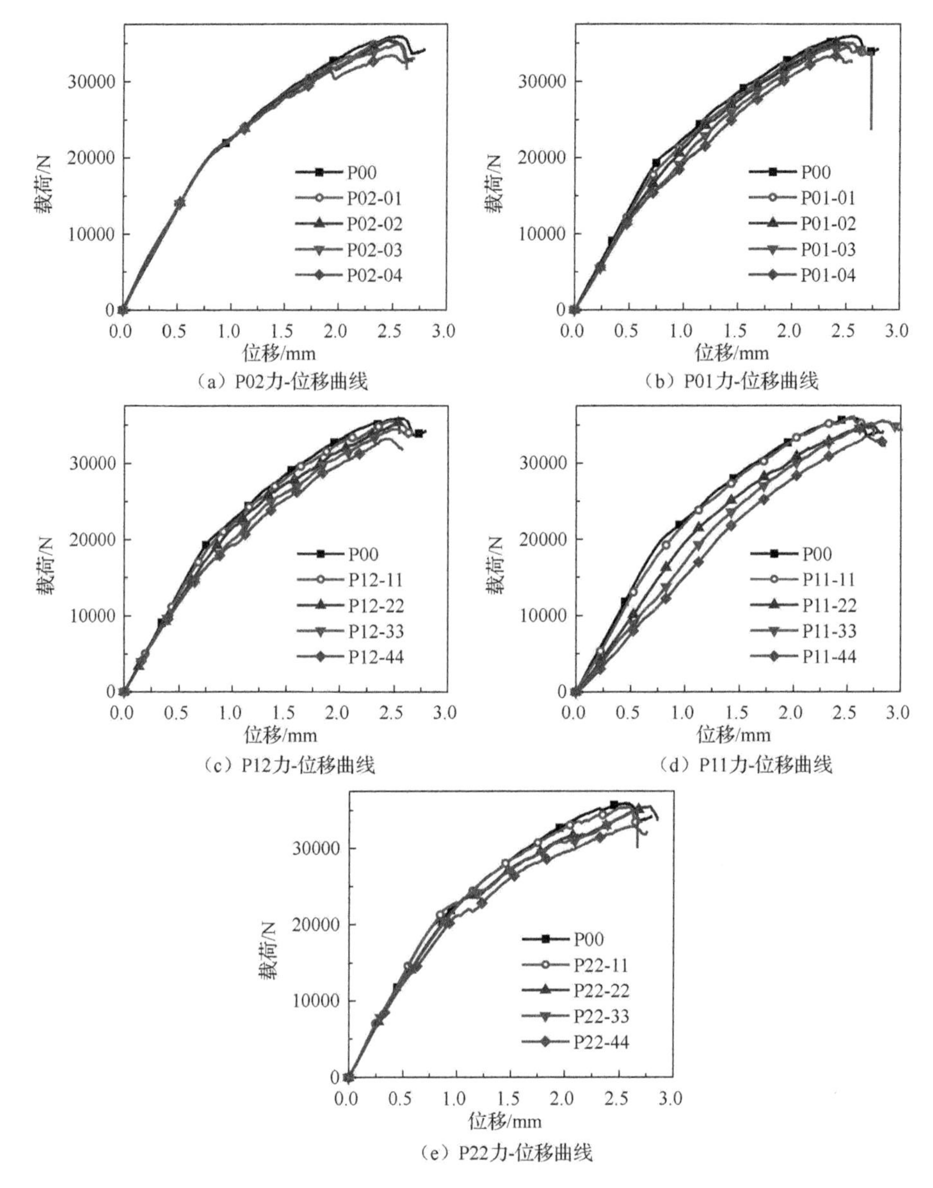

（a）P02力-位移曲线　（b）P01力-位移曲线

（c）P12力-位移曲线　（d）P11力-位移曲线

（e）P22力-位移曲线

图 4.15　五种连接模式的仿真分析结果

利用数值仿真可计算结构的刚度，在图 4.16 中给出不同连接模式下结构刚度随连接孔倾斜角度的变化规律。由图中可以看出，受连接孔倾斜角度变化影响最大的是 P11 连接模式，最不敏感的是 P02 连接模式；P12 和 P01 两种连接模式基本相同；P02 连接模式受连接孔倾斜角变化的影响最小。在双钉单搭接连接中影响连接刚度的主要因素是连接孔的倾斜方向。

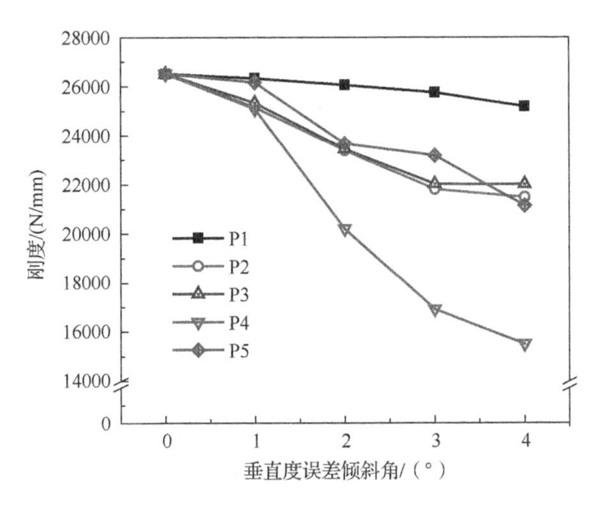

图 4.16　刚度随倾斜角度增加的下降曲线

表 4.5 给出了连接孔倾斜角度变化对不同连接模式结构刚度与结构极限承载性能的影响分析数据。就不同连接模式对结构刚度的影响规律而言，当 β=4 时，P02 模式的结构刚度下降仅为 5.01%，受连接孔垂直度误差影响最小；而对于 P01 模式，其结构刚度下降达到 18.9%，说明其受连接孔垂直度误差影响较大。对于结构的极限承载性能而言，当 $\beta\leqslant3$ 时，仅有 P12-33 和 P11-33 的极限承载力下降超过 3%，而当 β=4 时，对于所有的连接模式，其结构极限承载能力下降可达 5%，但总体仍较小。由此可见，连接孔垂直度误差对结构的影响更多的是影响结构的刚度，而对结构的承载性能的影响几乎可以忽略不计。

表 4.5　倾斜角度影响不同连接模式结构刚度和极限载荷表

编号	刚度/（N/mm）	刚度下降/%	极限承载/N	承载下降/%
P00	26515	—	35901	—
P02-01	26325	0.72	35552	0.97
P02-02	26061	1.71	35336	1.58
P02-03	25751	2.88	34901	2.79
P02-04	25187	5.01	33394	6.98
P01-01	25154	5.13	35077	2.30
P01-02	23389	11.79	35052	2.36
P01-03	21805	17.76	34419	4.13
P01-04	21482	18.98	33302	7.24
P12-11	25327	4.48	35506	1.10
P12-22	23453	11.55	35353	1.53
P12-33	22015	16.97	34360	4.28

续表

编号	刚度/（N/mm）	刚度下降/%	极限承载/N	承载下降/%
P12-44	22005	17.01	33182	7.57
P11-11	25090	5.40	35558	0.96
P11-22	20203	23.80	35429	1.31
P11-33	16926	36.20	34675	3.41
P11-44	15501	41.50	33441	6.85
P22-11	26161	1.30	35388	1.43
P22-22	23667	10.70	35453	1.25
P22-33	23185	12.50	35013	2.47
P22-44	21140	20.30	32830	8.55

为验证仿真分析结果的正确性，在试验中当连接结构达到极限载荷后，对于部分试验样件进行了损伤形貌观测，如图 4.17 所示。可以发现对于双钉单搭接结构，在连接结构失效时，材料的破坏形式是典型的挤压破坏。

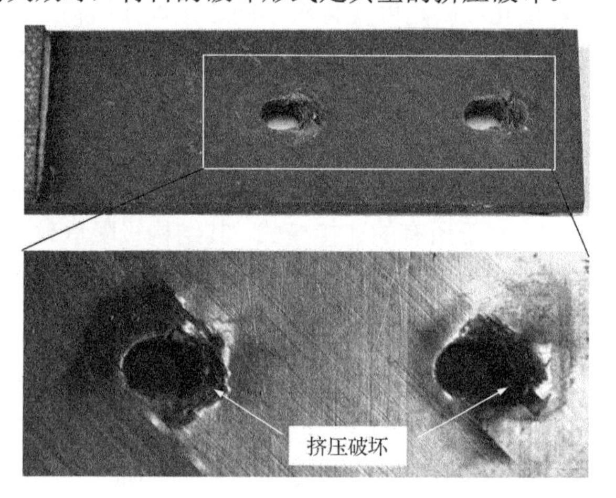

图 4.17　破坏载荷时复合材料的破坏形貌

仿真分析结果由图 4.18 给出。从图 4.17 中可以看出，在垂直于加载方向的连接孔两侧有明显的纤维断裂现象，仿真分析结果在相同的位置处也有明显的纤维损伤的出现［图 4.18（a)]。试验结果给出的纤维和基体挤压破坏主要出现在螺钉和复合材料孔壁的接触面处，仿真结果中纤维和基体的损伤也出现在孔壁受挤压一侧，在沿拉伸方向扩展的距离也约为孔径的一半［图 4.18（b）和图 4.18（d)]。分层损伤产生的主要原因是单搭接结构在外载荷作用下产生的二次弯曲造成螺钉倾斜，大部分的载荷作用在孔的一侧，螺钉对复合材料连接件在厚度方向的分力容易造成分层损伤。通过分析试验样件孔边材料的隆起情况可以估算分层缺陷的影响区域，在图 4.17 放大图中可以明显看出分层损伤，在图 4.18（f）中可以看到在相同的区域同样出现了分层损伤，并且在左侧孔处分层损伤影响的区域较大，仿真结果与试验结果相符。综上可见，仿真所采用的渐进损伤分析模型能够准确预测损伤发生的位置和影响区域，证明了仿真分析方法的有效性。

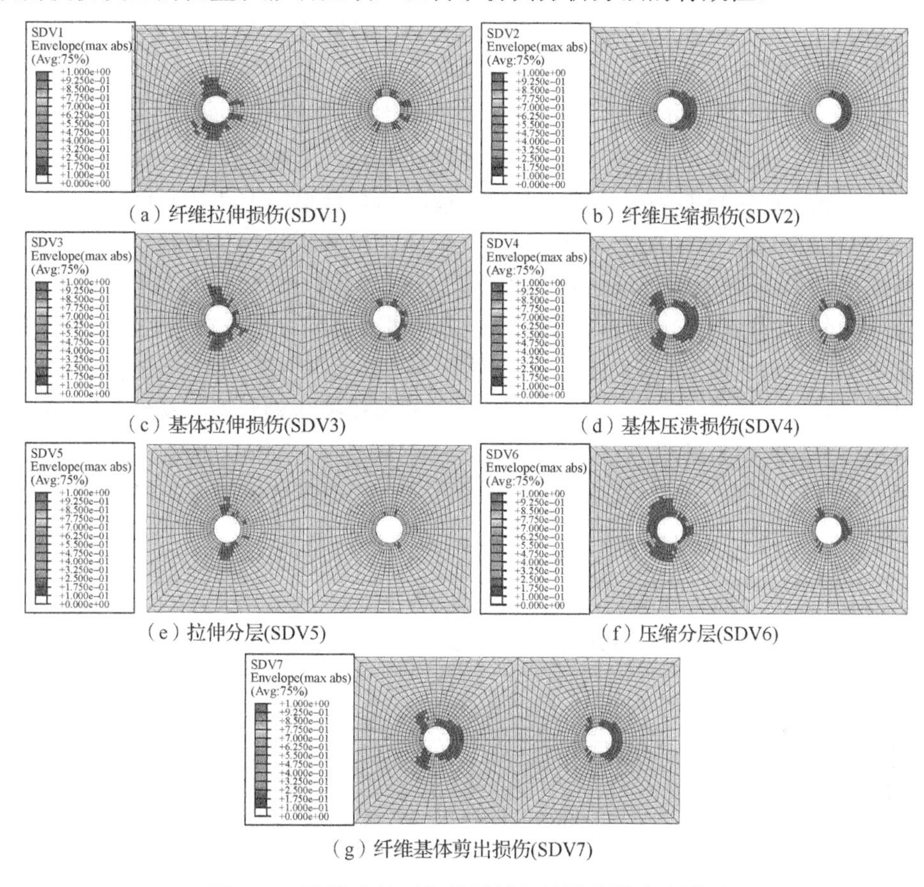

（a）纤维拉伸损伤(SDV1)　（b）纤维压缩损伤(SDV2)

（c）基体拉伸损伤(SDV3)　（d）基体压溃损伤(SDV4)

（e）拉伸分层(SDV5)　（f）压缩分层(SDV6)

（g）纤维基体剪出损伤(SDV7)

图 4.18　连接失效时各种材料失效模式影响区域图

通过 ABAQUS 软件中损伤状态变量 SDV 来确定数值仿真中的损伤起始时刻，当 SDV 为 1 时损伤产生。在 16.5kN 时首先在 0° 铺层发生了纤维的挤压损伤，主要是因为当外载荷作用方向与纤维方向相同时，纤维首先承载且承受较大载荷。当纤维产生损伤且承载能力下降之后基体所承受载荷逐渐增大，纤维基体剪出损伤也随即发生，在 18.2kN 时 90° 铺层中基体损伤开始萌生。拉伸损伤呈现了同样的规律，纤维拉伸损伤和基体拉裂发生时的外载荷分别为 19.0kN 和 19.1kN，分别在 0° 和 90° 铺层中首先产生。纤维和基体发生损伤后，受铺层方向的影响，大部分载荷在层间传递，当外载荷达到 20.6kN 时复合材料中产生分层压缩损伤，拉伸分层损伤最后出现，出现时载荷值为 23.9kN。

4.3.3　垂直度误差对三钉单搭接结构连接性能的影响

三钉单搭接结构是实际结构中多钉连接的代表形式，通过分析三钉单搭接结构连接性能可以揭示制孔垂直度误差对实际多钉连接结构连接性能的影响规律。

按照 ASTM D5961—13 标准建立复合材料三钉单搭接结构，样件尺寸如图 4.19 所示，长 207mm、宽 36mm、厚度 3.76mm、孔直径 6mm，两孔中心距离 6*d* 即 36mm，样件材料为碳纤维增强环氧树脂基复合材料 IMS194/977-2，铺层为[45/90/−45/0/90/0/−45/90/45/−45]s。仿真过程中螺栓和螺母简化成一个整体，取螺栓公称直径和螺母内径为 d=6mm，螺栓和螺母材料为 SCM435 合金钢，弹性模量为 109GPa，泊松比 0.34。三钉单搭接结构有限元模型如图 4.20 所示。约束样件一端 6 个方向自由度，另一端与参考点耦合，在参考点上施加 3mm 的位移载荷代替力载荷并约束其他方向自由度。采用有限滑移模拟接触状态，接触的切向行为采用罚函数，摩擦系数设为 0.2，法向行为采用硬接触法计算。分多个分析步让螺栓预紧力逐渐施加到模型中，避免接触状态发生剧烈改变而导致不收敛[3]。

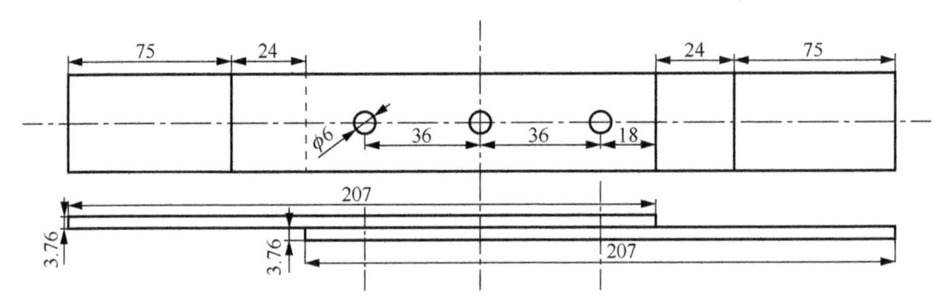

图 4.19　三钉样件的结构和尺寸（单位：mm）

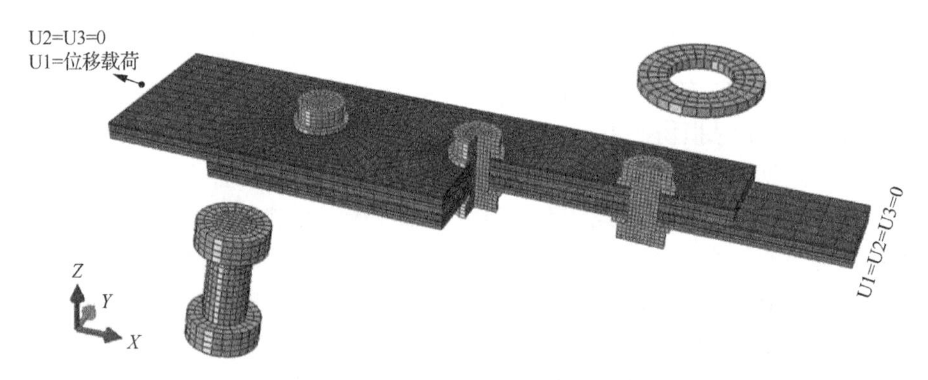

图 4.20　复合材料三钉单搭接有限元模型

1）单钉存在垂直度误差情况

为研究垂直度误差对复合材料层合板极限承载能力的影响规律，首先研究了多钉单搭接结构中单钉存在垂直度误差的情况，如图 4.21 所示。垂直度误差为 P200-200 模式（螺栓倾斜方向与加载方向夹角为锐角且靠近加载端）时层合板极限承载能力最弱，数值为 48.23kN，与无垂直度误差模式 P000-000 相比，极限承载力降低 5.51%；比较图 4.21（a）和图 4.21（b）发现，当连接孔倾斜方向相同时，随着螺栓倾斜角度的增加，层合板承载能力降低。螺栓的垂直度误差包括螺栓倾斜方向和倾斜角度，都会影响层合板的承载能力，极限承载力和刚度值如表 4.6 所示。

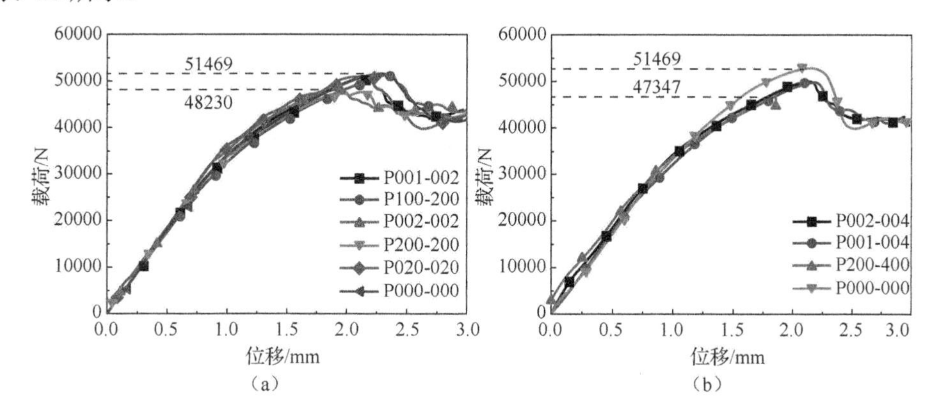

图 4.21　单钉存在垂直度误差的三钉单搭接结构力-位移曲线

表 4.6　单钉垂直度误差模式极限力和刚度值

垂直度误差模式	刚度/（kN/ mm）	峰值载荷/kN
P000-000	36.65	51.47
P200-200	37.94	48.23
P002-002	35.87	48.53
P001-002	38.04	50.74
P020-020	38.19	50.98
P100-200	34.53	51.26

对无垂直度误差 P000-000 模式初始损伤时刻钉载分配比例进行分析，其初始损伤时刻位移为 0.62mm，承载力为 21.76kN，此时 3 个螺栓承载比例分别为 36.3%、27.9%、35.8%，两侧螺栓承载比例基本相等，中间螺栓承载较小。

从图 4.22 中可以看出，在克服摩擦力后，螺栓开始承受拉伸载荷。由于螺栓 1 和螺栓 3 分别靠近拉伸端和固定端螺栓，因此最先开始承载，钉载比例分别为 62%和 38%；而后螺栓 2 开始承载，且承载比例迅速增加，初始损伤时刻 A，承载比例达到 27.9%，螺栓逐渐向着钉载均匀化程度发展。

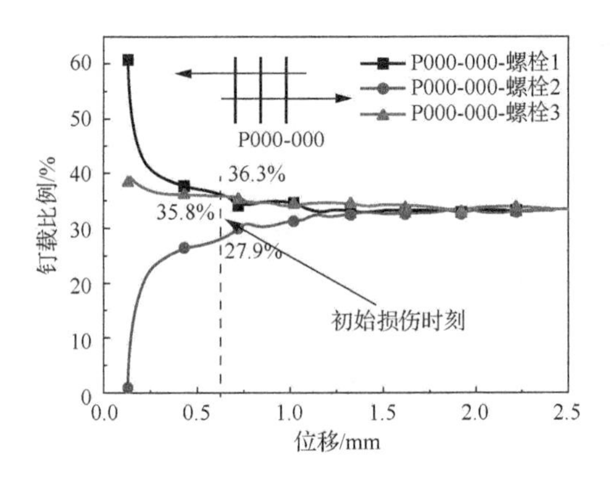

图 4.22　无垂直度误差螺钉连接钉载比例

图 4.23 是无垂直度误差时双钉单搭接结构的螺栓连接力-位移曲线及钉载分配比例图。靠近拉伸端螺栓 1 首先克服摩擦力开始承载，随后固定端螺栓 2 承载，随后两端螺栓钉载比例逐渐均匀化，在初始损伤时刻，钉载比例大约为 50%。由此可见，多钉单搭接结构与双钉单搭接结构钉载分配相比，钉载分配更为复杂，各螺栓分配不均匀化程度更高。图中 A、B、C 点分别表示建立接触、初始损伤、最终失效的时刻。

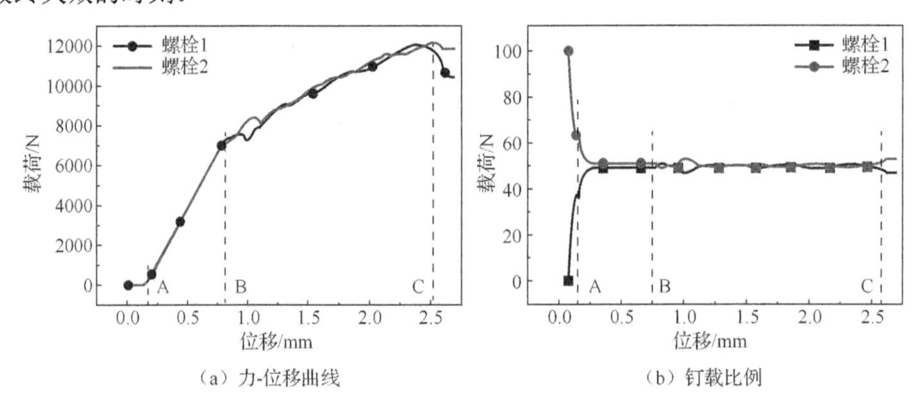

（a）力-位移曲线　（b）钉载比例

图 4.23　无垂直度误差时双钉单搭接结构的螺栓连接力-位移曲线及钉载比例图

垂直度误差 P200-200 模式初始损伤时刻钉载分配比例如图 4.24 所示，由于连接孔垂直度误差的存在，使得螺栓 1 在连接结构受力拉伸起始就开始承载。在克服摩擦力后，螺栓 3 承载比例迅速增加，螺栓 2 承载比例增加相对较慢；在连接结构出现损伤时，三个螺栓的承载比例分别为 42.1%、23.1%、34.8%，而后螺栓承载比例向着均匀化方向发展，在连接结构位移达到 1.23mm 时三个螺栓的承载比例基本达到均匀化，与无垂直度误差的 P000-000 模式相比，钉载分配不均匀化程度更高，因此对结构的影响也会更大。

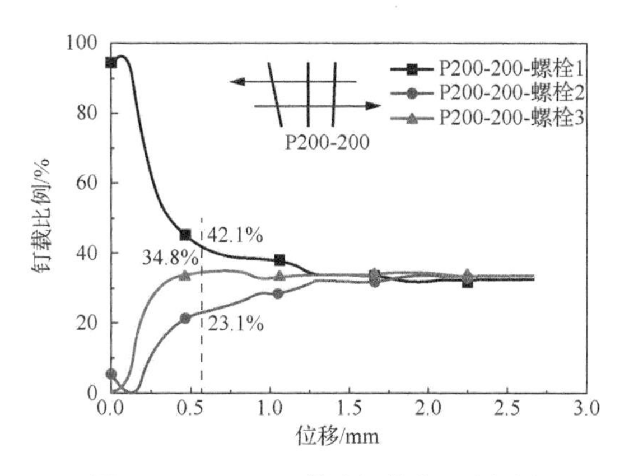

图 4.24　P200-200 模式钉载分配比例图

2）双钉存在垂直度误差情况

通过对多钉单搭接结构中双钉同时存在垂直度误差的情况进行分析，得到力-位移曲线如图 4.25 所示。靠近拉伸端与固定端的螺栓且螺栓倾斜方向与拉伸方向呈锐角即 P202-202 模式时，层合板承载能力最弱，极限承载力为 48.42kN；P101-202 模式极限承载力为 54.34kN。P101-202 模式极限承载力超过 P000-000 模式的承载能力，对 P101-202 模式螺栓倾斜角度分析可见，在 P101-202 模式下螺栓倾斜角度从 1°～4° 时变化，承载能力均高于无垂直度误差 P000-000 模式，如图 4.26 所示。这是因为在 P101-202 模式的连接结构中当螺栓预紧后，螺栓拧紧力矩使倾斜的螺栓回正并对层合板有一个与拉伸方向相反的挤压力，如图 4.27（a）所示。在连接结构未承载之前，螺栓 1 和螺栓 3 与孔壁之间即存在挤压力（此挤压力方向与拉伸方向相反）；当连接结构受拉伸载荷后，在外载荷 F 的作用下克服摩擦力和挤压力后中间螺栓 2 才开始承载，且随着外载荷的增大螺栓 2 承载逐渐增加，层合板产生沿拉伸方向的位移，螺栓 1 和螺栓 3 受拉伸力作用回正，此过程中螺栓承载比例下降，此时螺栓 2 承载比例迅速增加且达到最大值，而后螺栓逐渐向拉伸载荷方向倾斜，挤压力方向与拉伸力方向一致，与拉伸力共同作用使螺栓 1 和螺栓 3 承载比例上升，螺栓 2 承载比例下降，直至各螺栓承载比例均衡。由螺栓预紧力产生的挤压力改变了载荷在连接结构内部的传递路径，同时辅助结构抵抗因外载而产生的变形，在一定程度上提高了连接结构的承载能力。垂直度误差的增加，降低了结构承载能力。从图 4.26 可以看出，随着垂直度误差的增大，P101-202 模式极限承载能力降低。

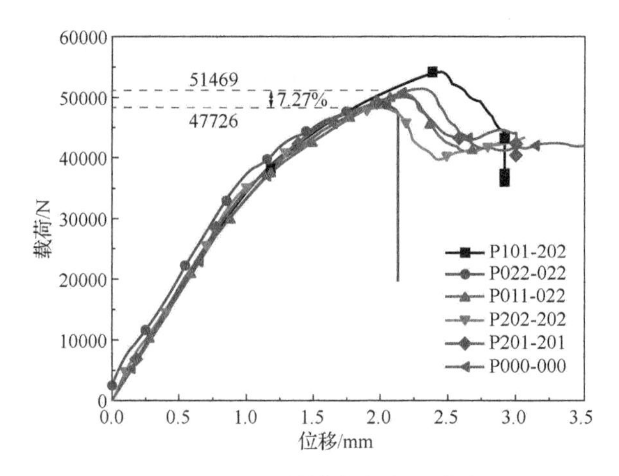

图 4.25　双误差模式力-位移曲线

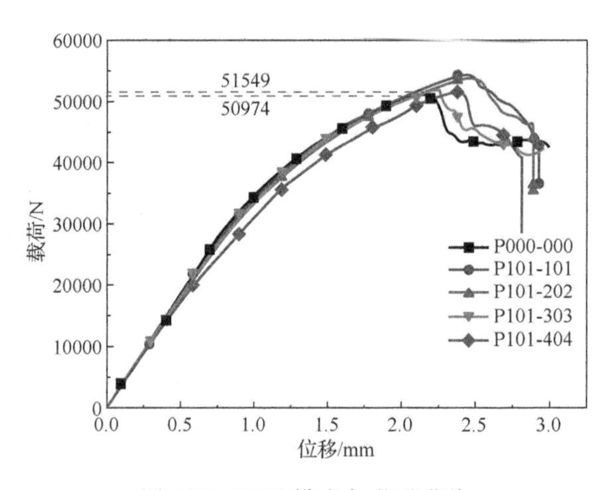

图 4.26　P101 模式力-位移曲线

P202-202 模式与 P101-202 模式相同之处是在螺栓预紧后，回正力矩使螺栓对层合板有一个挤压力，但挤压力方向与外载荷方向相同，如图 4.27（b）所示。当连接结构受到拉伸载荷作用后，在拉伸力和挤压力的作用下克服摩擦力后螺栓 2 开始承载，如图 4.28（b）所示。随着拉伸载荷的增加，连接组件间发生相对滑移，此时螺栓 1 和螺栓 3 与层合板接触面积逐渐变大，承载比例逐渐增加，螺栓 2 的承载比例也随之下降，直到开始出现损伤后，螺栓 2 重新开始承载，直至各螺栓承载比例基本一致，这是层合板承载能力降低的原因。

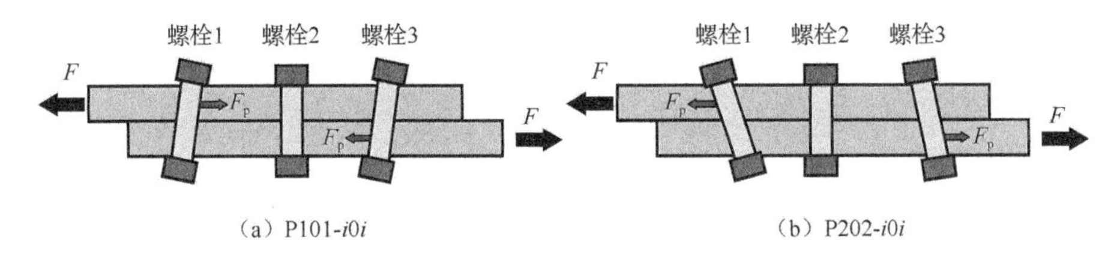

图 4.27　施加预紧力后受力示意图

层合板连接孔存在垂直度误差，对极限承载能力的影响各异。当螺栓倾斜方向与外载荷作用方向夹角为锐角时，连接结构承载能力最弱，容易产生损伤并造成连接失效；反之，连接结构承载能力强，此时极限承载能力高。随着螺栓倾斜角度的增加，损伤产生时刻提前，结构极限承载能力降低。当连接结构中多个紧固件同时存在垂直度误差时，靠近加载端和固定端连接孔的垂直度误差对结构极限承载能力的影响最明显，当螺栓倾斜方向与拉伸方向夹角为钝角时，承载能力比无垂直度误差连接结构的承载能力还要强一些。

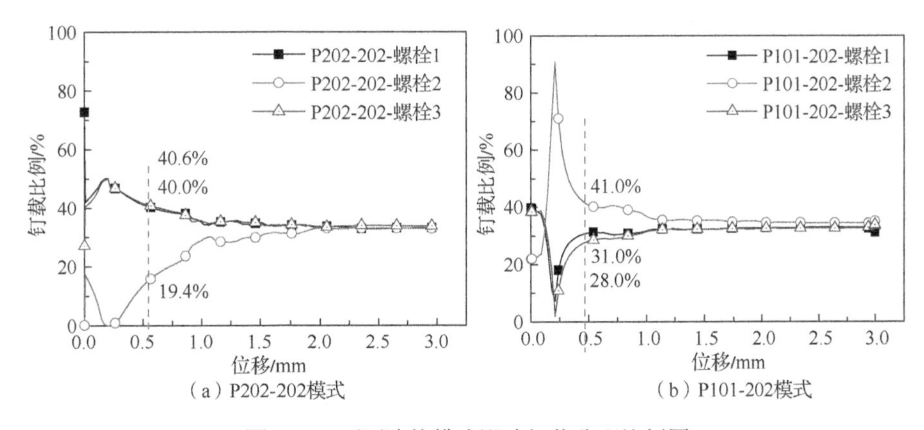

(a) P202-202模式　　(b) P101-202模式

图 4.28　不同连接模式影响钉载分配比例图

3）三钉存在垂直度误差情况

针对三钉同时存在垂直度误差的情况，选取 P111-222 和 P222-222 两种模式分别进行对比分析，仿真结果如图 4.29 所示。P222-222 连接模式极限承载力最低，仅为 46.01kN，而 P111-222 连接模式极限承载力为 52.84kN，明显高于无垂直度误差 P000-000 模式，验证了 2）小节提到的结论，即螺栓倾斜方向与加载方向夹角为钝角时，有利于提高结构承载能力；相反，螺栓倾斜方向与加载方向夹角为锐角时，使结构承载能力降低。由于螺栓存在垂直度误差，所以螺栓挤压层合板，使层合板在未受到外载荷的作用时，已经受到接触力的影响。

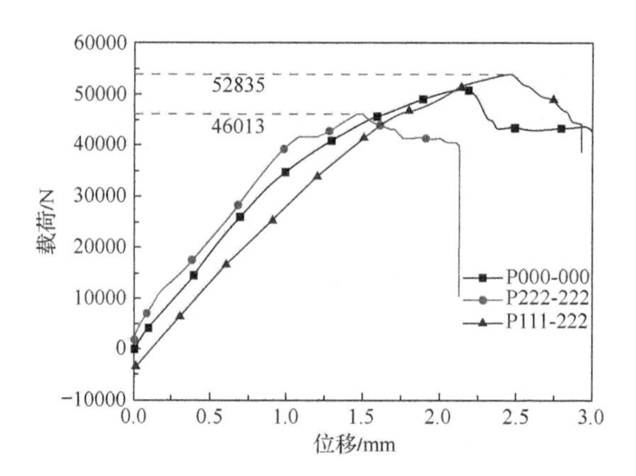

图 4.29　垂直度误差对多钉连接结构拉伸性能的影响

如图 4.29 所示，P222-222 模式和 P111-222 模式在位移为 0mm 时螺栓预紧力的作用使结构内部分别产生 1744kN 和−1826kN 的内力，其对结构承载能力产生了直接影响。当螺栓倾斜方向与结构受载方向的夹角为锐角时，预紧力所产生的内力降低了结构的承载能力；当螺栓倾斜方向与结构受载方向的夹角为钝角时，由于预紧力所产生的内力提高了结构的承载能力；当多钉同时存在垂直度误差且倾斜方向与拉伸方向一致时，与无垂直度误差连接结构的承载能力相比，其承载性能明显提高。

4.4　垂直度误差影响分层损伤扩展

碳纤维复合材料层合板沿厚度方向的层间强度较弱，复合材料连接件制孔过程中若无支撑结构，极有可能在钻头出口处形成分层，进而可能影响碳纤维复合材料零件的连接性能。因此，需要开展复合材料制件分层损伤对连接性能影响规律的研究。

4.4.1　含分层损伤单搭接试验研究

首先，以试验测试方法研究制孔垂直度误差影响下分层损伤对复合材料构件连接性能的影响规律。试验样件为 IMS194/977-2 碳纤维/环氧树脂预浸料（单层预浸料的名义厚度为 0.188mm）制备的复合材料层合板，总厚度为 3.76mm，采用 20 层对称铺层[45/90/−45/0/90/0/−45/90/45/−45]$_{2S}$，其力学性能如表 4.7 所示。其中 E_1、E_2 和 E_3 分别是单层板沿轴向、沿横向和沿厚度方向的弹性模量，G_{12}、G_{13} 和 G_{23} 是剪切模量，ν_{12}、ν_{13} 和 ν_{23} 是泊松比，X_T、Y_T 和 Z_T 分别是单层板沿轴向、沿横向和沿厚度方向的拉伸强度，X_C、Y_C 和 Z_C 是压缩强度，S_{12}、S_{13} 和 S_{23}

是剪切强度，G_f 和 G_m 是纤维断裂能和基体断裂能，E_1 和 E_2 是多向层合板沿轴向和沿横向的等效弹性模量，G_{12}、G_{13} 和 G_{23} 是等效剪切模量，ν_{12}、ν_{13} 和 ν_{23} 是等效泊松比。

表 4.7　IMS194/977-2 力学性能[4,5]

性能	数值
E_1/GPa	165
E_2（E_3）/GPa	8.17*
G_{12}（G_{13}）/GPa	4.27
G_{23}/GPa	2.75*
ν_{12}（ν_{13}）	0.33
ν_{23}	0.48*
X_T/MPa	3150
X_C/MPa	1450
Y_T（Z_T）/MPa	81.4
Y_C（Z_C）/MPa	270*
S_{12}（S_{13}, S_{23}）/MPa	108
G_f/（N/mm）	22.5
G_m/（N/mm）	1.6

*该参数基于横观各向同性假设及工程经验所得

试验中采用的紧固件为 12.9 级内六角半牙螺钉，材料为 SCM435 合金钢，弹性模量为 162.43GPa，泊松比为 0.286[6]，使用精度 3%的西特 SK-25（0～25N·m）扭矩扳手对螺栓施加扭矩。

装配完成后采用 Araldite® 2015 黏接剂粘贴一块复合材料小片用于放置引伸计。Araldite® 2015 黏接剂的拉伸模量为 2.0GPa，室温下拉伸强度为 30.0MPa，室温下黏接玻璃纤维材料的搭接剪切强度约为 9.0MPa，室温下黏接碳纤维材料的搭接剪切强度约为 14.0MPa，推荐搭接使用胶层厚度为 0.05～0.1mm，混合比例为 1∶1[7]。

图 4.30 显示了存在 4° 垂直度误差并在板 A 预埋分层的典型样件结构（P1-01），并标明引伸计的安装位置[8]。

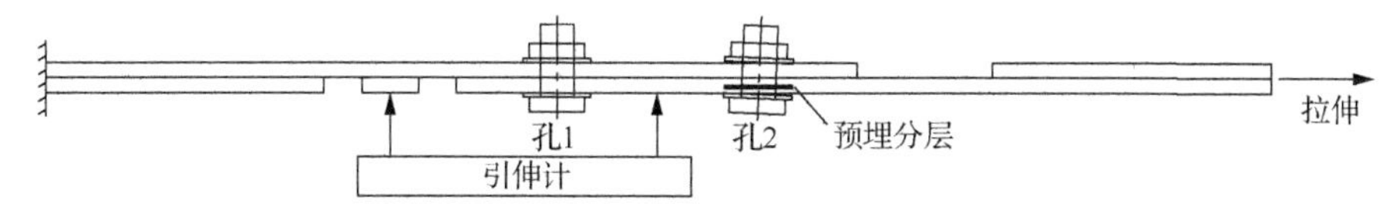

图 4.30　典型样件结构

复合材料连接结构受载破坏形式大多为挤压破坏，复合材料双钉单搭接螺栓连接结构受拉伸载荷响应曲线如图 4.31 所示，从响应曲线中明显可以看到连接结构在承受拉伸载荷作用时共经历 4 个阶段：滑移阶段（克服配合间隙引起的摩擦力）、线弹性阶段（螺栓承载为主）、损伤阶段（层合板损伤累积与扩展）和失效阶段（结构承载能力逐渐降低，损伤继续扩展）。

根据试验标准 ASTM D5961—13 提供的计算公式计算各参数影响下的结构强度和刚度，并对比分析垂直度误差大小、倾斜模式和预埋分层宽度三个因素对结构强度和刚度的影响。

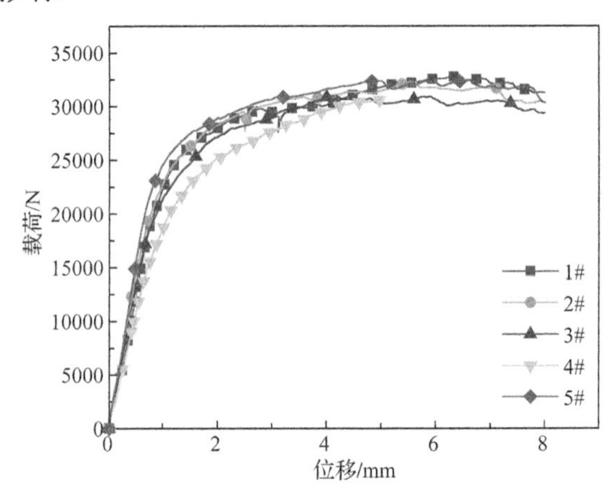

图 4.31　复合材料双钉单搭接螺栓连接载荷-位移曲线

1）垂直度误差大小的影响

采用单因素方法进行试验设计，图 4.32 所示结果是在 P01 模式的连接结构中在板 A 孔 2 位置处预埋 36mm×12mm 分层损伤后垂直度误差影响连接结构强度及刚度的变化规律。从图中可以发现，在连接模式和预埋分层参数不变时，随着垂直度误差的增大，双钉单搭接结构的强度和刚度均呈下降趋势。当 β=4° 时，连接结构的强度和刚度分别下降了 5.6%和 3.6%，说明在 P01 模式下当复合材料制件中存在分损伤层时垂直度误差显著削弱了结构的承载性能。图中 β=2° 时结构刚度变大应是试验误差造成的。

图 4.33 给出了上述试验中获得的分层损伤扩展情况。从图中可以明显发现，分层损伤的扩展主要发生在两个螺栓之间的区域，且随着垂直度误差的增大，分层损伤扩展愈加严重，这也是导致了结构强度和刚度显著降低的根本原因。在显微镜下用标尺测量的分层扩展如表 4.8 所示，垂直度误差 β 每增大 2°，分层损伤扩展尺寸增加 3.2mm，达到预埋分层宽度的 26.6%。

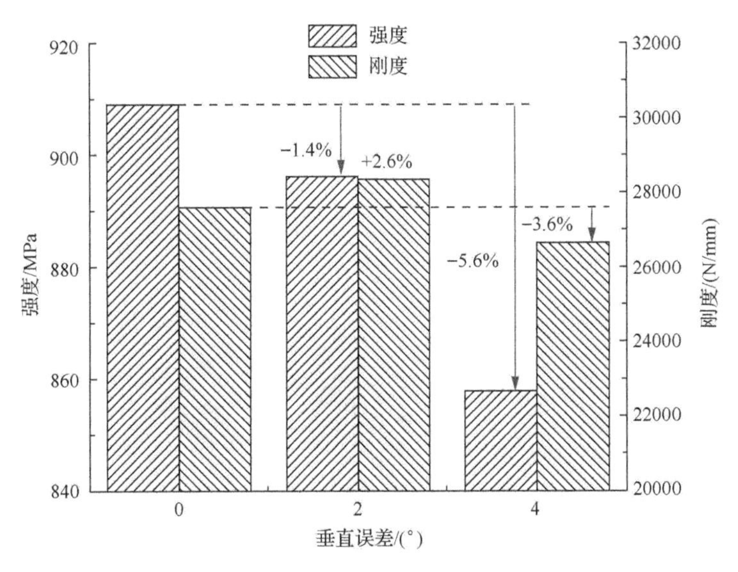

图 4.32　垂直度误差大小对结构承载性能的影响

PA 表示析 A，PB 表示板 B

图 4.33　垂直度误差影响分层损伤扩展图

表 4.8　垂直度误差影响分层损伤扩展表

垂直度误差/（°）	预埋分层宽度/mm	分层扩展/mm	扩展百分比/%
0		12.9	7.5
2	12	16.1	34.2
4		19.3	60.8

2）连接孔倾斜方向的影响

图 4.34 是 β=4° 时在连接板 A 孔 2 位置预埋 36mm×12mm 贯穿分层损伤时不同连接模式 P00、P01 和 P02 对结构承载强度和刚度的影响。从图中可以发现，当垂直度误差大小和分层损伤参数相同时，P01 模式下结构强度和刚度分别下降了 5.6%和 3.6%；而 P02 模式的结构强度下降了 1.0%，但刚度提升了 12.7%。说明垂直度误差的存在降低了连接结构的承载强度，而刚度受倾斜模式影响较大，P01 模式的结构中连接孔的倾斜方向与受载方向一致，结构抵抗变形的能力被削弱，而在 P02 模式的结构中连接孔的倾斜方向与受载方向相反，结构刚度因此得到提升。

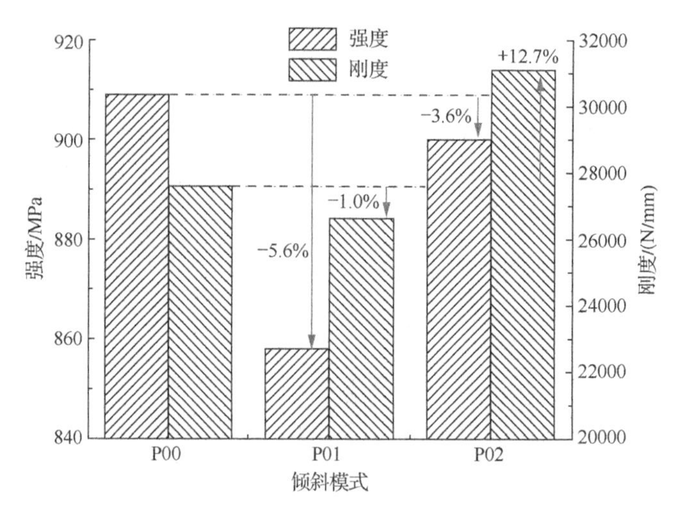

图 4.34　连接模式对结构承载性能的影响

图 4.35 展示了 β=4°时在连接件板 A 孔 2 位置预埋 36mm×12mm 贯穿分层损伤时不同连接模式的分层损伤扩展情况。对比发现，P00 模式发生较小的分层损伤扩展；P01 模式分层损伤扩展明显，因此结构的强度和刚度均降低；而 P02 的分层损伤扩展行为在超景深显微镜下未观测到。这主要是由于在紧固件预紧过程中螺栓的"回正"在起作用，P01 模式中螺栓的回正方向与载荷施加方向相同，使孔左侧区域的法向压紧力减小，从而导致分层损伤扩展明显；而 P02 模式中螺栓的回正方向与载荷施加方向相反，增大了孔左侧区域的法向压紧力，在一定程度上抑制了分层损伤的扩展，因此分层损伤扩展不明显。

图 4.35　连接模式对分层损伤扩展的影响

3）分层损伤的影响

图 4.36 是双钉单搭接螺栓连接结构在模式 P01-04 时有无分层损伤对结构强度和刚度的影响结果。从图中可以发现，当垂直度误差大小 β 和结构连接模式不变时，相比无缺陷样件，含分层损伤结构的强度和刚度均下降。当分层损伤宽度达到 12mm 时，其强度和刚度分别下降 5.1%和 4.1%。

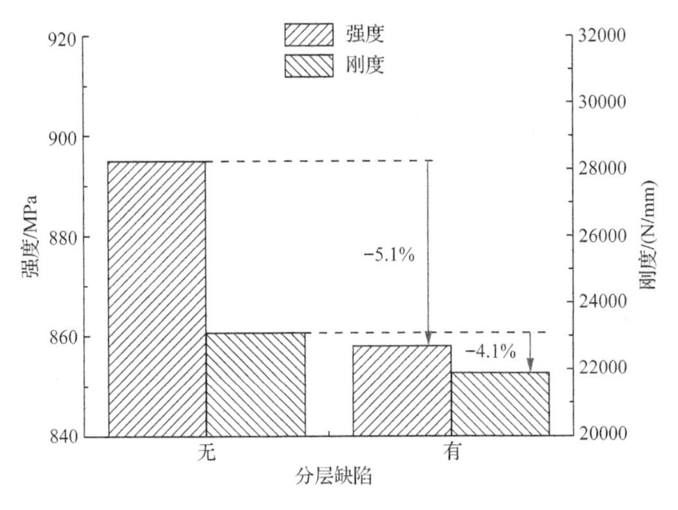

图 4.36 是否含预埋分层对结构承载性能的影响

图 4.37 给出了 P01-04 模式下有无分层损伤对结构的影响。对比可发现，当材料中无分层损伤时，在样件侧面表面未观测到明显分层损伤；而对于含分层损伤的连接结构，其分层损伤扩展明显。这说明结构中如存在分层损伤，则在此连接模式下其扩展将加剧。

图 4.37 预埋分层损伤对分层扩展的影响

4.4.2 分层损伤影响连接性能有限元分析

有限元模型如图 4.38 所示，模型采用统一命名格式以方便对比分析。例如，T2-4°-PAH2-G12mm-Coh14 表示采用 P01-04 模式的结构中在板 A 的 14～15 层间孔 2 周边预埋 12mm 宽贯穿分层，并以该例进行建模说明。有限元模型采用 C3D8R 单元，沿厚度方向布置 8 个单元；复合材料层合板孔边应力状态复杂，应力集中明显，需要进行局部细化，在远离孔边网格尺寸设置为 4mm。在预埋分层所在层间（即 14～15 层间）插入零厚度的 COH3D8 单元（图中区域Ⅱ）以预测分层扩展；删除区域Ⅰ的界面单元并设置面对面接触以模拟预埋分层。

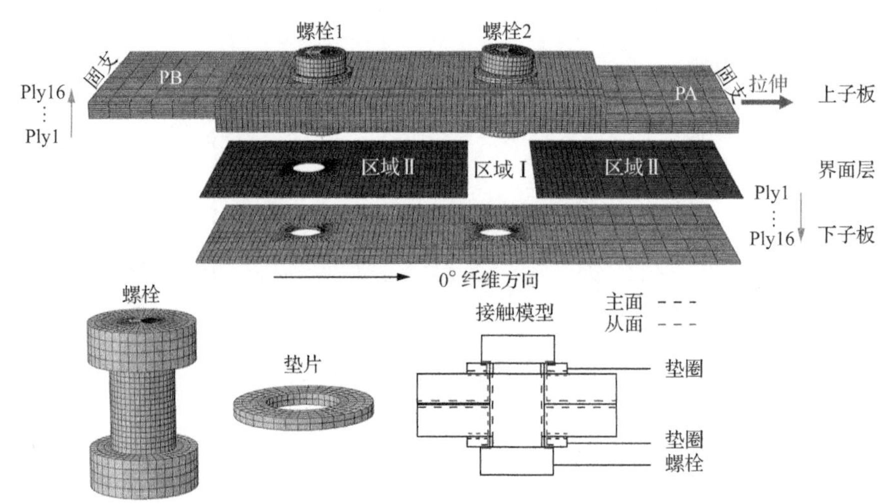

图 4.38 复合材料双钉单搭接连接有限元模型

考虑垂直度误差大小、倾斜模式、预埋分层厚度位置、分层宽度和孔边配置对复合材料双钉单搭接螺栓连接性能和分层扩展的影响。采用控制单因素法进行仿真分析，表 4.9 为仿真模型编号和参数。

表 4.9 仿真模型编号和参数

编号	垂直度误差		预埋分层		
	倾斜模式	误差大小	分层尺寸/mm	厚度位置	孔边配置
T1-0°-PAH2-G12mm-Coh14	P00	0°	12	14～15	孔 2
T2-1°-PAH2-G12mm-Coh14	P01-01	1°	12	14～15	孔 2
T2-2°-PAH2-G12mm-Coh14	P01-02	2°	12	14～15	孔 2
T2-3°-PAH2-G12mm-Coh14	P01-03	3°	12	14～15	孔 2
T2-4°-PAH2-G12mm-Coh14	P01-04	4°	12	14～15	孔 2
T3-4°-PAH2-G12mm-Coh14	P02-04	4°	12	14～15	孔 2
T4-4°-PAH2-G12mm-Coh14	P11-44	4°	12	14～15	孔 2
T5-4°-PAH2-G12mm-Coh14	P22-44	4°	12	14～15	孔 2
T6-4°-PAH2-G12mm-Coh14	P12-44	4°	12	14～15	孔 2
T2-4°-PAH2-G00mm-Coh14	P01-04	4°	0	14～15	孔 2
T2-4°-PAH2-G06mm-Coh14	P01-04	4°	6	14～15	孔 2
T2-4°-PAH2-G18mm-Coh14	P01-04	4°	18	14～15	孔 2
T2-4°-PAH2-G24mm-Coh14	P01-04	4°	24	14～15	孔 2
T2-4°-PAH1-G12mm-Coh14	P01-04	4°	12	14～15	孔 1
T2-4°-PAH1H2-G12mm-Coh14	P01-04	4°	12	14～15	孔 1，孔 2
T2-4°-PAH2-G12mm-Coh02	P01-04	4°	12	2～3	孔 2
T2-4°-PAH2-G12mm-Coh04	P01-04	4°	12	4～5	孔 2

续表

编号	垂直度误差		预埋分层		
	倾斜模式	误差大小	分层尺寸/mm	厚度位置	孔边配置
T2-4°-PAH2-G12mm-Coh06	P01-04	4°	12	6～7	孔 2
T2-4°-PAH2-G12mm-Coh08	P01-04	4°	12	8～9	孔 2
T2-4°-PAH2-G12mm-Coh10	P01-04	4°	12	10～11	孔 2
T2-4°-PAH2-G12mm-Coh12	P01-04	4°	12	12～13	孔 2

分层损伤扩展预测对界面单元尺寸非常敏感。为了保证计算精度的同时减少计算成本，本节首先以无分层损伤模型为例进行了网格无关化论证，确定合适的网格密度。如图 4.39 所示，本节在有限元模型连接区域进行面内局部细化，分别布置 2.0mm、1.0mm、0.5mm 大小的网格进行分析求解。

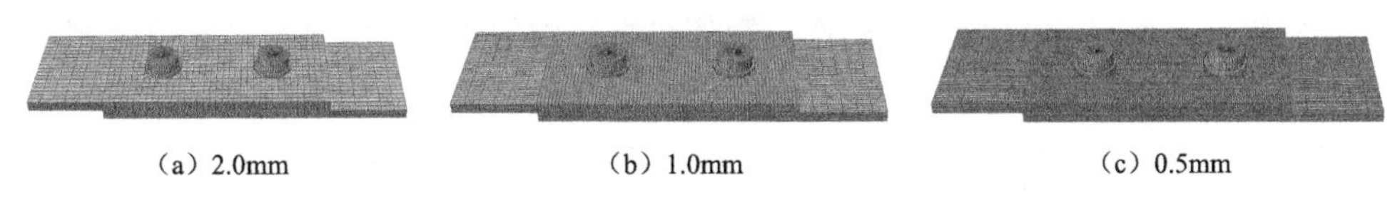

图 4.39　双钉单搭接有限元模型网格大小

本书分别建立了不同网格尺寸大小的双钉单搭接螺栓连接有限元模型并将仿真结果就连接性能和分层扩展进行对比分析，发现 1.0mm 网格模型和 0.5mm 网格模型预测的力-位移曲线几乎重合，1.0mm 网格模型计算收敛性强，而 2.0mm 网格模型在加载至拐点位置开始出现明显曲线偏差，如图 4.40 所示；此外，0.5mm 网格模型尚未预测到分层扩展就已存在收敛性问题，而 1.0mm 网格模型和 2.0mm 网格模型良好地预测分层扩展，其中 1.0mm 网格模型预测分层扩展边缘精度更高，如图 4.41 所示。综合说明，面内局部细化网格尺寸大小为 1.0mm 即可满足计算精度要求，同时保证计算收敛性和减少计算时间。

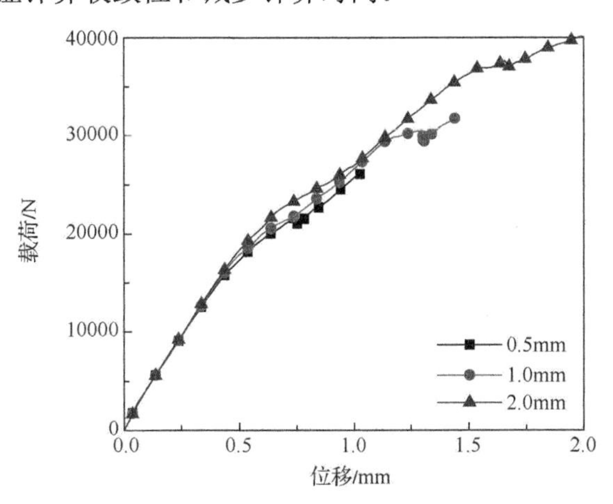

图 4.40　网格大小对双钉单搭接性能的影响

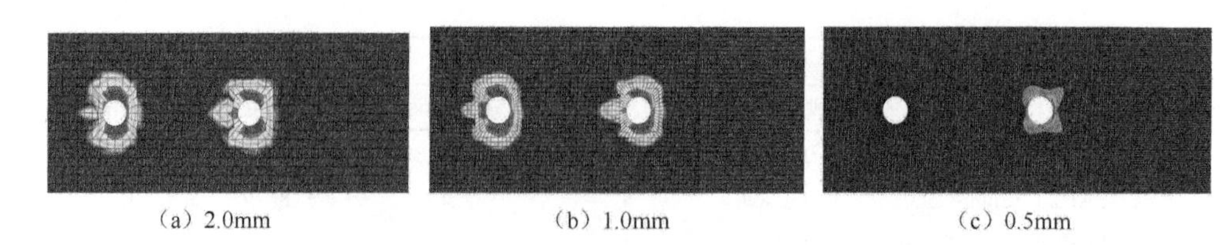

图 4.41　网格大小对双钉单搭接分层损伤扩展的影响

以 T2-4°-PAH2-G12mm-Coh14 模型为例对比数值仿真模型和试验结果的强度和刚度的相对误差来评价数值模型的正确性，数值模型、试验结果的对比如图 4.42 所示。试验样件最大承载为 30971N，仿真预测结果为 32748N，与试验值相比相对误差为 5.7%；试验测试的弦刚度为 26407N/mm，仿真计算的弦刚度为 24148N/mm，两者相对误差为 8.6%，数值仿真预测的刚度、强度与试验值的相对误差均在可接受的范围内。

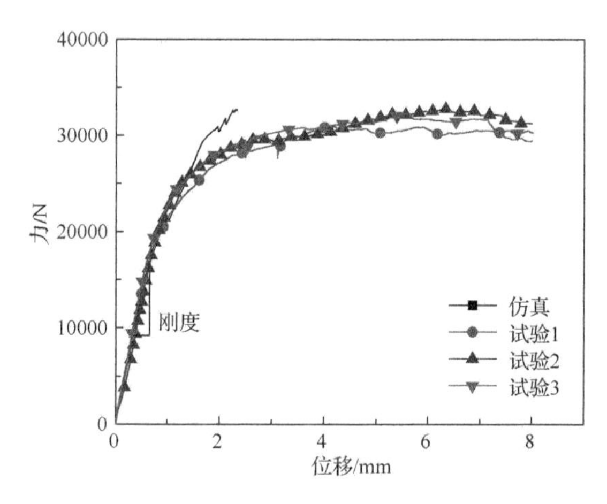

图 4.42　数值模型与试验结果力-位移曲线对比

此外，将数值模型预测的损伤类型和区域与试验的破坏形貌进行对比验证模型的正确性。如图 4.43 所示，试验发现破坏形式为典型的挤压破坏，样件孔边表层纤维断裂明显，在螺栓孔挤压侧出现明显纤维和基体压溃。数值仿真也能发现孔边表层明显的纤维拉伸和压缩失效，在孔边挤压侧出现大面积的基体压溃失效，如图 4.44 所示。综上所述，所建立的数值仿真模型能够准确地再现复合材料螺栓连接拉伸载荷的破坏过程，预测损伤发生的位置和扩展的范围，证明了数值模型对损伤分析的有效性。

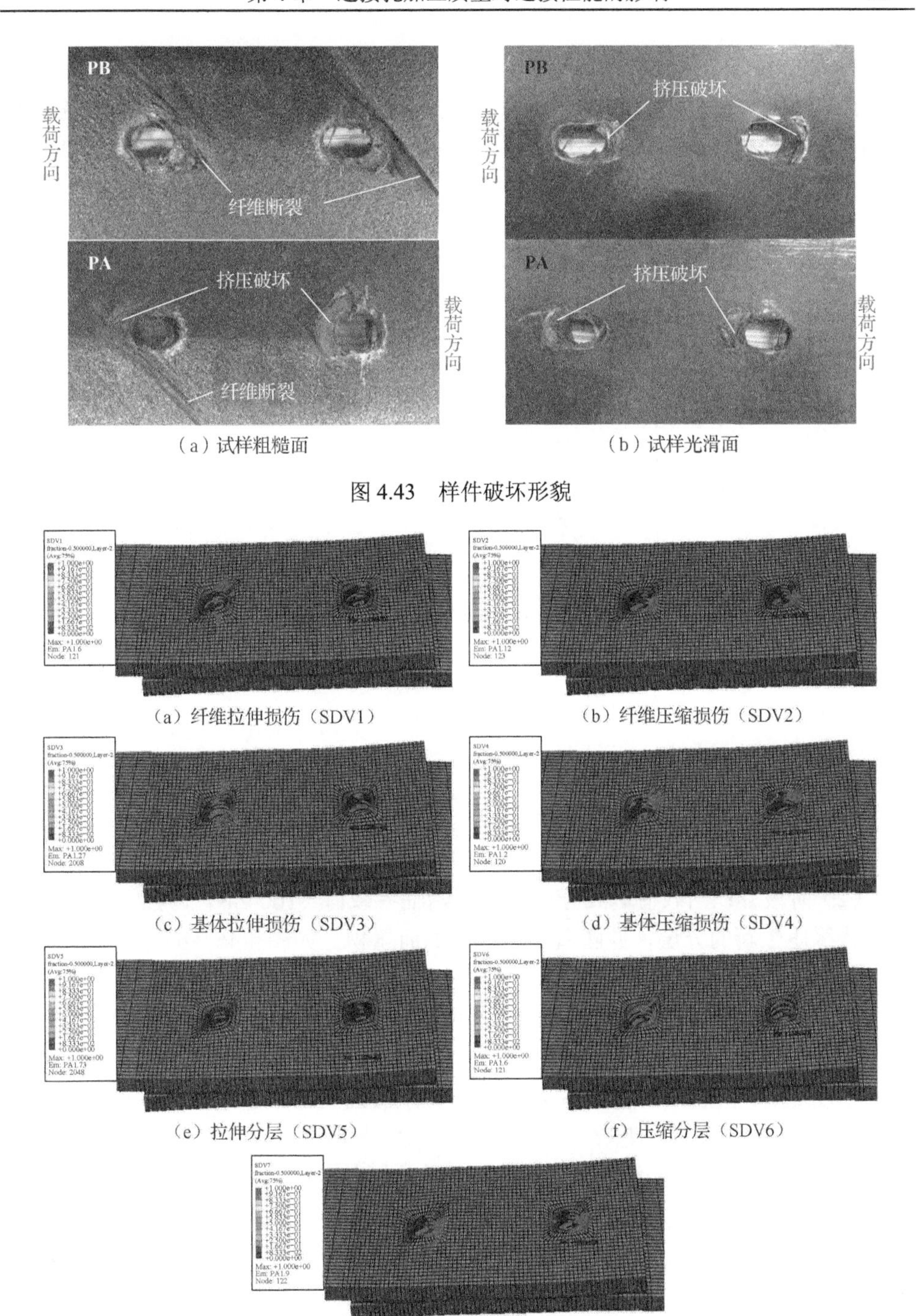

（a）试样粗糙面

（b）试样光滑面

图 4.43　样件破坏形貌

（a）纤维拉伸损伤（SDV1）

（b）纤维压缩损伤（SDV2）

（c）基体拉伸损伤（SDV3）

（d）基体压缩损伤（SDV4）

（e）拉伸分层（SDV5）

（f）压缩分层（SDV6）

（g）纤维基体剪出损伤（SDV7）

图 4.44　各失效模式的失效区域的仿真结果

1）分层损伤扩展过程分析

以 T2-4°-PAH2-G12mm-Coh14 模型为例分析复合材料双钉单搭接螺栓连接结构在拉伸载荷作用下分层损伤的扩展过程。图 4.45 显示了含 12mm 贯穿分层损伤模型在拉伸载荷作用下的力-位移曲线。从图中可以看出，加载过程中分层损伤扩展过程共经历四个典型阶段。

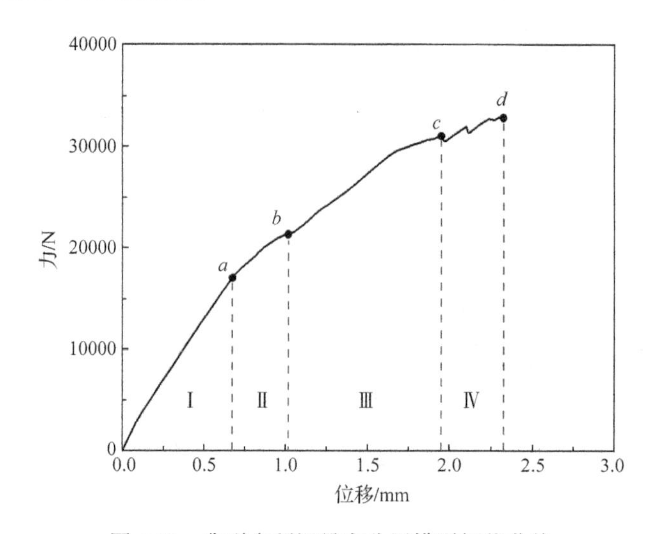

图 4.45　典型含预埋贯穿分层模型加载曲线

（1）阶段Ⅰ：在拉伸载荷作用下结构力学行为体现为线弹性，此阶段未发生损伤，预埋分层未出现扩展，如图 4.46（a）所示。

（2）阶段Ⅱ：当载荷达到分层萌生初始临界载荷（16048N，即点 a），在预埋分层边缘萌生新的分层，并随着载荷的增加而累积，如图 4.46（b）所示。

（3）阶段Ⅲ：载荷继续增大到 21288N（点 b），孔 1 周边萌生分层，承载曲线出现拐点，随着载荷增大，两个孔边均发生分层损伤累积，如图 4.46（c）所示。

（4）阶段Ⅳ：载荷达到 30967N（点 c）时，分层损伤变量 SDEG 达到 1，孔 1 周边形成分层扩展，如图 4.46（d）所示。承载曲线迎来连续性突降直至最终承载失效，如图 4.46（e）所示。

2）垂直度误差的影响

前面的研究发现垂直度误差可导致结构应力集中明显，继而有可能引起二次损伤的产生与扩展并降低结构承载性能。为此，需要研究当结构中存在分层损伤时垂直度误差对结构承载性能和分层损伤扩展的影响。

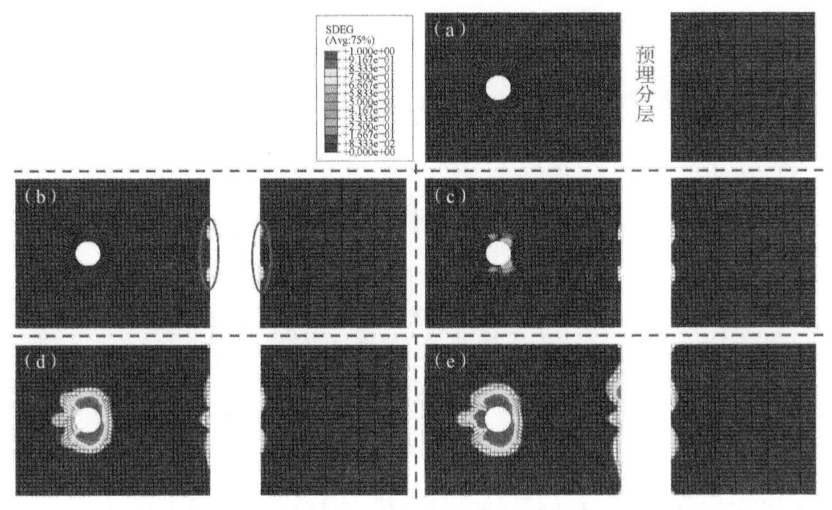

图 4.46　分层扩展典型过程

（1）连接模式的影响。

首先研究了连接模式对结构性能的影响。图 4.47 为具有不同连接模式结构的力-位移曲线。从图中可以发现，垂直度误差的存在削弱了结构的强度和刚度，而且使力-位移曲线提前进入非线性阶段，这是因为垂直度误差使结构在拉伸载荷作用下的“二次弯曲”效应增强。对比发现，P11-44 的刚度最小，与 P00-00 相比降低了 20.9%，P01-04 的刚度也明显削弱，降低达到 7.2%；而 P02-04 的刚度稍有增强，与 P00-00 相比增加了 6.1%，P22-44 和 P12-44 的刚度稍有降低，说明“顺载”方向倾斜的连接孔严重削弱结构强度，“逆载”方向的连接孔对结构刚度影响较小，而且多个螺栓存在垂直度误差的叠加效应显著。连接模式对结构刚度的影响如图 4.48 所示。

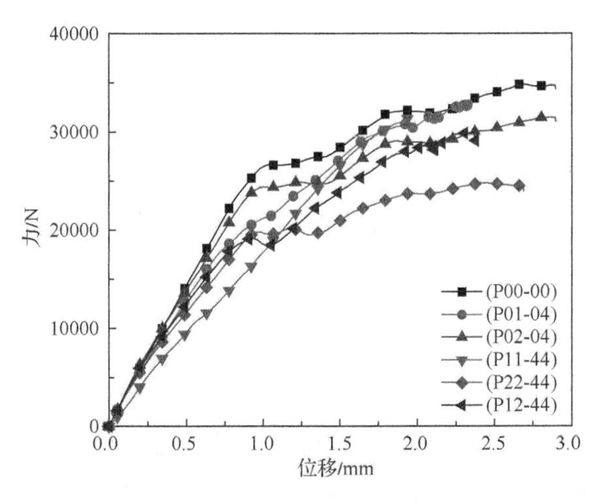

图 4.47　连接模式对承载性能的影响

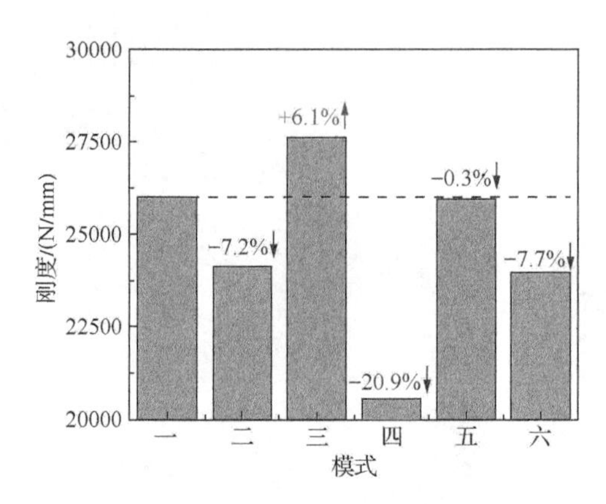

图 4.48　连接模式对结构刚度的影响

图 4.49 对比分析了在相同拉伸位移载荷（2.15mm）条件下具有不同连接模式的双钉单搭接结构中分层损伤扩展图。从图中可以发现，分层损伤左侧边缘扩展严重，这是由于在拉伸载荷作用下孔 2 左侧受挤压，易形成分层损伤；P01-02、P11-22 和 P12-22 模式中分层损伤的二次扩展较 P02-02 和 P22-22 明显严重。这是因为 P01-01、P11-22 和 P12-22 的螺栓 2 在预紧力作用下的回正方向与拉伸载荷作用方向相同，孔 2 左侧法向压紧力减小，导致分层损伤易产生；而 P02-02 和 P22-22 模式刚好相反，螺栓头压紧孔 2 左侧位置，抑制了分层损伤扩展。

（2）垂直度误差大小的影响。

本书对比分析了具有 P01 连接模式的连接结构中连接孔垂直度误差大小对结构承载性能及分层损伤扩展影响。图 4.50 给出了不同垂直度误差影响下连接结构的力-位移曲线。从图中可以发现，随着垂直度误差的增大，结构刚度呈现下降趋势，分层损伤产生的临界载荷也逐渐减小。垂直度误差大小影响结构刚度和分层损伤产生的临界载荷结果如图 4.51 所示。随着垂直度误差增大，结构刚度和分层损伤产生的临界载荷线性递减。当垂直度误差达到 4° 时，结构刚度相比无垂直度误差连接结构减小了 15.1%，分层损伤产生的临界载荷相比无垂直度误差连接结构减小了 24.8%，说明在 P01 模式中垂直度误差的存在将显著降低结构刚度，且更易诱发二次分层损伤。

图 4.52 对比分析了在相同拉伸位移载荷（2.15mm）时不同垂直度误差大小的分层损伤扩展对比图。从图中可以发现，随着垂直度误差的增大，分层损伤左侧边缘扩展加剧，这是因为具有 P01 连接模式的螺栓在预紧力作用下的回正，使孔 2 右侧法向压紧力增大，而左侧压紧力反而减小，导致分层更易扩展。随着垂直度误差的增大，压紧力越集中于孔 2 右侧，左侧分层损伤越容易扩展。

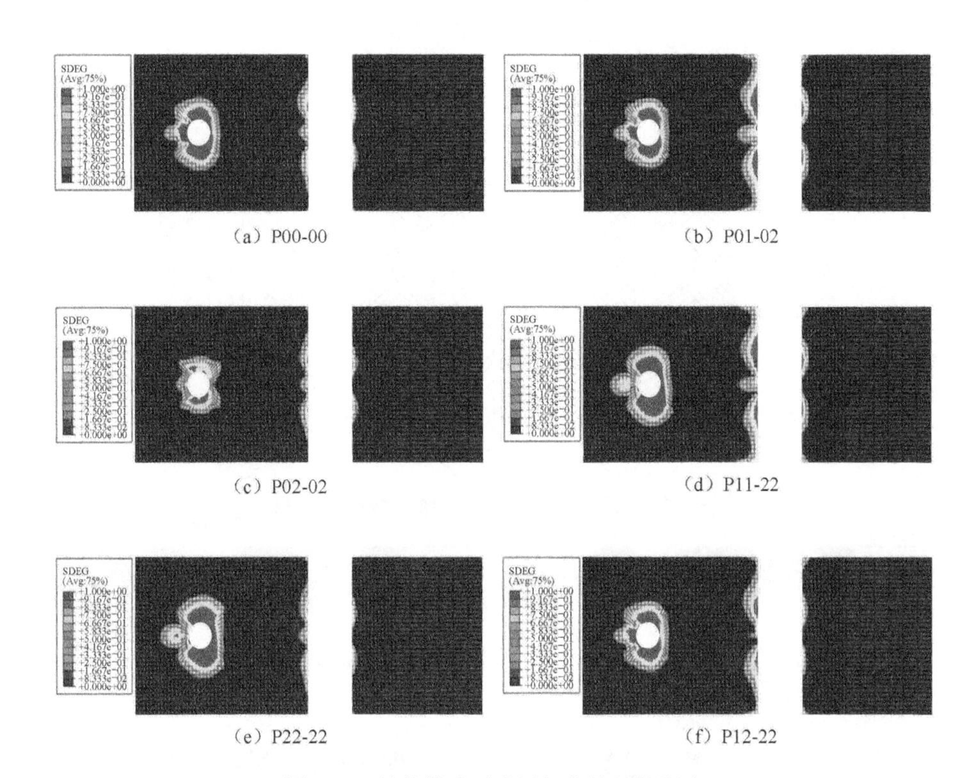

（a）P00-00　（b）P01-02

（c）P02-02　（d）P11-22

（e）P22-22　（f）P12-22

图 4.49　连接模式对分层损伤扩展的影响

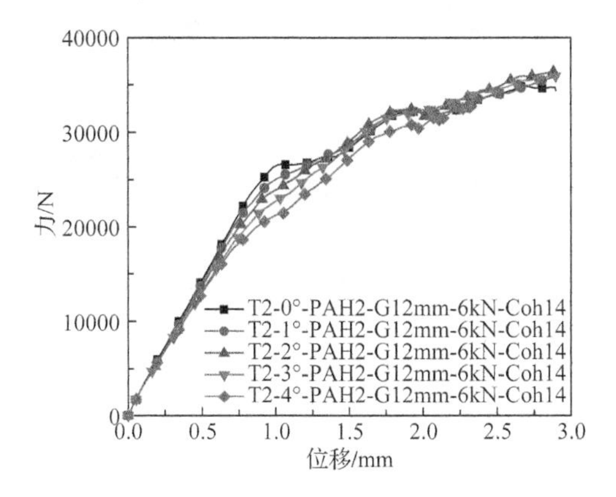

图 4.50　误差对结构承载性能的影响

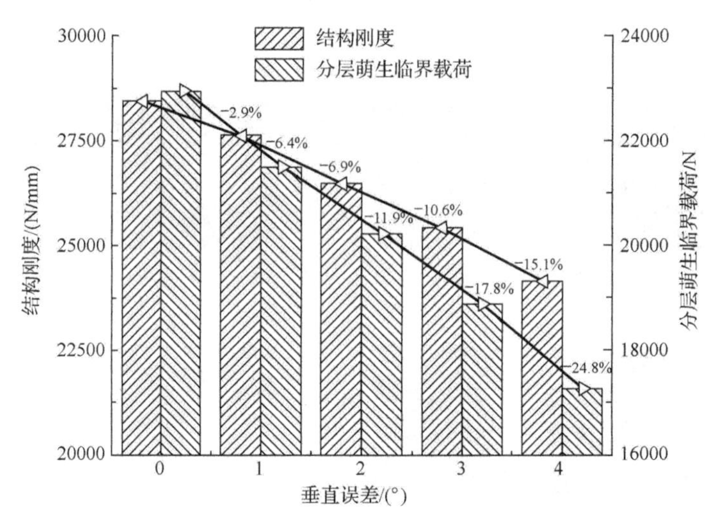

图 4.51　误差对刚度和分层临界载荷的影响

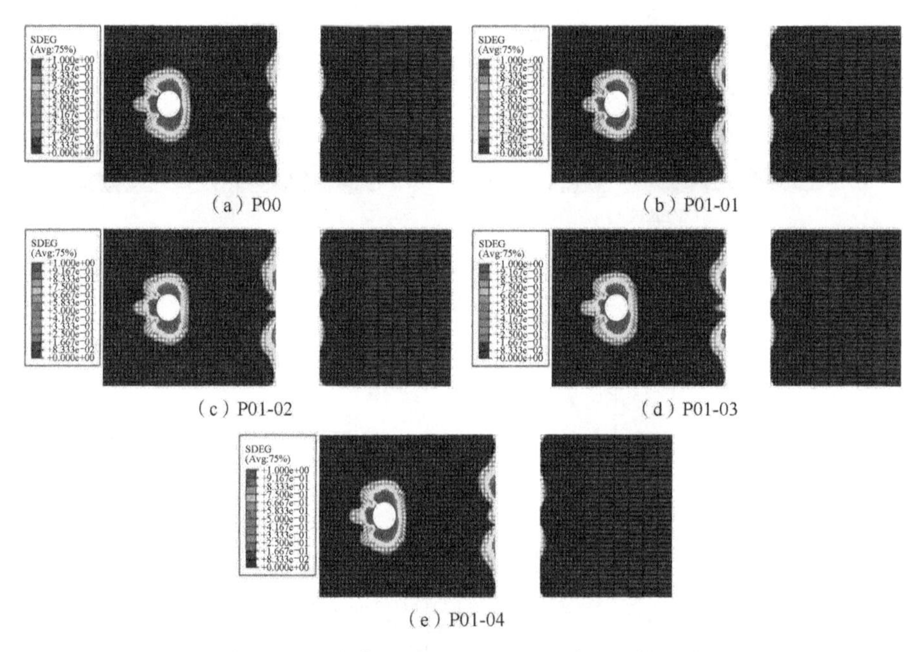

（a）P00　（b）P01-01　（c）P01-02　（d）P01-03　（e）P01-04

图 4.52　垂直度误差大小对分层损伤扩展的影响

3）分层损伤参数的影响

分层损伤出现的位移及尺寸等参数不同对连接结构性能的影响也不相同，因此有必要研究垂直度误差影响下分层损伤参数对结构连接性能和分层损伤扩展的影响。为了便于对比分析，选取 P01-04 连接模式的双钉单搭接结构做对比分析，研究的分层损伤参数包括分层损伤宽度、垂直分布（沿厚度方向）和水平分布。

（1）分层损伤宽度的影响。

图 4.53 为具有不同宽度尺寸的分层损伤影响下连接结构的力-位移曲线。从图中可见，具有不同分层宽度尺寸连接结构的力-位移曲线重合度很高、差别很小，说明分层损伤对结构在轴向拉伸载荷作用下承载性能影响较小，拉伸载荷作用下连接结构主要由为 0° 方向的纤维承受载荷，而且分层损伤主要应用层间结构强度和连接结构的弯曲刚度，因此，对于分层损伤，其在尺寸上的变化对结构拉伸强度的影响十分有限。

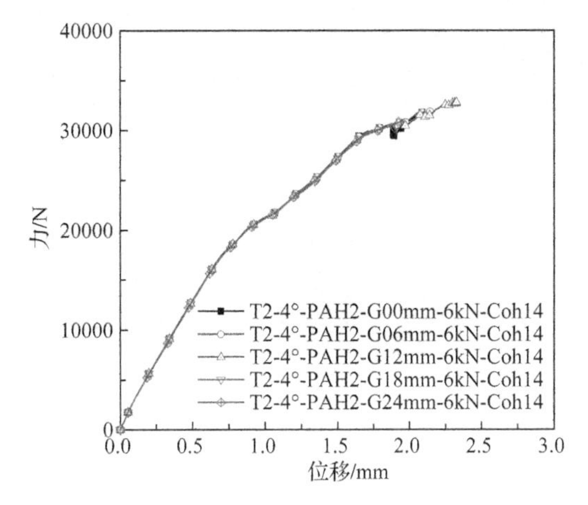

图 4.53　分层损伤宽度对结构承载性能的影响

图 4.54 对比分析了在相同拉伸位移载荷（1.90mm）作用下，不同分层损伤宽度对损伤扩展的影响。尽管分层损伤对拉伸载荷作用下的结构承载性能影响较小，拉伸载荷作用下在分层损伤边缘依然会出现分层扩展，且分层损伤初始尺寸越小，损伤扩展面积越大。

（2）垂直分布的影响。

图 4.55 为分层损伤垂直分布影响结构承载性能变化曲线。从中可见，然分层损伤在厚度方向分布在不同位置，但结构的力-位移曲线重合度较高、差别较小，这也说明预埋分层对结构在轴向拉伸载荷作用下的承载性能影响较小。然而，分层损伤垂直分布对分层损伤扩展的影响比较显著，如图 4.56 所示。分布在中间位置分层损伤的扩展程度较表层严重，因为所选连接结构的中间层以 0° 铺层为主，0° 铺层在拉伸载荷下是主要承载，应力大，层间传递的应力也较大；此外，P01 螺栓在预紧力作用下的“回正”效应也增大了中间层剪切应力，造成损伤扩展严重。

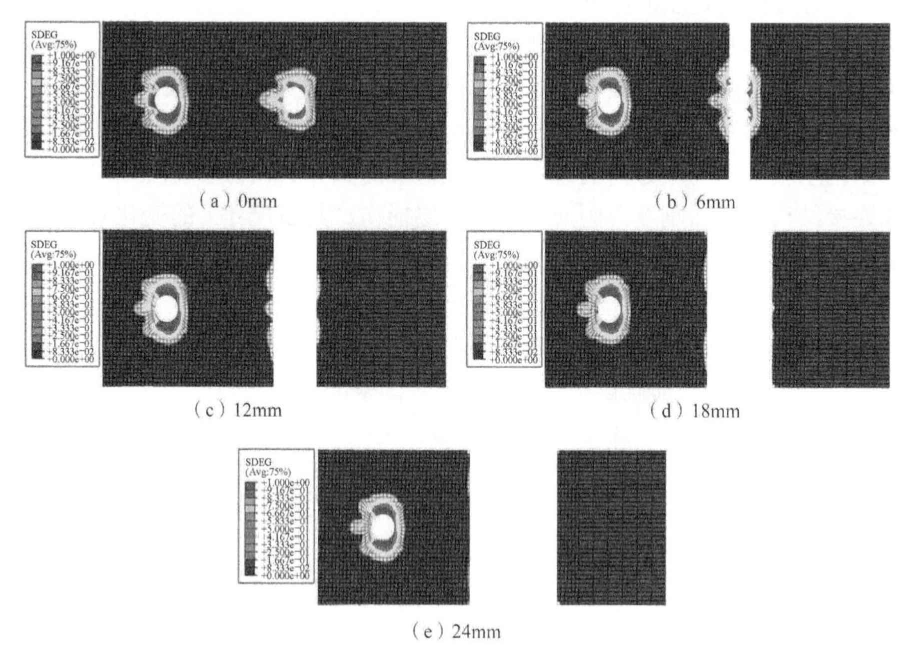

图 4.54　分层损伤宽度对分层扩展的影响

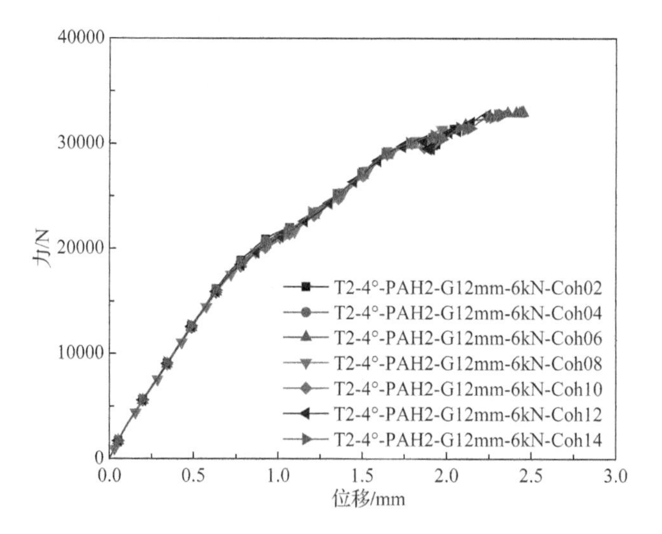

图 4.55　分层损伤垂直分布对结构承载性能的影响

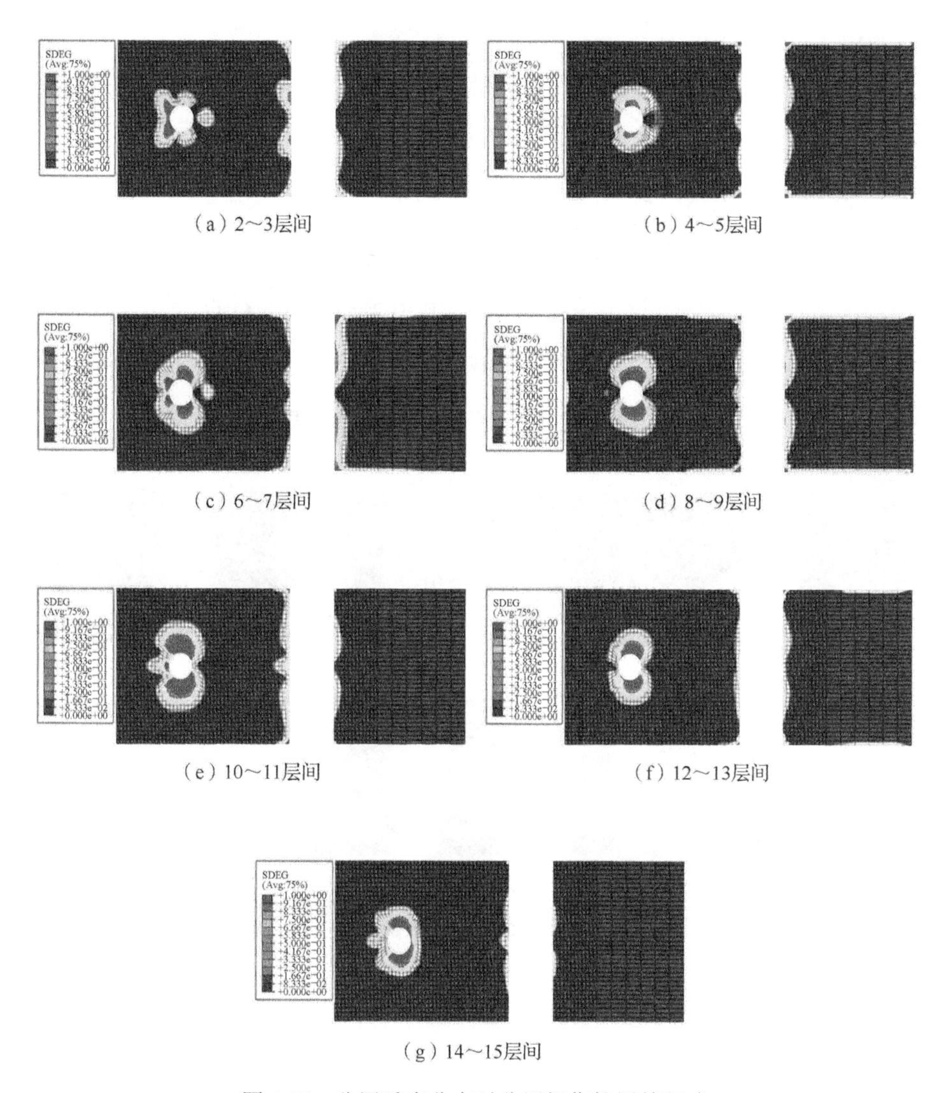

（a）2～3层间　（b）4～5层间

（c）6～7层间　（d）8～9层间

（e）10～11层间　（f）12～13层间

（g）14～15层间

图 4.56　分层垂直分布对分层损伤扩展的影响

（3）水平分布的影响。

图 4.57 为分层损伤沿水平方向分布对结构承载性能的影响结果。图中可见，分层损伤沿水平方向分布对结构拉伸承载性能的影响仍然较小，曲线重合度高。图 4.58 对比分析了在相同拉伸位移载荷（1.90mm）时分布在不同位置的分层损伤对损伤扩展的影响。可见，损伤扩展本身并无明显区别，获取和结构受载形式相关，分层损伤边缘应力集中明显，扩展也从损伤边缘开始。

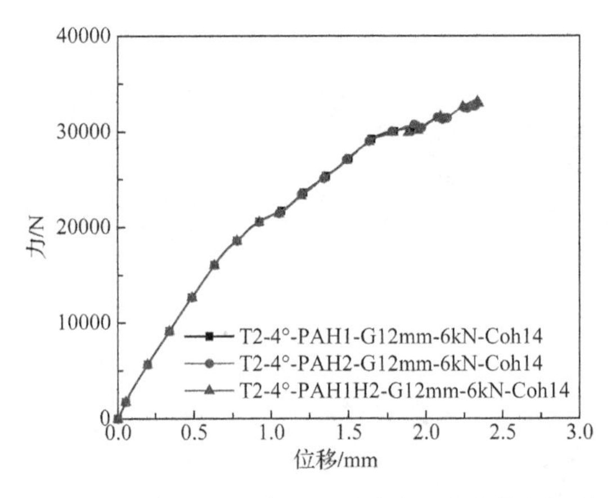

图 4.57 预埋分层孔边配置对结构承载曲线的影响

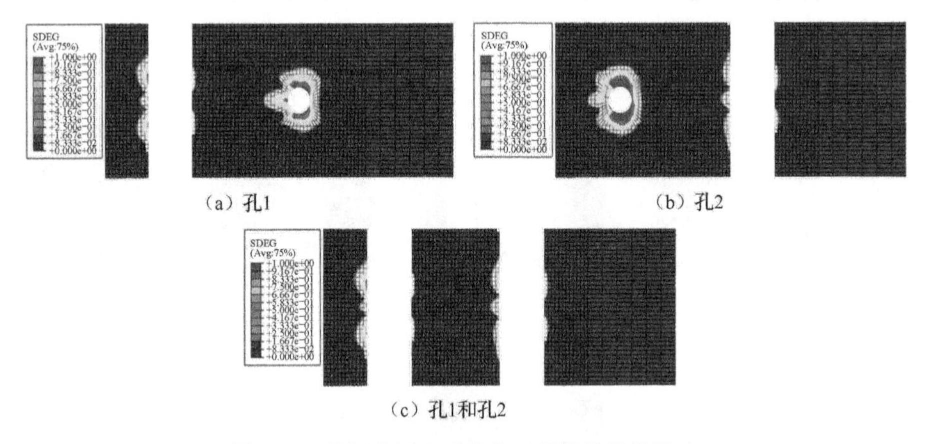

图 4.58 预埋分层水平分布对损伤扩展的影响

参 考 文 献

[1] 王建. 连接孔垂直度误差对复合材料连接性能的影响[D]. 大连: 大连理工大学, 2016.

[2] 徐茂青. 连接孔垂直度误差对复合材料双钉单剪连接性能的影响[D]. 大连: 大连理工大学, 2017.

[3] 姜颖. 复合材料多钉连接接头拉伸性能影响因素研究[D]. 大连: 大连理工大学, 2018.

[4] Cytec Inc. CYCOM 977-2 epoxy resin system data sheet [EB/OL]. [2020-05-01]. http: //www. cytec. com.

[5] Yang Y X, Liu X S, Wang Y Q, et al. A progressive damage model for predicting damage evolution of laminated composites subjected to three-point bending [J]. Composite Science and Technology, 2017, 151: 85-93.

[6] 邱木生. SCM435 冷镦钢亚温球化退火工艺研究[D]. 沈阳: 东北大学, 2014.

[7] Huntsman. Araldite 2015 结构胶接剂[EB/OL]. (2015-07-12) [2020-05-01]. huntsman.com/praducts/araldite 2000/araldite-2015-1.

[8] 曾祥钱. 复合材料构件螺栓连接二次损伤建模与分析[D]. 大连: 大连理工大学, 2018.

第5章　构件几何变形对连接性能的影响

5.1　碳纤维复合材料构件成型质量综述

碳纤维复合材料构件通常采用近净成型技术制备而成，一般不涉及进一步精加工，后续加工仅为切边和制孔，几乎不改变构件成型后的几何精度。因此，构件成型质量直接决定构件的精度，进而决定构件的使役性能。复合材料构件成型质量包含构件的尺寸精度、表面质量、形状精度和损伤缺陷尺度等。以航空航天用碳纤维复合材料构件为例，其形状较为复杂且精度要求非常严苛，而目前大部分碳纤维复合材料构件主要采用手工铺放，仅有部分平板类和简单回转类零件可以实现自动化铺放成型。手工铺放过程影响因素多造成铺放质量稳定性差，直接影响碳纤维复合材料构件的成型几何精度，导致装配过程中在装配界面极易形成装配间隙，造成装配质量不佳，进而影响构件连接性能。

碳纤维复合材料构件装配间隙的形成与其制造过程密切相关。碳纤维复合材料构件在理论上能够实现构件一体化成型，然而由于实际生产能力和加工手段的限制，目前主要采用零件分离制备再连接装配的制造方式[1]。目前常用的成型工艺有手糊成型、模压成型、热压罐成型、树脂传递成型、注射成型、冷压成型和纤维缠绕成型等[2,3]。碳纤维复合材料零件在成型过程中，因为预浸料与模具贴合不良、材料重叠或存在较大间隙以及树脂流动不均匀等问题而存在不同程度的内应力，导致零件在固化后不可避免地产生回弹与翘曲变形[4-6]，当零件尺寸较大时，成型过程的固化变形更为严重。

碳纤维复合材料零件在成型之后可采用传统机械加工、超声波辅助加工、激光加工和高压水射流加工等方式进行切边和制孔等操作[7-9]。碳纤维复合材料的纤维和树脂两种组分性能差异太大导致加工过程中两者变形不协调，以传统铣削加工为例，纤维在加工过程中发生脆性断裂，而树脂在加工过程中发生非常大的塑性变形[7]，同时，考虑到切削热所导致的材料局部软化，加工过程极有可能引起碳纤维复合材料零件的内应力释放而产生加工变形。

制备好的碳纤维复合材料零部件采用紧固件或者黏接剂连接在一起形成碳纤维复合材料制品。因为航空复合材料构件通常属于大尺寸薄壁件，刚度较小，容易变形；同时，在复合材料零件装配过程中需要进行预装配，涉及零部件的多次拆装，可能会引入重复定位误差；此外，装配过程中零部件定位都是过约束的[10]，且构件在飞机的逐级装配过程中受温度、重量、预紧力大小和定位型架边界条件等影响不可避免地会产生逐渐累积的装配变形[11]。

碳纤维复合材料零件的固化变形、加工变形和装配变形等各类误差不断积累，导致两个装配件在界面处无法自然紧密贴合，形成装配间隙。装配间隙的存在极大地影响装配过程中的预紧力施加、连接孔对齐、结构气密性及各紧固件的承载均匀性等，当装配间隙达到一定大小，进行强迫连接可能会造成装配应力过大甚至装配损伤萌生及扩展，从而影响整体结构的承载性能。

存在几何变形的复合材料构件，在实际装配过程中不可避免地引入装配间隙，装配间隙导致复合材料螺接结构的装配应力急剧增大，可能引发装配损伤萌生及扩展，从而影响复合材料螺接性能，最终影响复合材料整体结构的承载性能。因此，有必要针对装配间隙进行参数化研究以揭示构件成型质量对复合材料螺接性能及其损伤扩展的影响规律。据文献调研和试验研究发现，装配间隙对碳纤维复合材料的连接强度影响可以忽略，但是对连接刚度影响非常大[12-16]。因此，本章着重研究装配间隙对连接刚度的影响规律，同时，将揭示装配间隙对复合材料构件装配过程中损伤扩展的影响规律。

5.2　装配间隙影响连接刚度

装配间隙尺寸改变包括大小和跨度范围改变，其数值改变可能会影响复合材料螺接性能。以下针对其影响规律进行分析单搭接性能和三点弯曲性能，揭示装配间隙对不同受载工况下螺接性能的影响规律。

对复合材料单搭接螺接结构，采用圆环形装配间隙为基本形式。装配间隙大小表示两个装配件在贴合面之间空隙沿厚度方向的尺寸，装配间隙跨度范围以装配间隙半径表示，装配间隙半径表示两个装配件在贴合面之间空隙沿面内方向的尺寸。

采用总厚度为3.76mm的IMS194/977-2碳纤维/环氧树脂复合材料层合板为样件，依据ASTM D5961—13标准，选取如图5.1所示孔径6.1mm的复合材料螺接接头为代表性研究对象，采用SCM435普通螺栓预紧（E_b=162.43GPa，ν_b=0.286[17]），螺栓直径5.90mm，螺栓预紧力取8kN，最小装配间隙半径对应连接孔半径3.05mm（等效于无装配间隙），最大装配间隙半径对应高剪切应力边界半径$r_{bd} = \gamma d/2 + t\tan\alpha \approx 6.7\text{mm}$[18]。

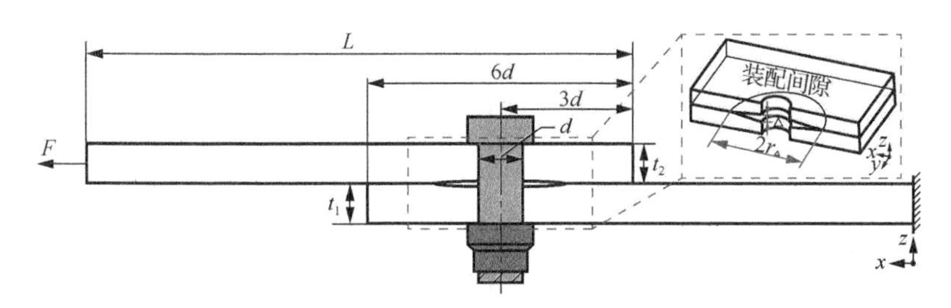

图 5.1 含装配间隙的复合材料单钉单搭接接头[19]

图 5.2（a）为含圆环形装配间隙的单钉单搭接结构的摩擦刚度随装配间隙变化的曲线图。当装配间隙半径等于孔半径 3.05mm，此时为无装配间隙工况，其摩擦刚度保持为常量。当装配间隙半径在 3.05～6.4mm，摩擦刚度随装配间隙增大呈准线性降低趋势：装配间隙每增加 0.1mm，摩擦刚度平均降低幅度在 5%范围内。说明当装配间隙跨度较小时，摩擦刚度对装配间隙大小不敏感。当装配间隙半径接近高剪切应力边界半径（约 6.7mm）时，摩擦刚度随装配间隙增大呈非线性降低趋势，表现为先快速降低，后平缓降低：以装配间隙半径 6.7mm 为例，当样件的装配间隙从 0mm 增加到 0.1mm，摩擦刚度降低达 25.9%，而当装配间隙从 0.9mm 增加到 1.0mm，摩擦刚度仅降低 2.7%，说明当复合材料单搭接接头的装配间隙跨度较大时，接头的摩擦刚度对装配间隙大小非常敏感，较小的装配间隙就会对复合材料单搭接螺接结构的连接性能产生较大影响。

装配间隙半径为 7.0mm 工况下螺栓刚度随装配间隙变化规律如图 5.2（b）所示。当装配间隙半径超过横向剪切应力边界半径（以装配间隙半径 7.0mm 为例），两个装配件之间没有建立有效接触，摩擦刚度降为零，连接结构的力-位移曲线直接进入过渡阶段，当螺栓杆与孔之间的钉孔配合间隙完全消除后进入螺栓承载阶段，此时，装配间隙 Δ 的存在导致两个装配件的载荷偏心量 t_m 增大 $\left[t_{\mathrm{m}}=(t_1+t_2)/2+\Delta\right]$，从而影响接头的二次弯曲刚度项。二次弯曲刚度项是计算螺栓刚度公式中占比非常大的一项，因此对螺栓刚度影响显著。装配间隙半径为 7.0mm 工况下，装配间隙从 0mm 增大到 1.0mm，螺栓刚度降低约 15.5%。

如图 5.3 所示，采用有限元分析方法研究装配间隙对复合材料单钉单搭接结构的初始破坏载荷（连接结构第一次出现大幅度的载荷下降所对应的载荷峰值点）和极限载荷的影响规律。装配间隙半径设定为 6.0mm。如表 5.1 所示，复合材料接头的初始破坏载荷与极限载荷随装配间隙的增大而呈准线性降低趋势：当装配间隙从 0mm 增大到 0.2mm，初始破坏载荷下降约 4.6%，极限载荷下降约 9.0%，说明当装配间隙较小时，其对复合材料接头的连接性能影响较小；当装配间隙从 0mm 增大到 1.0mm，初始破坏载荷下降约 14.1%，极限载荷下降约 17.0%。

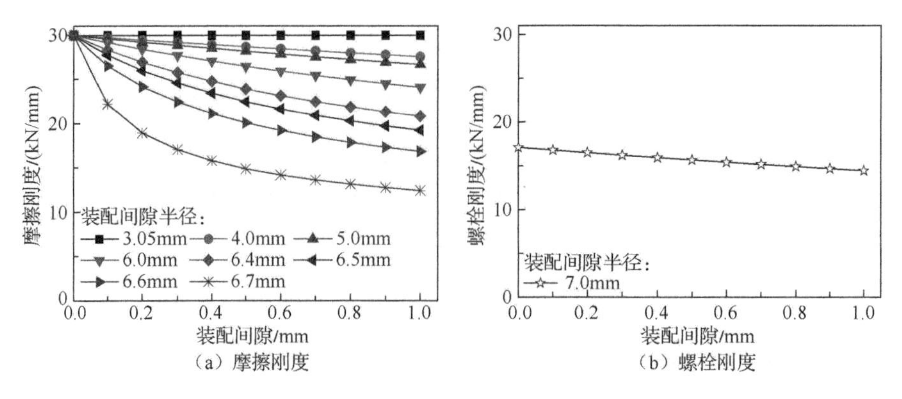

（a）摩擦刚度　　（b）螺栓刚度

图 5.2　装配间隙对复合材料单搭接接头刚度的影响

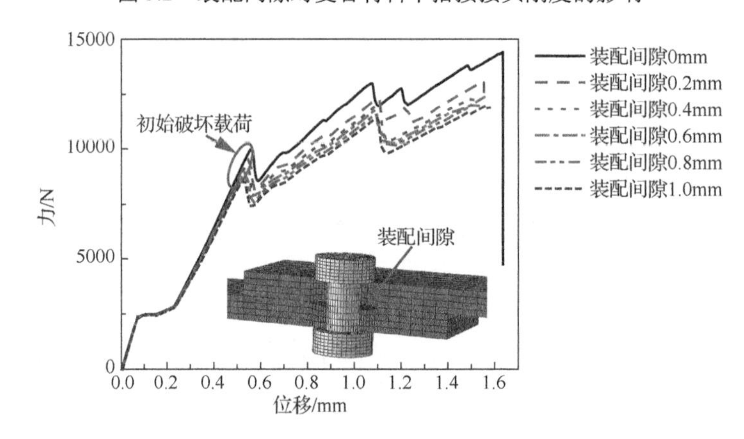

图 5.3　装配间隙对复合材料单搭接接头初始破坏载荷和极限载荷的影响

表 5.1　不同装配间隙下复合材料单搭接接头的初始破坏载荷和极限载荷

装配间隙/mm	初始破坏载荷/N	降幅/%	极限载荷/N	降幅/%
0	9995.4	0	14418.9	0
0.2	9538.8	−4.6	13127.0	−9.0
0.4	9263.9	−7.3	12283.5	−14.8
0.6	9002.3	−9.9	12365.0	−14.2
0.8	8779.6	−12.2	12122.7	−15.9
1.0	8589.7	−14.1	11966.0	−17.0

综上所述，针对装配间隙对单搭接性能的研究结果表明：①摩擦刚度对装配间隙半径较小时的装配间隙大小变化不敏感；当装配间隙半径接近横向剪切应力边界半径时，较小的装配间隙就会对复合材料单搭接螺接结构的连接性能产生较大影响。②区分敏感与否的临界装配间隙半径与横向剪切应力边界半径密切相关。③当装配间隙半径超过横向剪切应力边界半径，摩擦刚度降为零，装配间隙导致

载荷偏心量增大，从而严重降低螺栓刚度。④装配间隙的存在会降低复合材料接头的初始破坏载荷与极限载荷，当装配间隙较小（$\Delta \leqslant 0.2$mm）时，其对复合材料螺接接头初始破坏载荷与极限载荷的影响不超过 10%；随装配不断增大，复合材料接头的初始破坏载荷与极限载荷呈准线性降低。

5.3　装配间隙与孔径误差影响连接刚度

改变连接孔直径，按照其改变尺度范围可分为：当连接孔直径改变较小，且不改变所用螺栓的尺寸，则孔径改变主要影响钉孔配合间隙大小，进而影响过渡阶段长度；当连接孔直径改变较大，相应的螺栓尺寸随之改变，则孔径改变影响单搭接刚度。连接孔直径对所述的双钉接头三点弯曲性能没有影响，此处不做进一步分析。以下针对连接孔直径改变对单搭接性能的影响规律进行分析。

选取孔径 6.1mm 的复合材料螺接接头为代表性研究对象，装配间隙取 0.5mm，装配间隙半径取 5.0mm，螺栓预紧力取 8kN。工况 A：当连接孔直径改变较小，采用直径 5.9mm 的螺栓，连接孔直径从 5.9～6.3mm 每隔 0.1mm 取值，分析其对单搭接性能的影响规律。工况 B：当连接孔直径改变较大，需要改变所用螺栓的尺寸，连接孔直径从 4.0～8.0mm 每隔 1.0mm 取值，相应螺栓直径从 3.9～7.9mm 变化以保证钉孔配合间隙恒为 0.1mm，同时为消除复合材料板的尺寸对连接性能的影响，此处复合材料板的长、宽、高均保持不变。

图 5.4 和表 5.2 为不同连接孔直径对同一装配间隙工况下螺接性能的影响规律。针对工况 A，连接孔直径每增加 0.1mm，过渡阶段长度增加 0.1mm，摩擦刚度降低幅度小于 3.0%，螺栓刚度保持不变。针对工况 B，连接孔直径每增加 1.0mm，摩擦刚度平均降低幅度大于 60.0%，螺栓刚度最大变化幅度小于 4.5%。

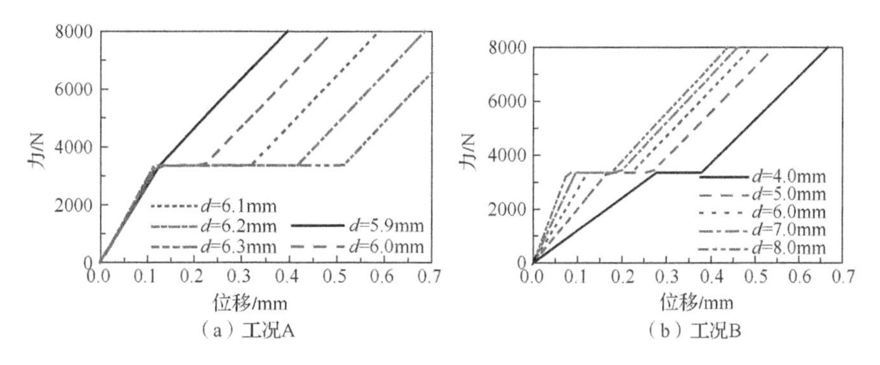

图 5.4　连接孔直径对复合材料接头单搭接刚度的影响

表 5.2　不同连接孔直径下复合材料单搭接接头的摩擦刚度和螺栓刚度

工况	连接孔直径/mm	螺栓直径/mm	摩擦刚度/（kN/mm）	螺栓刚度/（kN/mm）
A	5.9	5.9	26.6	17.3
	6.0	5.9	27.4	17.3
	6.1	5.9	28.1	17.3
	6.2	5.9	28.9	17.3
	6.3	5.9	29.7	17.3
B	4.0	3.9	12.1	16.1
	5.0	4.9	20.1	16.8
	6.0	5.9	27.4	17.3
	7.0	6.9	35.3	17.6
	8.0	7.9	44.1	17.8

上述研究结果表明：①连接孔直径改变对螺栓刚度的影响可以忽略；②当连接孔直径改变较小，且不改变所用螺栓的尺寸，则孔径改变只影响钉孔配合间隙大小，进而影响力-位移曲线中过渡阶段的长度，对刚度的影响可以忽略；③当连接孔直径改变较大，相应的螺栓尺寸随之改变，则孔径改变会显著影响连接结构的横向剪切应力边界，进而影响摩擦刚度。说明当连接孔直径改变较大时，装配间隙与连接孔直径存在耦合关系，因此，选择连接孔直径为 4.1mm、6.1mm 和 8.1mm 的工况，研究装配间隙对螺接性能的影响规律，钉孔配合间隙选择 0.2mm，装配间隙大小选择 0～1.0mm。针对连接孔直径 4.1mm 工况，其高剪切应力边界半径 r_{bd} ≈5.2mm，装配间隙半径选择为 2.05～5.2mm。针对连接孔直径 6.1mm 工况，其高剪切应力边界半径 r_{bd} ≈6.7mm，装配间隙半径选择为 3.05～6.7mm。针对连接孔直径 8.1mm 工况，其高剪切应力边界半径 r_{bd} ≈8.2mm，装配间隙半径选择为 4.05～8.2mm。

连接孔直径为 4.1mm 时，如图 5.5（a）所示，当装配间隙半径在 2.05～5.0mm（96.2% r_{bd}）时，摩擦刚度对装配间隙大小不敏感。装配间隙每增加 0.1mm，摩擦刚度平均降低幅度小于 5%。当装配间隙半径接近高剪切应力边界半径 5.2mm 时，摩擦刚度对装配间隙大小非常敏感。以装配间隙半径 5.2mm 为例，装配间隙从 0mm 增加到 0.1mm，摩擦刚度降低达 19.6%。

连接孔直径为 6.1mm 时，如图 5.5（b）所示，当装配间隙半径小于 6.4mm（95.5% r_{bd}）时，摩擦刚度对装配间隙大小不敏感。装配间隙每增加 0.1mm，摩擦刚度平均降低幅度小于 5%。当装配间隙半径接近高剪切应力边界半径 6.7mm 时，摩擦刚度对装配间隙大小非常敏感。以装配间隙半径 6.7mm 为例，装配间隙从 0mm 增加到 0.1mm，摩擦刚度降低达 25.9%。

连接孔直径为 8.1mm 时，如图 5.5（c）所示，当装配间隙半径小于 7.8mm（95.1% r_{bd}）时，摩擦刚度对装配间隙大小不敏感。装配间隙每增加 0.1mm，摩擦刚度平均降低幅度小于 5%。当装配间隙半径接近高剪切应力边界半径 8.2mm 时，摩擦刚度对装配间隙大小非常敏感。以装配间隙半径 8.2mm 为例，装配间隙从 0mm 增加到 0.1mm，摩擦刚度降低达 31.0%。

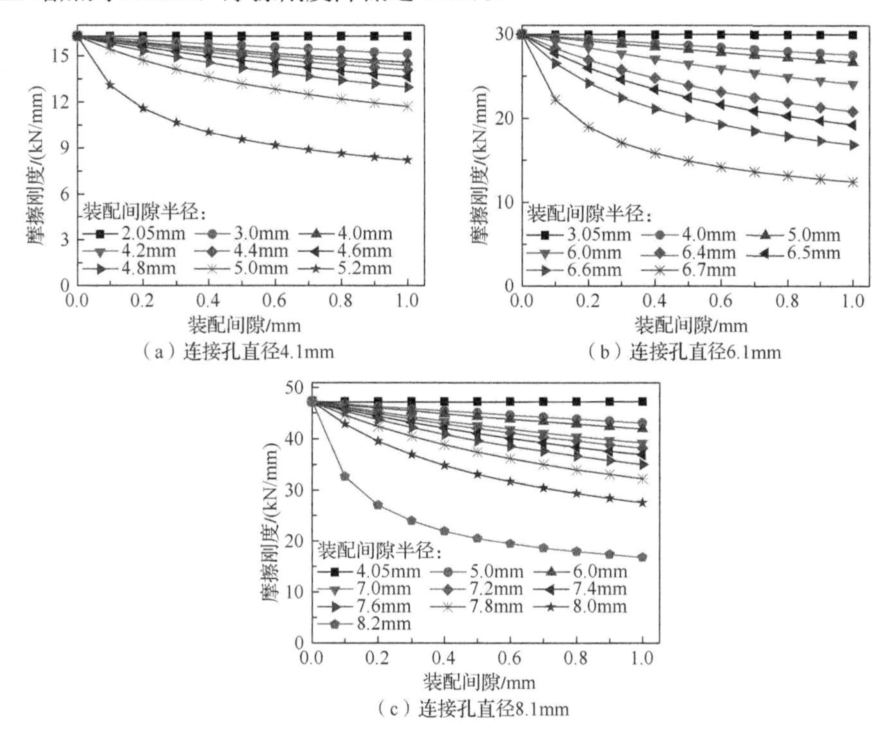

图 5.5　不同连接孔直径工况下装配间隙对复合材料接头单搭接刚度的影响

以上三种工况的对比结果表明：①连接孔直径直接影响高剪切应力边界半径，连接孔直径越大，高剪切应力边界半径越大，因此允许不填隙的临界装配间隙半径越大。②被连接件厚度为 3.76mm 时，当装配间隙半径小于高剪切应力边界半径值的 95%，摩擦刚度随装配间隙增大而小幅降低（平均降幅<5%）；当超过高剪切应力边界半径值的 95%，摩擦刚度随装配间隙增大而显著降低（降幅>20%）；当超过高剪切应力边界半径时，摩擦刚度将为零。

5.4　装配间隙与组件厚度影响连接刚度

被连接件厚度改变影响了横向剪切应力分布，可能会影响单搭接结构的摩擦刚度和螺栓刚度，因此需要针对被连接件厚度开展参数化研究。

装配间隙取 0.5mm，装配间隙半径取 5.0mm，螺栓预紧力 8kN，研究被连接件厚度（此处认为两个被连接件的厚度相同）从 2.0～10.0mm 变化时对单搭接刚度的影响规律（图 5.6）。

如图 5.6 所示，当被连接件厚度从 2.0mm 增大到 10.0mm 时，摩擦刚度降低约 48.1%，螺栓刚度提高约 270.5%。被连接件厚度增加导致横向剪切应力沿厚度方向分布范围增加，降低了层合板剪切刚度，摩擦刚度随层合板剪切刚度降低而降低。被连接件厚度增加导致螺栓刚度计算公式中除螺栓剪切刚度项外其余所有刚度项均大幅增大，故螺栓刚度大幅提高。因此，被连接件厚度与装配间隙存在耦合关系，有必要进一步研究不同被连接件厚度工况下装配间隙对摩擦刚度的影响规律，而被连接件厚度对螺栓刚度的影响仅限于厚度改变，并不涉及装配间隙，因此，无须对被连接件厚度与装配间隙耦合工况下的螺栓刚度做进一步研究。

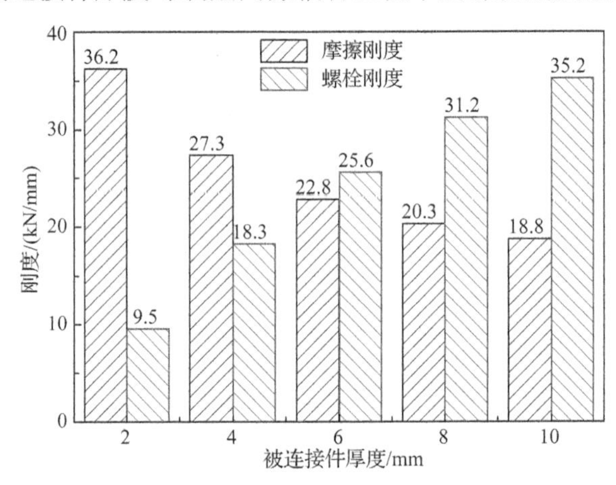

图 5.6　被连接件厚度对复合材料接头单搭接刚度的影响

选择被连接件厚度为 2.0mm、3.76mm、6.0mm 和 10.0mm 四种工况，研究装配间隙对螺接性能的影响规律（图 5.7），钉孔配合间隙选择 0.2mm，装配间隙大小选择 0～1.0mm，装配间隙半径选择 3.05～6.7mm。针对被连接件厚度 2.0mm 工况，其高剪切应力边界半径 r_{bd} ≈5.7mm，装配间隙半径选择为 3.05～5.7mm。针对被连接件厚度 3.76mm，其高剪切应力边界半径 r_{bd} ≈6.7mm。针对被连接件厚度 6.0mm 工况，其高剪切应力边界半径 r_{bd} ≈8.0mm，装配间隙半径选择为 3.05～8.0mm。针对被连接件厚度 10.0mm 工况，其高剪切应力边界半径 r_{bd} ≈10.3mm，装配间隙半径选择为 3.05～10.3mm。

如图 5.7 所示，以装配间隙每增加 0.1mm 时刚度改变不超过 5%为指标确定临界装配间隙半径（区分单搭接刚度对装配间隙敏感与否的装配间隙半径值）：被连接件厚度 2.0mm 时，区分敏感与否的临界装配间隙半径约为 5.0mm（87.8% r_{bd}）；被连接件厚度 3.76mm 时，区分敏感与否的临界装配间隙半径约为 6.4mm（95.5% r_{bd}）；被连接件厚度 6.0mm 时，区分敏感与否的临界装配间隙半径约为

7.8mm（97.5% r_{bd}）；被连接件厚度 10.0mm 时，区分敏感与否的临界装配间隙半径约为 10.2mm（99.0% r_{bd}）。

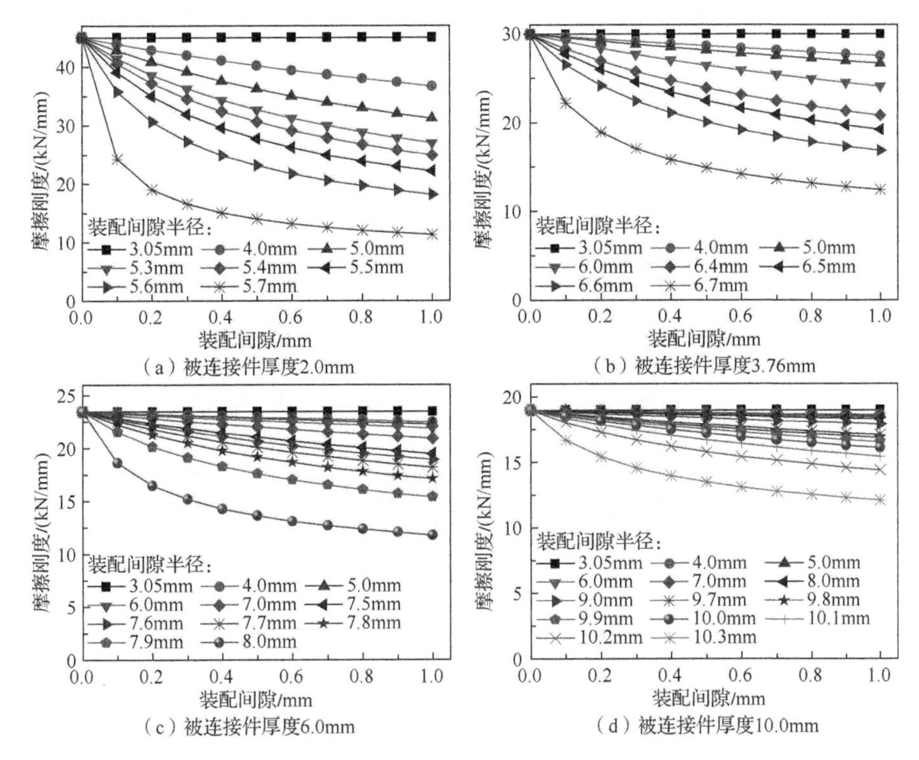

图 5.7　不同被连接件厚度工况下装配间隙对复合材料接头单搭接刚度的影响

分析结果表明：①被连接件厚度增加导致横向剪切应力沿厚度方向分布范围增加，从而降低摩擦刚度；②增加被连接件厚度有利于提高允许不填隙的临界装配间隙半径，被连接件厚度越大，区分单搭接刚度对装配间隙敏感与否的临界装配间隙半径越大，则允许不填隙的临界装配间隙半径越大。

5.5　装配间隙影响分层损伤扩展

复合材料薄壁类连接结构（蒙皮-肋板连接）在制造过程中出现的各类误差和缺陷，例如成型时的翘曲变形和制孔时产生的分层损伤，极易引起装配过程的二次损伤，降低结构承载性能。本节通过数值模拟，分析含装配间隙碳纤维复合材料连接结构强迫装配过程中的二次损伤扩展行为，探究分层因子和预埋分层厚度位置分布对结构承载性能和分层损伤扩展的影响规律。

以含 2.0mm 装配间隙且在 10～11 层间预埋分层的复合材料强迫连接结构为例说明有限元建模，如图 5.8 所示。板 A（蒙皮）为 T800/X850 复合材料构件，尺寸为 108mm×18mm，厚度为 3.76mm，铺层为[45/90/−45/0/90/0/−45/90/45/−45]s，共 20 层，单层厚度为 0.188mm。板 A 中间段存在间隙大小Δ=2.0mm、跨度为 50mm 的圆弧形间隙，孔间距均为 36mm。板 A 的材料特性通过 UMAT 用户子程序定义。板 B（肋板）设置为刚体，模拟肋板的刚度远大于表面蒙皮。螺栓直径为 6.0mm。为了减少计算量，螺栓和螺母简化成一体模型并忽略所有圆角、倒角和螺纹[20]。

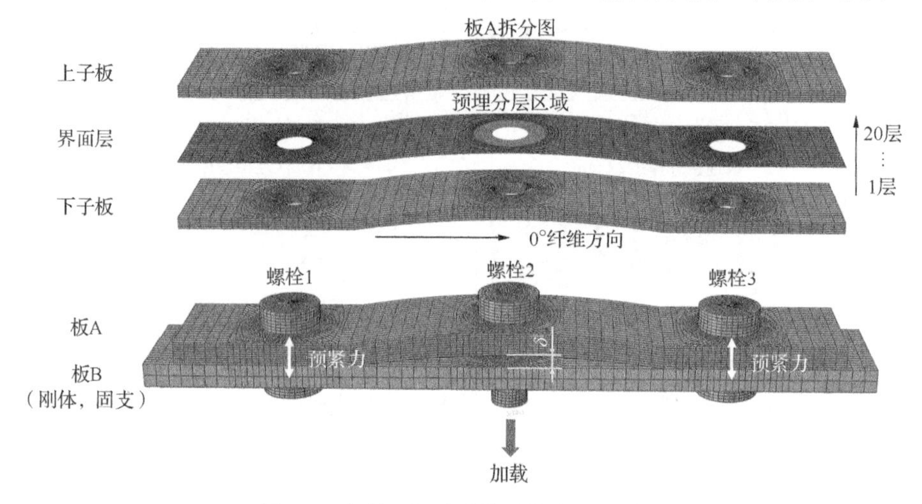

图 5.8　含装配间隙连接结构有限元模型

有限元模型采用三维实体 C3D8R 单元，板 A 沿厚度方向布置 10 个单元可满足考虑厚度位置的计算分析精确度的同时减少计算量；面内远离孔边网格尺寸设置为 2mm，孔边网格进行局部细化，设置内聚力模单元网格尺寸为 0.5mm。在预埋分层所在层间（即 10～11 层间）插入一层单元类型为 COH3D8 的 0mm 厚度的黏性层单元预测分层扩展行为；图 5.8 中的黏性层单元删除并设置面对面接触以模拟预埋分层。所有接触均按照 5.4 节所述设置为面对面接触，并添加“接触控制”和“自动稳定”解决接触不稳定性造成的收敛性问题。边界及加载条件设置：板 B 固支，螺栓 1 和螺栓 3 施加 6000N 预紧力，螺栓 2 施加向下拉伸位移载荷。

上述考虑装配间隙三钉连接结构装配顺序一般有两种：装配顺序 A（先两边，后中间），即螺栓 1→螺栓 3→螺栓 2；装配顺序 B（按顺序依次装配），即螺栓 1→螺栓 2→螺栓 3。本节探究两种装配顺序方式分层因子和预埋分层厚度位置分布对结构承载性能和分层损伤扩展的影响规律。图 5.9 分别定义了分层因子和厚度分布因子。

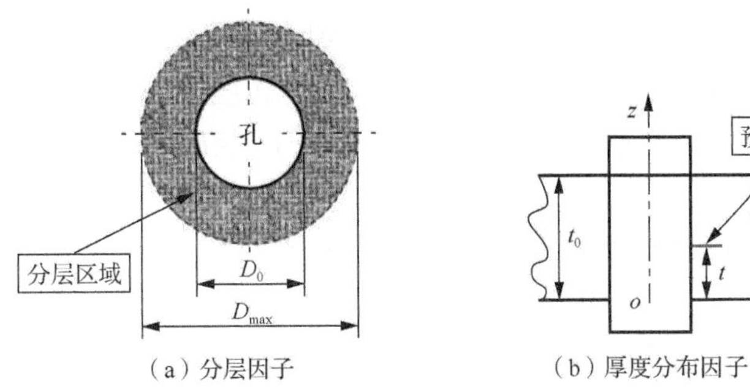

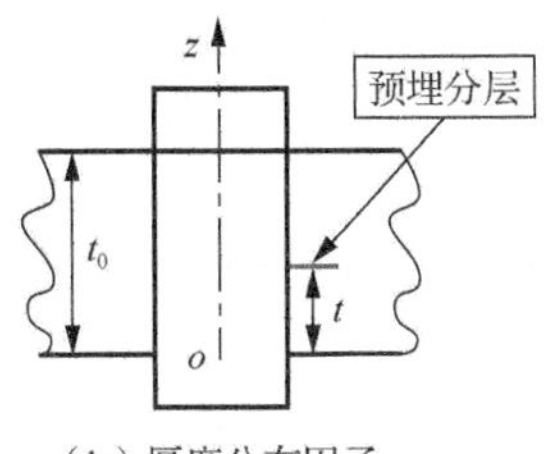

（a）分层因子　　（b）厚度分布因子

图 5.9　分层因子和厚度分布因子的定义

分层因子 F_d 定义为分层区域最大直径 D_{max} 与钻孔直径 D_0 的比值，即

$$F_d = \frac{D_{max}}{D_0} \tag{5.1}$$

厚度分布因子 T_d 定义为下子板厚度 t 与板厚 t_0 的比值，即

$$T_d = \frac{t}{t_0} \tag{5.2}$$

为了验证数值模型的正确性，采用 T800/X850 预浸料制备了含间隙大小 2.0mm、跨度 50mm 的 20 层复合材料层合板，单层厚度 0.188mm，板厚 3.76mm。铺板过程中在 10～11 层间预埋直径大小为 12mm、厚度为 0.03mm 的圆形聚四氟乙烯薄膜。待层合板固化成型后进行切割和制孔，并最终装配成如图 5.10 所示的结构。样件的尺寸和铺层均和有限元模型完全相同。采用扭矩扳手按照装配顺序 A 先将螺栓 1 和螺栓 3 拧紧到 7.2N·m，然后拧紧螺栓 2，拧紧力矩为 3.5N·m，观察表面损伤并拍照记录。之后按 0.5N·m 的增量依次重复拧紧并拍照记录，直至结构出现大面积损伤或间隙已经完全闭合。

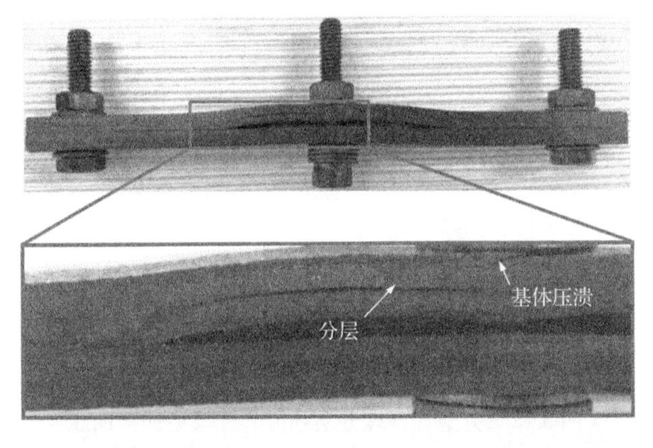

图 5.10　螺栓 2 预紧力矩达到 5.0N·m 时的样件破坏形貌

图 5.10 为螺栓 2 拧紧力矩达到 5.0N·m 时的样件破坏形貌，根据 5.4 节的换算公式预紧力大小为 4167N，此时在上子板中间层孔边已经出现大面积分层损伤。在图 5.11 的仿真模拟结果中同样可以发现在 10～11 层间出现的大范围分层损伤扩展，此时最大拉伸载荷为 3955.6N，与试验预紧力的相对误差为 5.1%，可以认为仿真成功预测了分层损伤的扩展，误差在可接受范围内。

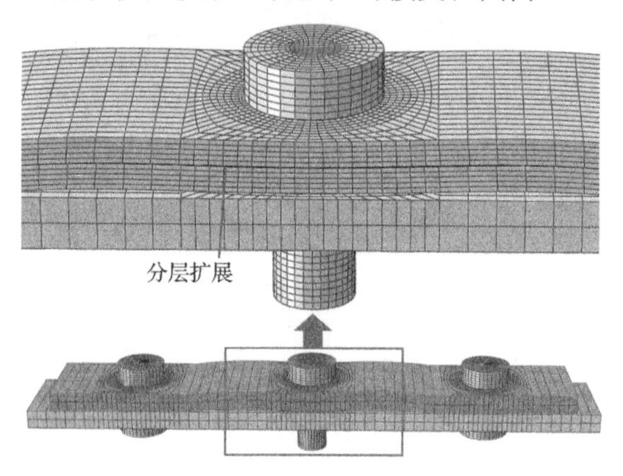

图 5.11　含 2.0mm 装配间隙强迫装配仿真结果

1. 分层损伤扩展过程分析

以分层因子 2.0、厚度分布因子 0.2、含 2.0mm 装配间隙模型为例说明分层损伤的扩展过程，图 5.12 是该模型对应的加载曲线。从图中可以发现加载过程包括以下四个阶段。

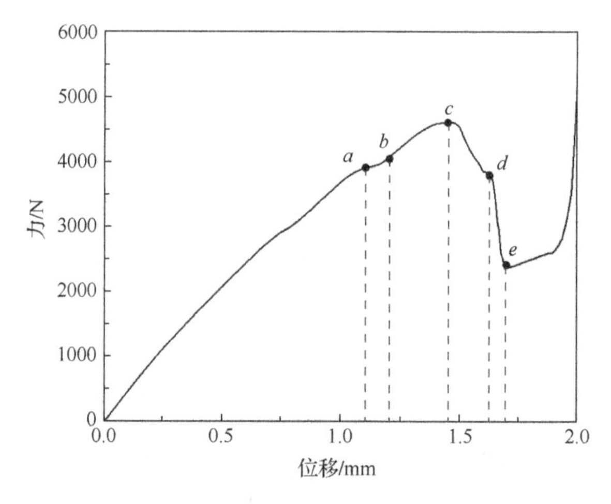

图 5.12　典型含预埋分层强迫装配模型加载曲线

（1）0-a 段，加载过程呈现线弹性，无损伤发生。

（2）a-c 段，当载荷增大到 3920N 时，分层萌生，对应图 5.13（a），并随着载荷的增大而累积损伤，直至 4627N 时形成分层扩展，此时达到结构承载极限，见图 5.13（c）。

（3）c-e 段，分层继续扩展，结构承载性能急剧下降直至结构失效，见图 5.13（e）。

（4）e 点之后，继续加载直至间隙闭合，此时载荷增大是由于接触到刚度大的板 B。

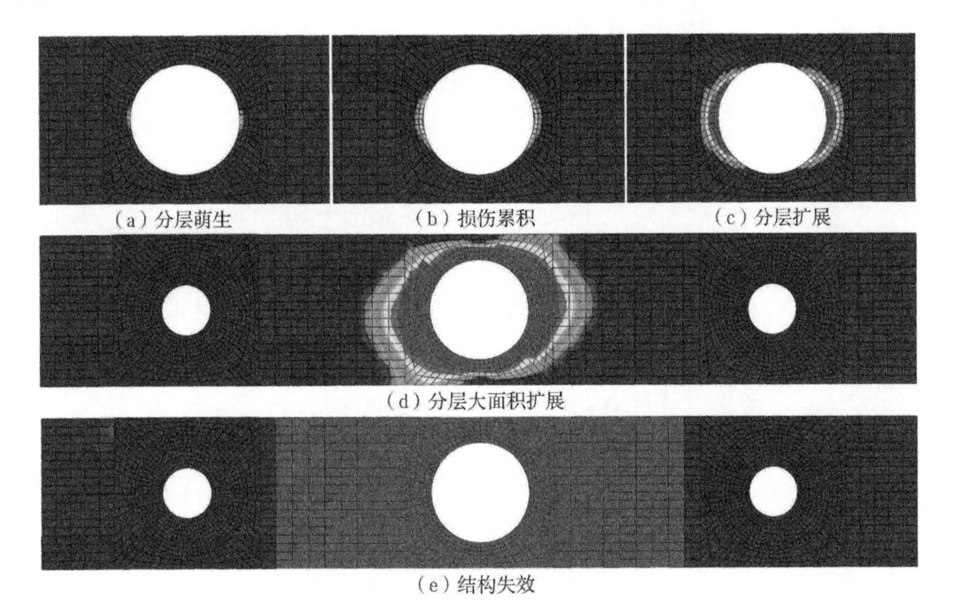

图 5.13　分层扩展典型过程

2. 分层因子的影响

本书分析了两种装配顺序下具有不同分层因子连接结构的承载性能，如图 5.14 所示。当分层因子从 1.0 增大到 2.5，结构承载性能均呈现下降趋势，这说明分层损伤越大，分层扩展临界载荷越小，结构承载性能越低。图 5.15 是具有不同分层因子结构的承载性能对比图，其中装配顺序 A 工况下含分层因子 2.5 结构的承载性能相比无分层损伤结构的承载性能降低了 17.2%，装配顺序 B 工况对应降低了 12.0%。装配顺序 B 的承载性能普遍强于装配顺序 A，这是因为装配顺序 A 的应力大，损伤扩展严重，而装配顺序 B 的应力得到释放，损伤较小。

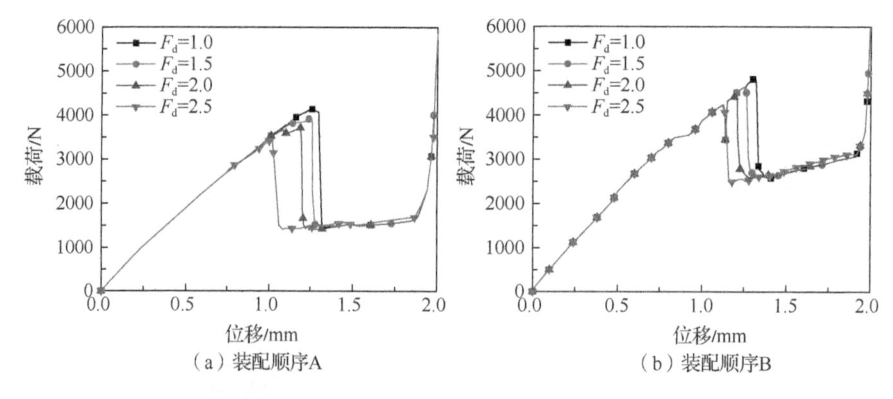

图 5.14　不同分层因子连接结构的力-位移曲线

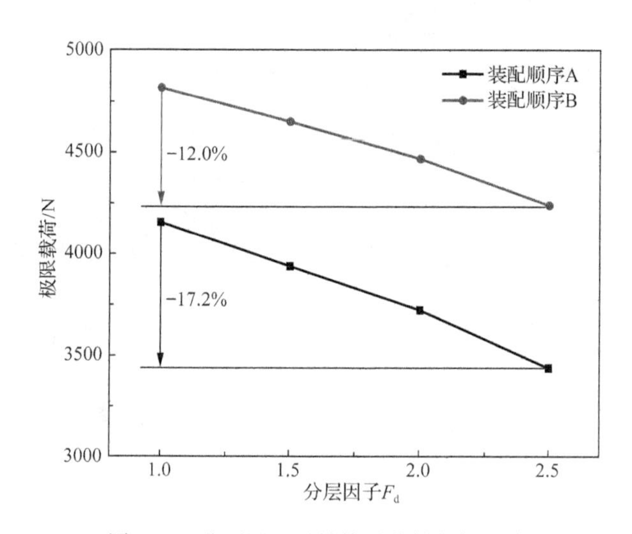

图 5.15　分层因子对结构承载性能的影响

3. 厚度分布因子的影响

图5.16是考虑两种装配顺序工况下具有不同厚度分布因子连接结构的承载性能曲线图。当分层损伤处于层合板中间位置时，其结构承载性能明显较分层损伤接近层合板表面位置的结构低。图5.17是具有不同厚度分布因子连接结构的承载性能变化图。装配顺序A工况预埋分层处于中间层（厚度分布因子0.4～0.6）时的承载性能约为其他区域的78.9%，而装配顺序B工况预埋分层处于中间层（厚度分布因子0.4～0.6）时的承载性能约为其他区域的83.5%。分层损伤严重降低了结构的承载性能，尤其是当复合材料构件中间层存在分层损伤时更危险。

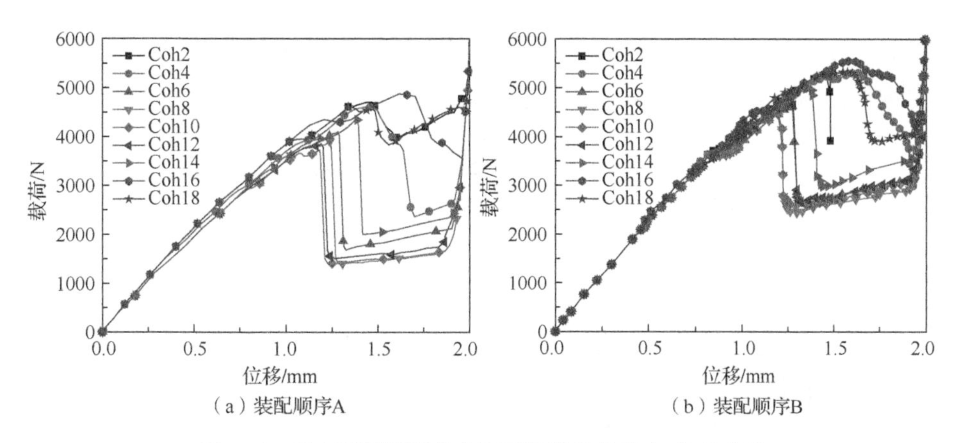

（a）装配顺序A　　（b）装配顺序B

图 5.16　具有不同厚度分布因子连接结构的力-位移曲线

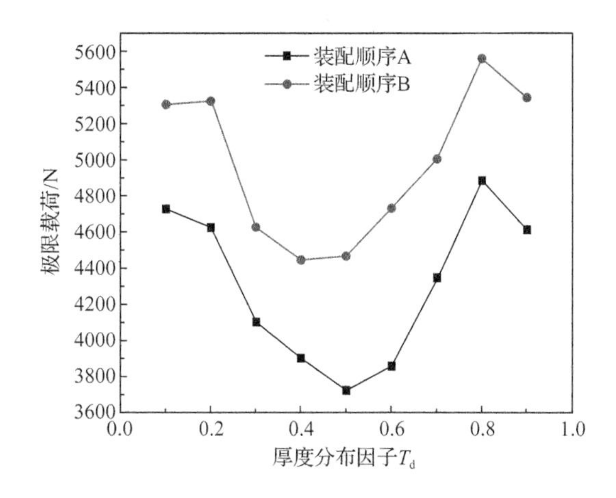

图 5.17　厚度分布因子对连接结构承载性能的影响

5.6　装配间隙影响构件疲劳寿命

装配间隙的存在虽然对复合材料构件连接强度的影响较小，但对结构刚度及材料损伤均会产生一定的影响。由此可推断，当复合材料连接结构中存在装配间隙时，结构的疲劳寿命也会受到装配间隙的影响。为揭示装配间隙对复合材料构件疲劳寿命的影响规律，以三点弯曲疲劳试验为例开展了装配间隙影响复合材料构件疲劳寿命规律的试验研究。

复合材料连接结构的材料为 T800/X850 复合材料，尺寸为 200mm×18mm，样件厚度为 3.384mm，铺层为[45/−45/90/−45/0/45/−45/0/45]s，共 18 层，单层厚度为 0.188mm。试验样件如图 5.18 所示，几何尺寸如表 5.3 所示，其中 Δ 表示装配间隙的高度，L_g 表示装配间隙的长度，这两个参数依据试验设计而确定。对于无间隙构件，两参数均为 0mm。

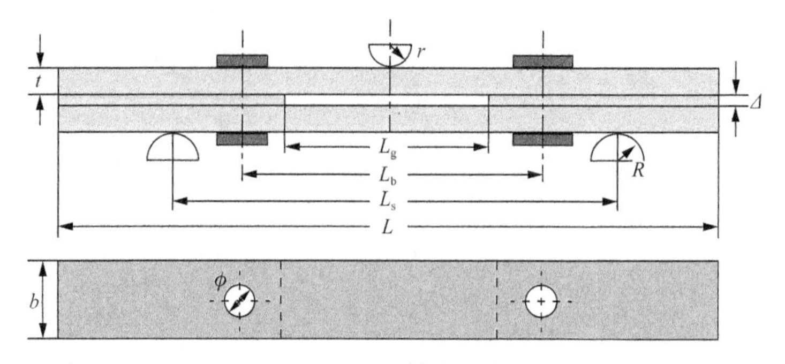

图 5.18　试验样件示意图

表 5.3　试验样件几何尺寸　　单位：mm

参数	值
L	200
b	28
t	3.384
L_s	118
L_b	70
R	15
r	5
ϕ	6

1. 静态试验

为确定疲劳试验的载荷水平，首先针对复合材料连接件进行静态三点弯曲试验，结果如图 5.19 所示。如图 5.19（a）所示，在试验过程中连接件上子板的上表面与试验机压头的接触区产生了压溃损伤，而下子板的下表面则产生了分层损伤。由图中给出的载荷-位移曲线可知，对于该试验样件而言，随着载荷的增加，构件变形也在逐渐增大，基本上呈线性关系；当载荷增加到一定程度时，构件产生损伤并对结构的承载性能产生了影响，但此时连接结构仍具有承载性能，但刚度下降明显（曲线第一个峰值）；随着载荷的不断增加，损伤快速扩展至结构发生破坏，构件的承载性能达到极限（曲线第二个峰值），此后构件承载性能继续下降，结构完全失效。依据试验结果可知，该试验样件的极限承载性能为 2869N。

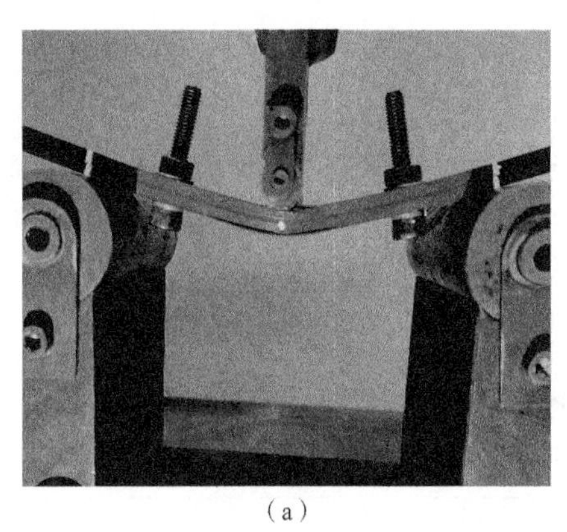

(a)

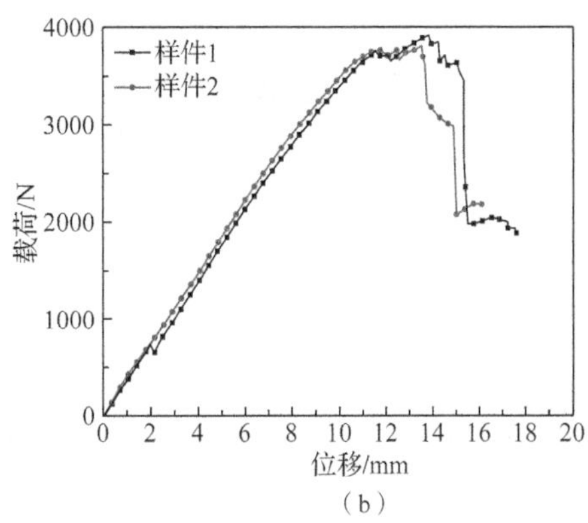

(b)

图 5.19　三点弯曲试验及载荷-位移曲线图

2. 典型无间隙复合材料连接件三点弯曲疲劳寿命曲线

室温条件下，针对复合材料连接件开展三点弯曲疲劳试验，试验所采用的加载频率为 5Hz，载荷水平为 85%极限承载性能，采用载荷加载方式。典型无间隙复合材料构件三点弯曲疲劳寿命曲线如图 5.20 所示。在试验初始阶段，疲劳试验机经过大约 800 次的加载循环达到设定的载荷水平（左侧放大图）。此后，随着疲劳载荷作用次数的增加，连接几何变形逐渐增大，构件刚度逐渐降低。当构件接近其疲劳寿命极限时，构件承载性能急剧下降，仅经过约 500 次疲劳加载（约占构件疲劳寿命的 0.2%），构件疲劳失效。可见，对于碳纤维复合材料构件而言，准确把握复合材料构件疲劳寿命极限是避免造成重大损失的前提和基础。

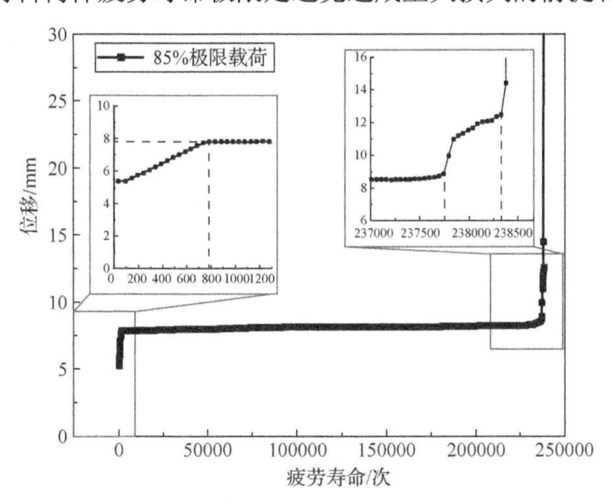

图 5.20　典型复合材料连接件三点弯曲疲劳寿命曲线

载荷水平对无间隙复合材料连接件疲劳寿命的影响如表 5.4 所示，表中 N_f 表示连接件的疲劳寿命，q 表示疲劳试验载荷水平，λ 表示疲劳寿命的比值。本次试验中，当样件在一定载荷水平下疲劳载荷周期加载次数超过 10^6 次时，认为样件无疲劳损伤发生。对于试验所用的无间隙复合材料样件，当载荷水平为 80%时，样件不发生疲劳破坏；当载荷水平上升到 85%时，其疲劳寿命的比值仅为 23.84%；当载荷水平上升到 90%及以上时，其疲劳寿命的比值低于理想情况下的 1%，可见载荷水平对复合材料连接件疲劳寿命的影响极大。

表 5.4　无间隙复合材料连接件疲劳寿命数据表

q/%	N_f/次	λ /%
95	32107	0.32
90	40367	0.40
85	238420	23.84
80	$>10^6$	100

3. 装配间隙高度对复合材料连接件疲劳寿命的影响

间隙高度对复合材料连接件疲劳寿命的影响规律试验结果如表 5.5 所示。对于装配间隙长度 L_g 为 40mm 的复合材料连接件，在 80%载荷水平下，对于含有 0.5mm 装配间隙的连接件，其疲劳寿命 N_f 依然可以达到 10^6 次；当装配间隙δ增加到 1.0mm 时，疲劳寿命下降到原来的 11.0%；当装配间隙增加到 2.0mm 时，疲劳寿命仅为 0.5%，可见装配间隙对复合材料连接件疲劳寿命的影响十分显著，需要重点关注。

表 5.5　装配间隙高度影响复合材料连接件疲劳寿命数据表

δ/mm	L_g/mm	N_f/次
0.5	40	$\geqslant 10^6$
1.0	40	110239
1.5	40	14885
2.0	40	5090

4. 装配间隙长度对复合材料连接件疲劳寿命的影响

装配间隙长度对复合材料连接件疲劳寿命的影响试验结果如表 5.6 所示。所选用的连接件装配间隙高度Δ为 2mm，装配间隙长度 L_g 分别为 20mm、30mm、40mm 和 50mm，疲劳载荷水平为 80%。图 5.21 给出了疲劳寿命曲线，图中横坐标为归一化的连接件疲劳寿命。由图中可见，对于间隙长度为 20mm 的连接件，在试验达到设计载荷水平后，试验曲线较平缓，说明连接件达到一个相对稳定的状态，而当连接件接近疲劳寿命末期时，曲线发生剧烈变化，说明在疲劳载荷作用下损伤在连接件内已形成并扩展到对连接件承载性能产生极大影响的程度，此后连接件在短时间内失效，与前文所述的复合材料疲劳失效过程类似。而对于间隙长度为 30mm 和 40mm 的连接件，其疲劳寿命曲线呈明显的阶梯状。这是由于装配间隙的存在且装配间隙的长度与高度比达到了一定程度后，连接件疲劳失效模式发生了改变。以装配间隙长度为 30mm 的连接件为例，试验中可以观察到在装配间隙影响下，试验初期主要由复合材料连接件的上子板承受疲劳载荷，下子板仅起辅助作用，因此连接件整体变形较小；由于上子板承受较大载荷，因此在试验过程中上子板首先发生损伤，且随着损伤的扩展而失效大部分的承载性能，此时在曲线上表现为跳变，连接件刚度大幅度下降，几何变形增加，因此形成阶梯状曲线特征。当装配间隙长度增加到 50mm 时，由于装配间隙长度与高度比发生改变，虽然连接件整体刚度下降，但其疲劳寿命却比前两者更长。可见，装配间隙长度与高度比是影响复合材料连接件疲劳寿命的关键因素。

表 5.6　装配间隙长度影响复合材料连接件疲劳寿命数据表

Δ /mm	L_g/mm	N_f/次
2.0	20	48667
2.0	30	8678
2.0	40	5090
2.0	50	20267

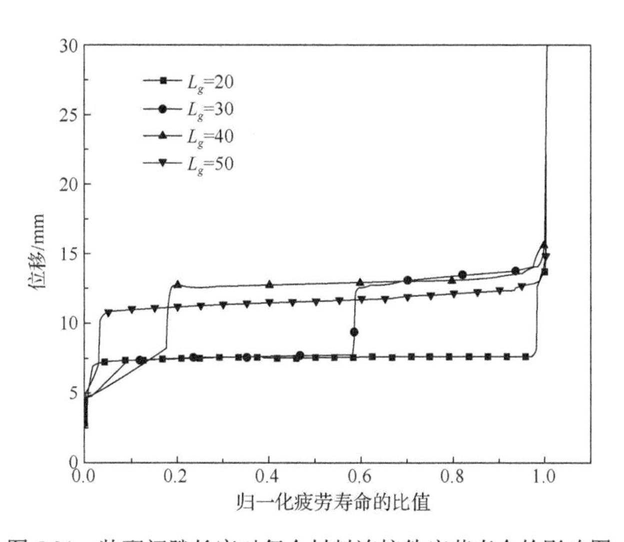

图 5.21　装配间隙长度对复合材料连接件疲劳寿命的影响图

参 考 文 献

[1] Camanho P, Tong L. Composite joints and connections[M]. Oxford: Woodhead Publishing Limited, 2011.

[2] 王共冬. 树脂基复合材料计算机辅助成型工艺关键技术的研究[D]. 哈尔滨: 哈尔滨工业大学, 2007.

[3] 李冬娜. 树脂基复合材料固化行为的多尺度仿真研究[D]. 兰州: 兰州理工大学, 2018.

[4] Coleman R M. The effects of design, manufacturing processes and operations management on the assembly of aircraft composite structure[D]. Cambridge: Massachusetts Institute of Technology, 1991.

[5] Yuan Z, Wang Y, Peng X, et al. An analytical model on through-thickness stresses and warpage of composite laminates due to tool–part interaction[J]. Composites Part B: Engineering, 2016, 91: 408-413.

[6] Albert C, Fernlund G. Spring-in and warpage of angled composite laminates[J]. Composites Science and Technology, 2002, 62(14): 1895-1912.

[7] 肖建章. 碳纤维复合材料切削加工力学建模与工艺参数优化研究[D]. 杭州: 浙江大学, 2018.

[8] 马付建. 超声辅助加工系统研发及其在复合材料加工中的应用[D]. 大连: 大连理工大学, 2013.

[9] 王奔. 切削力和热对 C/E 复合材料制孔损伤的影响机理[D]. 大连: 大连理工大学, 2014.

[10] Lacroix C, Mathieu L, Thiébaut F, et al. Numerical process based on measuring data for gap prediction of an assembly[J]. Procedia Cirp, 2015, 27: 97-102.

[11] 窦亚冬. 飞机装配间隙协调及数字化加垫补偿技术研究[D]. 杭州: 浙江大学, 2018.

[12] Dhôte J X, Comer A J, Stanley W F, et al. Study of the effect of liquid shim on single-lap joint using 3D digital image correlation[J]. Composite Structures, 2013, 96: 216-225.

[13] 崔雁民. 复合材料钛合金叠层结构间隙加垫补偿的拉伸性能研究[D]. 杭州: 浙江大学, 2018.

[14] 张桂书. 飞机复合材料构件装配间隙补偿研究[D]. 南京: 南京航空航天大学, 2015.

[15] Hühne C, Zerbst A K, Kuhlmann G, et al. Progressive damage analysis of composite bolted joints with liquid shim layers using constant and continuous degradation models[J]. Composite Structures, 2010, 92(2): 189-200.

[16] Wang Q, Dou Y, Cheng L, et al. Shimming design and optimal selection for non-uniform gaps in wing assembly[J]. Assembly Automation, 2017, 37(4): 471-482.

[17] 邱木生. SCM435 冷镦钢亚温球化退火工艺研究[D]. 沈阳: 东北大学, 2014.

[18] 杨宇星. 虑及填隙装配的 CFRP 构件螺接性能研究[D]. 大连: 大连理工大学, 2019.

[19] Yang Y, Liu X, Wang Y Q, et al. An enhanced spring-mass model for stiffness prediction in single-lap composite joints with considering assembly gap and gap shimming[J]. Composite Structures, 2018, 187: 18-26.

[20] 曾祥钱. 复合材料构件螺栓连接二次损伤建模与分析[D]. 大连: 大连理工大学, 2018.

第 6 章　碳纤维复合材料构件低应力顺应性连接原理

6.1　装配间隙数字化测量

一般情况下，航空结构件在连接装配过程中会依据间隙尺寸分别采用强迫装配、填隙装配等方法来消除碳纤维复合材料装配组件间的间隙，以降低其对结构性能产生的影响并满足适航要求。但是，碳纤维复合材料构件装配界面处可能存在的间隙不仅形貌复杂且随机性很大，特别是对于具有封闭、半封闭结构特征的航空盒段类结构，存在着实际测量难度大、精度低及耗时长等诸多问题，填隙垫片的几何形状难以精准确定。因此，针对上述问题提出一种装配间隙数字化评估方法，实现对装配间隙三维形貌的快速准确评估，如图 6.1 所示。对于复合材料装配组件，首先利用测量设备获取装配组件的点云数据模型，并采用数字化技术对点云数据进行预处理以去除点云数据中包含的噪声数据点。然后对刚性制件（认为制件测量时所处状态即为预装配时的状态）采用虚拟装配技术实现装配组件空间位姿的调整，并采用计算机图形处理技术实现装配间隙三维形貌的数字化评估；对柔性装配制件（制件测量时所处状态不同于预装配时的状态）采用有限元仿真的方法获取装配组件预装配时的几何形貌，继而采用虚拟装配技术实现装配组件位姿的调整，最后对装配间隙三维形貌进行评估。

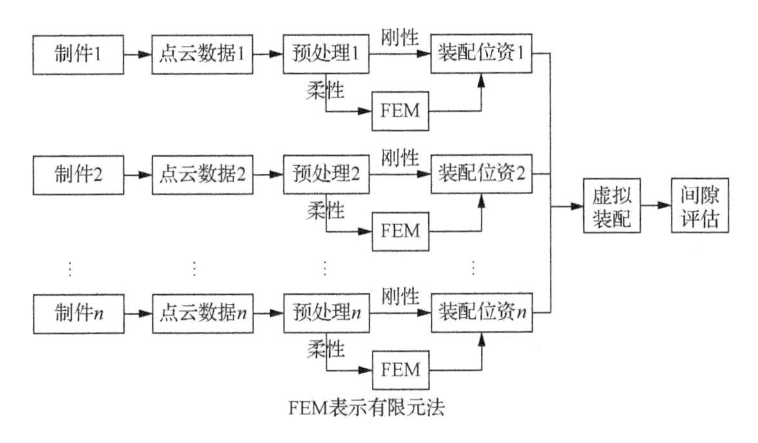

图 6.1　装配间隙评估方法

6.1.1 点云数据获取

获取物体表面空间坐标点的方法有接触式测量和非接触式测量两种。接触式测量方法（如三坐标测量法）测量精度较高，但测量范围较小，测量速度慢且在柔性构件测量方面存在较大的限制，得到的测量点数量较少。相比于接触式测量方法，非接触式测量方法避免了上述缺点，常用的非接触式测量设备有三维激光扫描仪和手持照相式扫描仪。EinScan Pro 2X 手持照相式扫描仪（先临三维，中国）如图 6.2 所示，该设备设有精细扫描和快速扫描两种扫描模式，最高扫描精度为 0.05mm，最大扫描速度可达 100000 点/s，单片扫描范围达 225mm×170mm，拼接模式包含标志点拼接和特征拼接两种，扫描仪与待扫描构件最佳工作中心距为 400mm。

图 6.2 EinScan Pro 2X 手持照相式扫描仪

点云数据通过扫描仪配套软件进行收集、显示、编辑并可保存为各种格式文件，如 asc、stl、obj 等，后期处理较为方便。手持式三维扫描仪设备采集点云数据的操作流程如图 6.3 所示。

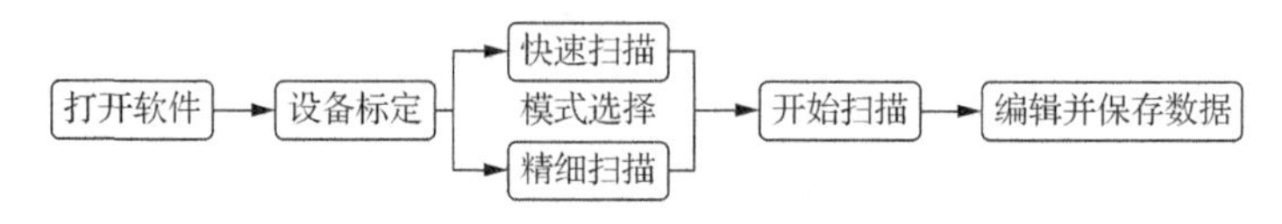

图 6.3 点云数据采集流程

利用该扫描设备对碳纤维复合材料弧形板样件进行点云数据采集，样件尺寸为 140mm×18mm×3mm，如图 6.4（a）所示。扫描模式选择为手持精细扫描，拼接方式为标志点拼接，采集得到的点云样本点数量达 119800，图 6.4（b）为所获取的点云数据模型。

（a）复合材料样件

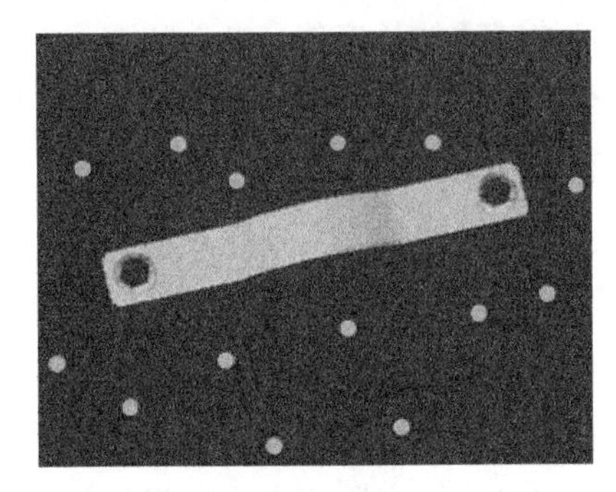

（b）点云数据模型

图6.4　复合材料样件及点云数据模型[1]

6.1.2　点云预处理

点云数据在采集过程中由于设备、环境、操作等原因，存在采样密度比高、数据量大且存在噪声数据点等问题，造成后续处理操作困难。通过数据采集设备得到的点云数据可能会出现以下情况而需要进行相应的预处理。

（1）因数据点密度不规则而需要平滑处理。

（2）因存在遮挡等问题而需要去除离群点。

（3）大量数据点需要进行下采样处理。

（4）噪声数据点需要去除。

点云预处理操作的主要目的是去除点云数据中的噪声数据点，同时对点云数据进行必要的压缩以减小点云数据模型数据量并提高后期操作处理的速度。体素滤波法是常用的点云预处理算法之一。采取体素滤波法对点云数据进行数据压缩可以大大减少采样点的数量，并且在下采样的同时不破坏点云本身的几何结构，其具体实现流程如下。

（1）对输入的点云数据创建一个包括所有点的最小三维体素栅格。

（2）三维体素栅格分解成多个边长为L的立方栅格。

（3）以立方栅格所有点的重心近似表示立方栅格中容纳的所有点。

（4）每个立方栅格中的重心形成滤波之后的点云。

三维体素栅格边长计算如下：

$$\begin{cases} L_x = (X_{\max} - X_{\min}) + \lambda \\ L_y = (Y_{\max} - Y_{\min}) + \lambda \\ L_z = (Z_{\max} - Z_{\min}) + \lambda \end{cases} \tag{6.1}$$

式中，L_x、L_y和L_z分别表示点云在x轴、y轴和z轴方向的最大范围，为三维体素栅格三边的长度值；X_{max} 和 X_{min} 分别表示 x 轴上最大值和最小值；Y_{max} 和 Y_{min} 分别表示 y 轴上最大值和最小值；Z_{max} 和 Z_{min} 分别表示 z 轴上最大值和最小值；λ 为修正值。

立方栅格边长 L 计算公式如下：

$$L=\alpha\sqrt[3]{sL_xL_yL_z/N} \tag{6.2}$$

式中，L 为立方栅格边长；α 为调节立方栅格边长的比例因子；s 为比例系数；N 为点云数据的总点数。

立方栅格中所有点重心坐标计算如下：

$$l_x=\frac{1}{m}\sum_{i=1}^{m}l_{x_i},l_y=\frac{1}{m}\sum_{i=1}^{m}l_{y_i},l_z=\frac{1}{m}\sum_{i=1}^{m}l_{z_i},1\leqslant i\leqslant m \tag{6.3}$$

式中，l_x、l_y 和 l_z 为任意一个立方栅格中所有点重心的三维坐标；m 为立方栅格中包含的点的数量；l_{x_i}、l_{y_i} 和 l_{z_i} 为含 m 个点的立方栅格中第 i 个点的三维坐标。

设置体素栅格所分解成的小立方体边长参数 L 为 0.5mm，滤波结果显示弧形板样本点的数量从 119800 减少到 10266，滤波后点云数据模型如图 6.5 所示。

图 6.5　滤波后点云数据模型图

6.1.3　装配位姿估算

对于刚性装配组件，其点云数据经预处理后可直接用于装配间隙三维形貌的评估。而对于柔性装配制件，因其受自身重力和边界等因素影响，会在装配过程中产生变形，导致适用于刚性构件的装配间隙评估方法不再适用于柔性构件。因此，在柔性构件装配间隙评估之前，需要对其预装配后的几何形状进行预测，得到变形之后的制件点云数据模型并用于装配间隙的评估，如图 6.6 所示。

图 6.6　制件装配位姿预测

1. 有限元模型

依据预处理后的点云数据模型创建有限元网格模型的基本过程如图 6.7 所示，投影变换由式（6.4）给出。

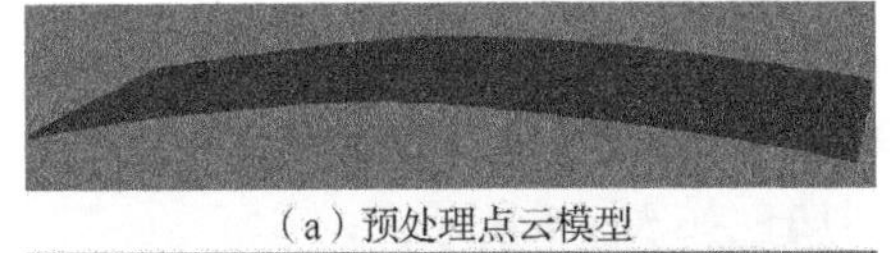

（a）预处理点云模型

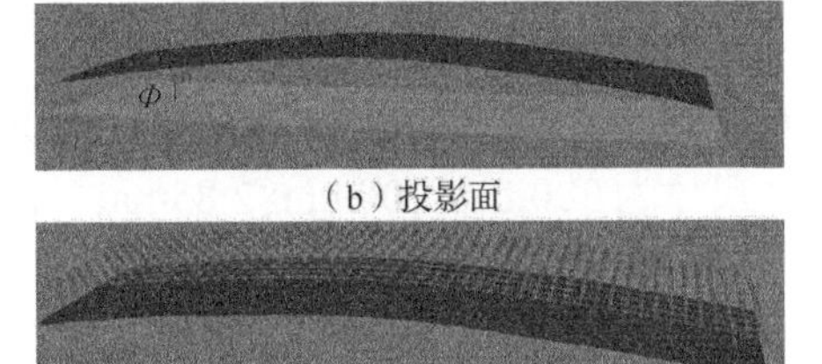

（b）投影面

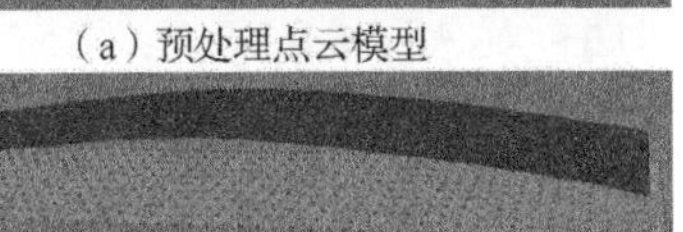

（c）有限元网格节点

（d）有限元网格模型

图 6.7　有限元网格创建过程

$$f : p_i + \frac{n \cdot \overline{p_l p} \cdot n}{\|n\|^2} \tag{6.4}$$

对于经预处理的点云数据集 $P=\{p_i \in R^3 | i=1,2,\cdots\}$［图 6.7（a)］，首先采用主元素分析法获得 P 的主向量 n，并创建投影平面 $\Phi(n,q)$［图 6.7（b)］，之后利用式(6.4）将 P 投影至平面 Φ 得到 $\overline{p}$，同时计算$\{p_i\}$到 Φ 的距离 H。此后，根据有限元网格模型尺寸的大小对 $\overline{p}$ 进行重采样以获取有限元网格模型的节点在 Φ 上的投影 Q［图 6.7（c)］，利用 H 将 Q 向空间映射即可得到有限元网格模型空间节点，并以此构建有限元网格模型［图 6.7（d)］，此后根据需要可将复合材料制件二维有限元网格模型扩展为三维实体模型，施加边界条件后即可对装配状态的复合材料制件几何形貌进行估算。

2. 有效性验证

为验证所提方法的有效性，采用如图 6.8 所示的试验过程进行验证。验证过程基本思想是对复合材料制件施加不同的载荷使制件产生变形，利用非接触测量系统获取制件变形前后的点云数据模型。同时，对非加载状态制件的点云数据模型，应用所提方法构建有限元仿真模型，并预测受载后几何形貌，以图 6.8 中所示最大间隙尺寸 δ 为考核对象来对比试验与仿真结果以验证所提方法的有效性。

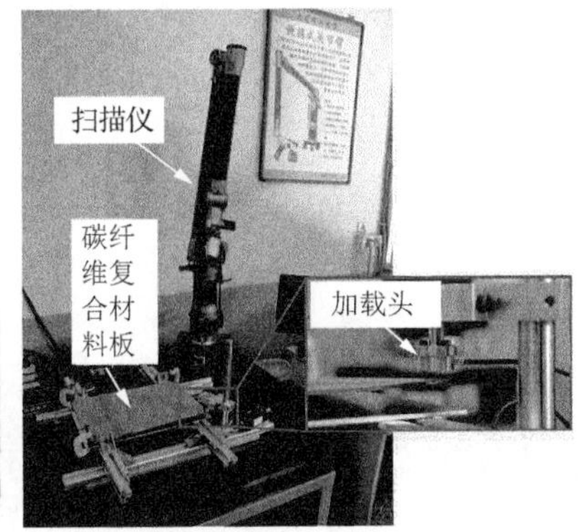

图 6.8　复合材料制件及加载测量试验

复合材料样件是 T700/YPH-25 预浸料经热压固化成型的碳纤维增强环氧树脂基复合材料制件，铺层为[−45/90/0/90/0/90/0/90/0/90/−45/0/90/0/90/−45/90/90/0]，样件尺寸为 300mm×200mm×2.85mm。材料属性如表 6.1 所示。

表 6.1　T700/YPH-25 材料属性

属性	数值
E_1/GPa	143.0
E_2/GPa	8.0
G_{12}/GPa	4.4
G_{23}/GPa	2.8
μ_{12}	0.34
μ_{23}	0.50

依据所提出的方法创建的有限元网格模型如图 6.9（a）所示，有限元仿真模型如图 6.9（b）所示。

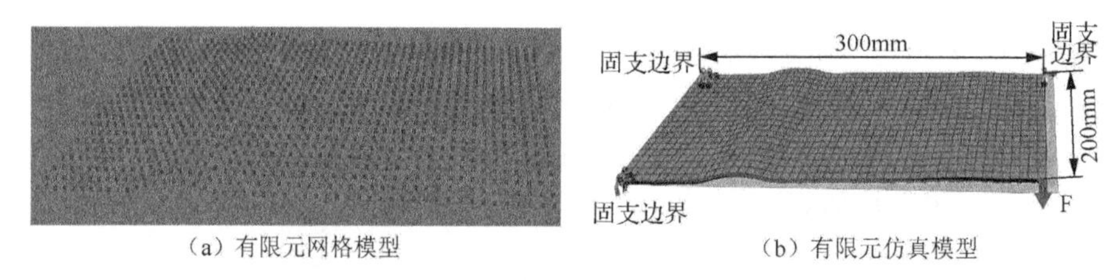

（a）有限元网格模型　　（b）有限元仿真模型

图 6.9　有限元网格模型及有限元仿真模型

对于有限元网格尺寸影响计算精度的对比分析结果如图 6.10 所示。针对试验样件，当网格数量为 1000 时，其对计算结果的影响不大于 0.84%，因此仿真分析中采用的网格数量为 1000。

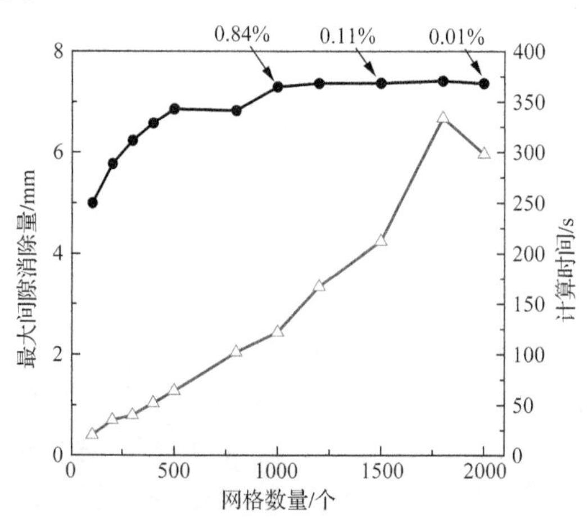

图 6.10　网格尺寸影响仿真精度规律及试验仿真结果对比图

试验与仿真对比结果如图 6.11 所示，对于不同载荷作用下仿真与试验结果对比相对误差。当载荷为 5N 时，相对误差最大为 6.54%，当载荷为 15N 时，相对误差达最小为 0.99%，说明采用有限元仿真的方法获取复合材料制件装配位姿的评估是可行的。

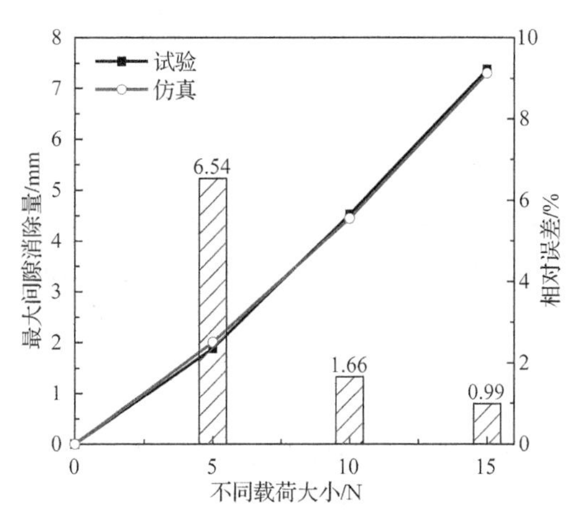

图 6.11　试验与仿真结果对比图

6.1.4　虚拟装配

只有当装配组件点云数据模型的相对位置关系处于实际装配状态时，对装配间隙的评估才是准确的。因此，需要对装配组件的点云数据模型进行虚拟装配操作。基本思路是先通过手动调整实现装配组件的基本定位，之后采用迭代最近点（iterative closest point，ICP）算法实现装配组件点云数据模型的精确配准，为贴合间隙三维模型的输出创造条件。

1. 手动调整

手动调整的主要目的是对装配组件点云数据模型进行位姿调整。当装配组件位置关系较为简单时，通过手动调整操作即可实现装配组件的精确配准，避免自动算法在计算过程中可能引入的误差，实现高精度虚拟装配。当装配组件间的位置关系较为复杂时，通过手动调整操作可实现装配组件间位置的初步确定，再通过自动求解算法实现装配组件的精确定位。手动调整可有效减少自动计算过程的寻优时间并提高装配精度。手动调整操作的本质是点云数据的坐标变换，可根据计算机图形学相关理论进行数据转换，相关理论和操作较为简单，此处不再赘述。

2. 自动配准

自动配准的目的是实现装配组件点云数据模型位姿的自动调整，为贴合间隙的评估创造条件。根据点云数据所包含的空间信息，可以直接利用点云数据进行配准。主流算法为迭代最近点算法，该算法先依据点云数据构造局部几何特征，然后依据局部几何特征进行点云数据重定位。

ICP 算法基本原理为：假设两个点云数据集合 P 和 G，要通过 P 转换到 G（假设两组点云存在局部几何特征相似的部分），可以通过 P 叉乘四元矩阵进行旋转和平移变换到 G，或者通过奇异值分解（singular value decomposition，SVD）法将 P 转换到 G 位置，总体思想都是需要一个 4×4 的旋转平移矩阵。每次旋转平移变换后，计算 P 的所有（采样）点到 G 对应（最近）点的距离，用最小二乘法（求方差）求出最小二乘误差，判断是否在要求的范围内，如果最小二乘误差小于设定的值（或迭代次数达到上限，或每次重新迭代后最小二乘误差总在一个很小的范围内不再发生变化），则计算结束，否则继续进行迭代。

6.1.5 间隙评估及输出

点云数据经过滤波处理之后，测量点数量虽然有所减少，但与输出装配间隙所需的测量点数量相比仍过高且测量点处于无序状态，这对后期输出装配间隙模型有较大影响。因此，需要对测量点进一步删减并进行有序化处理，具体流程如图 6.12 所示。

图 6.12　测量点有序化流程图

以平行于 xOy 平面点云为例，基本思路为：首先，投影点云数据至 xOy 平面（$z=0$）上。由于点云垂直于 z 轴，故投影基本原理为保持原始点云的 x 和 y 坐标不变，令 z 坐标为 0 即可。点云投影如图 6.13 所示，浅色点为点云投影点。然后对投影点部分区域进行平面网格划分，网格划分方法为人机交互方式，其基本步骤为：在投影点中选取 3 点（图 6.14），并计算矩形包围盒的 4 个顶点坐标，将矩形区域进行平面网格划分，结果如图 6.15 所示。

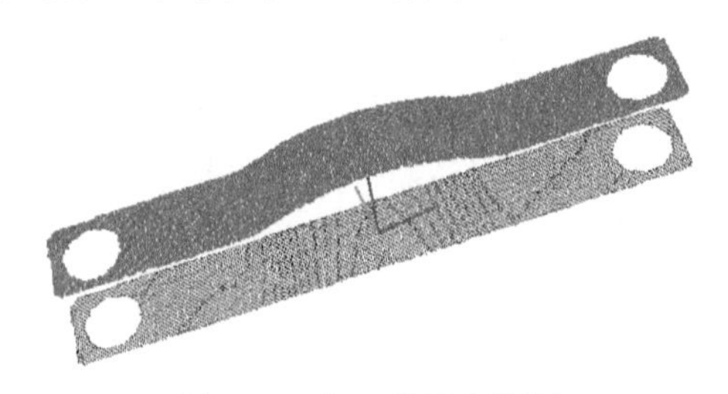

图 6.13　点云投影变换图

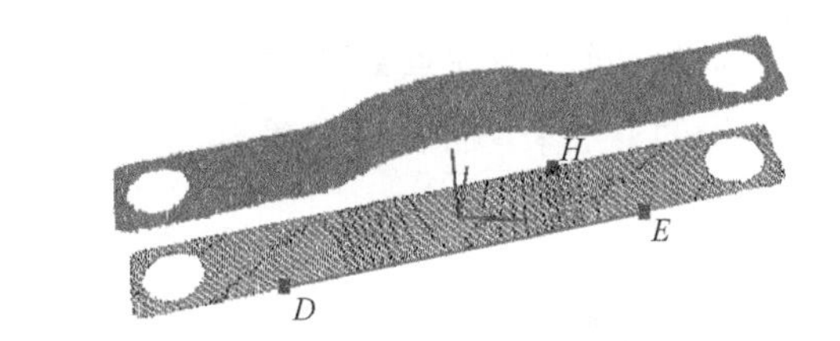

图 6.14　网格划分区域界定方法

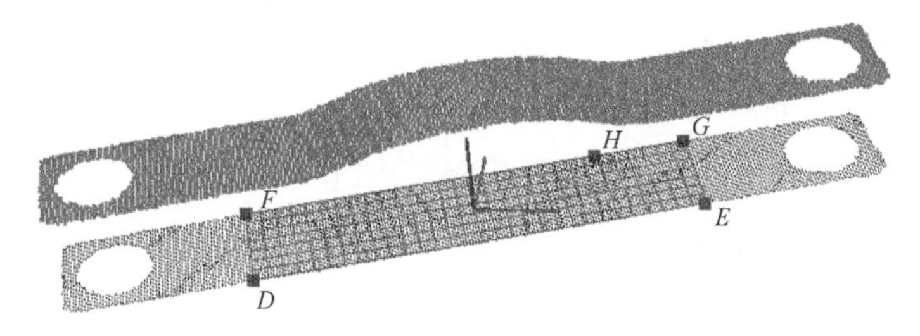

图 6.15　平面网格划分结果图

式（6.5）中，s 为点 H 到直线 DE 的距离，a 和 b 为点 D 或 E 的坐标，x_1 和 y_1 为点 H 的坐标值，x 和 y 为待求点 F 或 G 的坐标，具体位置见图 6.15，上述点均在 $z=0$ 的平面上。

$$\begin{cases} s=\dfrac{\left|Ax_1+By_1+C\right|}{\sqrt{A^2+B^2}} \\ (x-a)^2+(y-b)^2=s^2 \end{cases} \tag{6.5}$$

以网格节点为圆心对点云中的点进行遍历（暂时忽略 z 坐标），搜索到符合下列不等式的所有点，以其作为对应有序点的邻域点，搜索公式如下：

$$x_i^2+y_i^2\leqslant r^2 \tag{6.6}$$

式中，x_i 和 y_i 为点的平面坐标值；r 为搜索半径。当上述不等式成立时，则该点为网格节点的邻域点，当邻域点的个数 $m<3$ 时，扩大搜索半径 r 直到 $m\geqslant 3$。图 6.16 可以直观表示以网格节点为圆心搜索邻域点的过程。

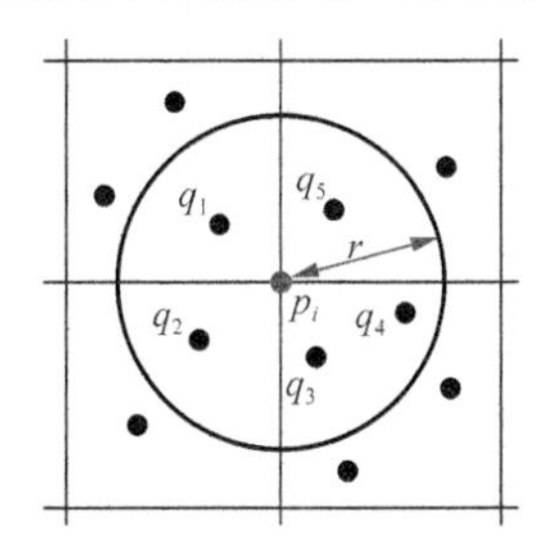

图 6.16　网格节点的半径搜索

利用网格节点的 x 和 y 坐标作为有序点 x 和 y 坐标计算的依据，z 坐标是通过局部平面拟合或者加权平均的方法来进行计算求解的。

1. 局部平面拟合方法

该方法主要利用最小二乘法原理拟合局部平面，平面计算数学模型为一般平面方程，利用有序点的邻域点求解出平面模型的数学表达式，最后计算有序点 z 坐标。具体过程如下。

假设平面方程满足

$$Ax + By + Cz + D = 0 \tag{6.7}$$

式中，A、B、C 和 D 为拟合平面的待定系数，且 A、B 和 C 不能同时为 0。

有序点的邻域中每一点到拟合平面的距离偏差 d_i 和所有距离偏差的平方和函数 $f(A,B,C,D)$ 分别满足

$$d_i = \sqrt{\frac{(Ax_i + By_i + Cz_i + D)^2}{A^2 + B^2 + C^2}},\quad i = 1,2,\cdots,n \tag{6.8}$$

$$f(A,B,C,D) = \sum_{i=1}^{n} d_i^2 \tag{6.9}$$

式中，x_i、y_i 和 z_i 为邻域第 i 个点的坐标值；n 为有序点邻域中点的数量。

分别对 A、B、C 和 D 求偏导并令偏导方程等于 0，求解出平面方程待定系数，得到局部拟合平面，将有序点的 x 和 y 坐标代入平面方程，计算有序点的 z 坐标。

2. 距离加权平均方法

该方法以有序点邻域中所有点与有序点平面距离为权重，求出所有点 z 坐标的加权平均值，以该加权平均值作为有序点 z 坐标，计算公式如下：

$$z = \frac{1}{k}\sum_{j=1}^{k} z_j \tag{6.10}$$

式中，k 为邻域点的数量；z_j 为邻域点中第 j 个点的 z 坐标。

依次将线段 DE 等分成 30 段、70 段、110 段，每次划分的网格边长等于其中一等分大小，然后利用上述两种方法分别求取有序点，有序点获取结果如图 6.17 所示。

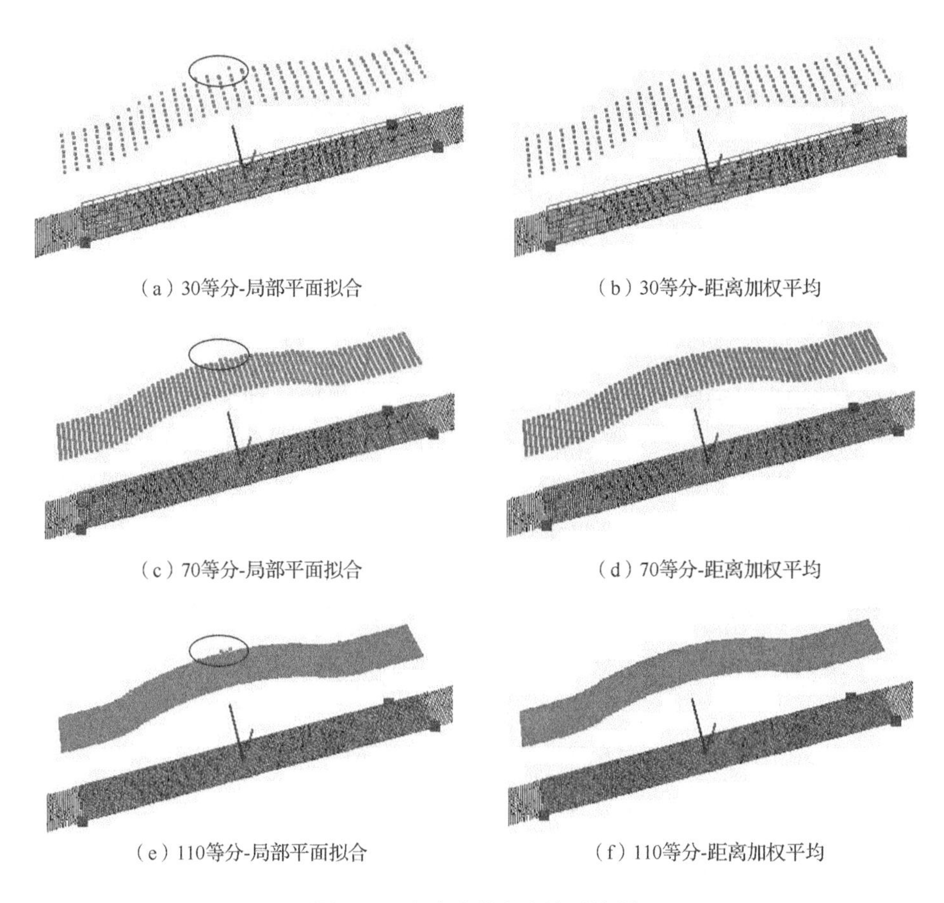

（a）30等分-局部平面拟合　（b）30等分-距离加权平均

（c）70等分-局部平面拟合　（d）70等分-距离加权平均

（e）110等分-局部平面拟合　（f）110等分-距离加权平均

图 6.17　有序点获取方法对比图

经过对装配组件点云数据有序处理后，结果如图 6.18 所示。点云数据在大幅度减少的同时，排列变得有序，为后续贴合间隙三维模型的输出创造了条件。

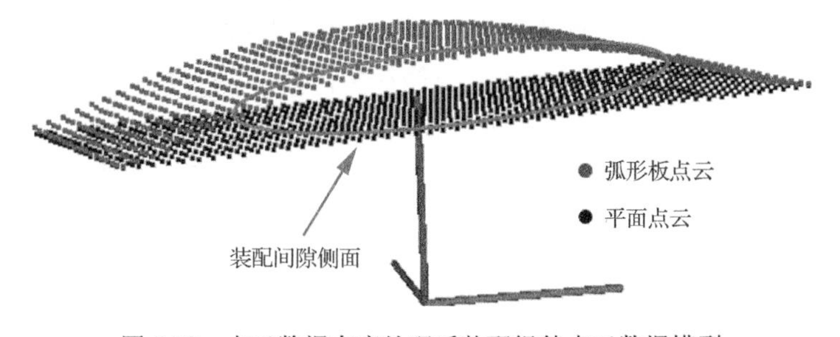

图 6.18　点云数据有序处理后装配组件点云数据模型

装配间隙是指装配组件贴合面处的间隙，即一个装配组件的配合面到另一个装配组件配合面之间的距离可按如下公式计算：

$$\delta(p_i \in A') = \underset{q \in B}{\operatorname{argmin}} \operatorname{dis}(p_i, q) \tag{6.11}$$

式中，A'和 B'表示装配组件的有序点云集；dis()表示欧几里得距离。

通过以下步骤实现对贴合间隙几何特征的准确描述。

（1）求解一个装配组件采样点集的法向量，用于贴合间隙距离的计算。

（2）求解上述装配组件所有采样点到配合组件点集的间隙值。

（3）依据 δ=0 来确定贴合间隙边界，生成贴合间隙几何模型。

目前，STL 文件格式是工业领域中常用的数据格式，该文件格式有两种类型，分别为 ASCII 明码格式和二进制格式，具体如下。

（1）ASCII 明码格式。该文件格式是文本格式文件，利用文件中的每一行给出三角面片的几何信息。文件是由首行 solid、多个基本信息单元 facet 和定义结束行 endsolid 构成。每个三角面片由 7 行数据组成，facet normal 是三角面片指向实体外部的法向量坐标；outer loop 表明随后的 3 行数据分别为组成三角面片的 3 个顶点坐标，并且 3 个顶点沿指向实体外部的法向量方向逆时针排列；endfacet 表明三角面片定义的完成。图 6.19 为 ASCII 明码格式的 STL 文件内容。

```
solid ascii
 facet normal 1.22281e-05 -3.33027e-06 1
  outer loop
   vertex -152.96  -94.66  -5.31
   vertex -146.87  -94.66  -5.31
   vertex -146.87  -83.98  -5.31
  endloop
 endfacet
......
......
endsolid ascii
```

图 6.19　STL 文件明码存储形式

（2）二进制格式。该文件格式是以固定的字节数来表示出三角面片的几何信息。该文件的起始部分有 80 字节，用于储存文件名；文件的总三角面片个数使用 4 字节整数来进行表示；每个三角面片信息占用的字节数为 50，依次为三角面片法线矢量（3 个浮点数，占用 12 字节）、3 个顶点坐标（9 个浮点数，占用 36 字节）、三角面片属性信息统计（占用 2 字节）。二进制格式的 STL 文件内容如下：

```
UINT8  //文件头
UINT32  //三角面片数量
//每个三角面片
REAL32[3]  //法线矢量
REAL32[3]  //第一个顶点坐标
REAL32[3]  //第二个顶点坐标
```

```
REAL32[3]  //第三个顶点坐标
UINT16  //属性信息统计
```

二进制文件不易于阅读理解，可读性差。相比于二进制文件，ASCII 明码格式文件可以使用任何文本编辑器打开阅读，且便于用户理解和编辑修改，因此本节采用 ASCII 明码的 STL 格式作为装配间隙评估系统输出模块与快速成型系统输入模块的接口格式。

利用上述方法获得的装配间隙三维几何模型如图 6.20 所示。在生成装配间隙三维几何模型后，可利用该数字模型指导间隙补偿工艺制定及装配间隙补偿垫片的快速成型。

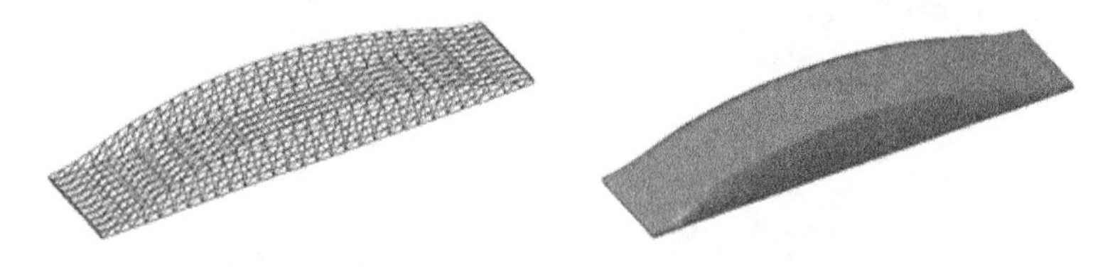

图 6.20　装配间隙三维网格模型及曲面模型

6.2　装配间隙消除方法

针对大型复合材料构件装配界面难贴合的问题，航空工业中可行的解决方法主要有三种：第一种方法是预置牺牲层，如图 6.21（a）所示，在零件制备过程中增加额外牺牲层，装配过程中在测量结果指导下对牺牲层进行在位加工以消除装配间隙[2,3]；第二种方法是强迫装配，如图 6.21（b）所示，即不做任何处理，只靠增大紧固件预紧力强行消除装配间隙[2,4]；第三种方法是填隙装配，如图 6.21（c）所示，即利用填隙垫片对装配间隙进行补偿[5-7]。第一种方法能够较好地消除装配过程中的装配间隙，但是牺牲层的引入增加了复合材料构件制备的复杂性和制造成本，打破了本体铺层的对称性，可能会导致本体变形，且加工过程中需要精确检测装配间隙，对测量设备精度和尺寸要求比较高，在大型复合材料构件装配过程中应用相对较困难。第二种方法主要用在装配间隙较小的工况，无须增加额外的工作量，但是因其可能引起装配损伤而无法应用于装配间隙较大的工况。第三种方法是目前航空工业中最常用的手段[8]，但其不可避免地增加了装配工作量[9]以及结构的重量，目前空中客车公司已经开发出基于机器人和增材制造末端执行器的自动化精确填隙设备（图 6.22）。空中客车公司的方法是基于数字化测量方法得到装配件的贴合面三维形貌数据，从而得到装配间隙分布，基于此规划机器人的运动轨迹，利用末端执行器进行在位增材制造以补偿装配间隙[3]。Smith[5]和 Ehmke 等[10]也报道过类似的自动化填隙方法。

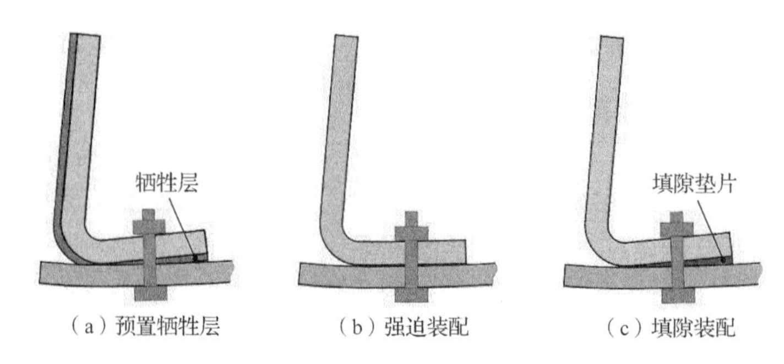

（a）预置牺牲层　（b）强迫装配　（c）填隙装配

图 6.21　常见的装配间隙消除方法

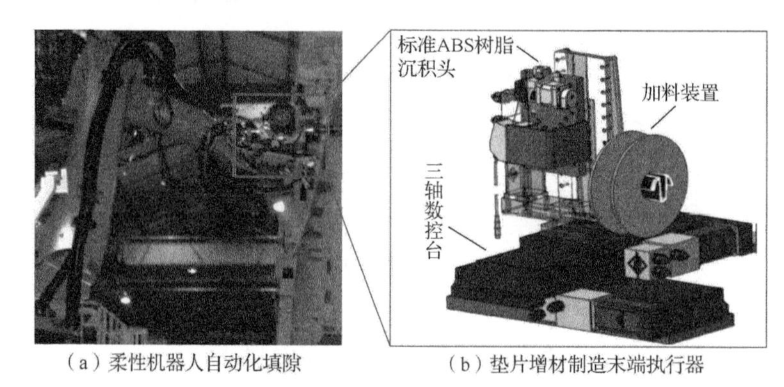

（a）柔性机器人自动化填隙　（b）垫片增材制造末端执行器

图 6.22　柔性机器人自动化精确填隙设备[3]

6.3　填隙装配工艺规范

航空工业对装配间隙补偿尺寸的控制有非常严格的规定。美国国家科学研究委员会规定复合材料构件装配时允许不填隙的最大装配间隙为 0.005in（约 0.127mm）；Campbell 等以裂纹扩展和分层为依据推荐在装配间隙大于 0.005in 且小于等于 0.03in（约 0.762mm）时采用液体垫片填隙，而当装配间隙大于 0.03in 且满足工程要求时采用固体垫片填隙[11-15]。国内民用飞机制造企业规定允许不填隙的最大装配间隙为 0.05mm，装配间隙大于 0.05mm 且小于等于 0.2mm 时采用液体垫片进行填隙，而当装配间隙大于 0.2mm 且小于等于 0.5mm 时先采用固体垫片将装配间隙减小至 0.2mm 再用液体垫片补偿剩余间隙。液体垫片一般是由树脂和固化剂组成的一类专门用于补偿装配间隙的垫片，在填隙过程中该垫片为液态，固化后呈现固态，其力学性能相对较弱，常用的牌号有 Henkel 公司的 Hysol EA9394 和 Hysol EA9377 等。固体垫片主要包含玻璃纤维垫片、金属垫片以及树脂可剥垫片等，通常固体垫片比液体垫片的力学性能更强。混合垫片是由固体垫片与液体垫片组合而成的一类垫片，兼备了液体垫片的良好充填性能以及固体垫片的高刚度和高强度等优点。采用 Hysol EA9394 液体垫片和玻璃纤维可剥垫片填隙装配的实物图如图 6.23 所示[16]。

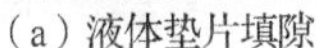

（a）液体垫片填隙

（b）固体垫片填隙

图 6.23　填隙装配图

国内外关于装配间隙对复合材料螺栓连接结构承载性能影响规律的相关研究工作比较少。北京航空航天大学的翟雨农等针对贴合面条件对单搭接沉头螺栓连接结构承载性能的影响开展了试验研究，提出了在金属板上加工锥形槽以制造装配间隙的方法，并借助有限元分析方法研究了装配间隙对连接结构应力分布的影响，研究发现装配间隙的存在会显著降低单搭接沉头螺栓连接结构的承载性能[17]。南京航空航天大学的安鲁陵团队针对复合材料螺栓连接结构装配间隙的研究发现装配间隙支点处（装配间隙区和无装配间隙区的过渡位置）和连接孔边会出现应力集中[18]。浙江大学王青团队提出了装配间隙定义的数学表达形式，提出了基于位姿协调的装配间隙控制方法，实现了装配间隙测量结果的可视化[19]。

国内外关于填隙介质对复合材料螺栓连接结构承载性能影响规律的相关研究主要集中在液体垫片对单搭接螺栓连接结构的刚度和强度的影响方面。Hühne 等[20]采用有限元分析方法分析了液体垫片对复合材料螺栓连接结构承载性能的影响，结果表明液体垫片厚度增加会降低连接结构刚度，而对极限载荷影响较小。Cormer 等[6]针对液体垫片填隙的复合材料-铝合金单钉单搭接结构在热力耦合作用下的疲劳现象开展了试验研究，试验结果表明采用 Hysol EA9394 液体垫片填隙连接结构的准静态刚度及动态刚度均小于采用 Hysol EA9377 液体垫片填隙的连接结构。Dhôte 等[7]借助 3D DIC（三维数字图像相关技术）设备研究了液体垫片对复合材料单搭接螺栓连接结构承载性能的影响，得出了类似于 Hühne 等的结论[20]，指出填隙垫片增大了载荷偏心量，导致拉伸过程中螺栓倾斜更严重，进而导致连接结构的刚度降低和二次弯曲效应更严重。上海交通大学的 Liu[21]采用有限元分析方法研究了被连接板刚度对液体垫片填隙的复合材料-钛合金多钉单搭接连接结构的应力分布及承载性能的影响，结果表明液体垫片对连接结构承载性能的影响严重依赖于被连接件刚度，高刚度的被连接件有助于减小填隙垫片对连接结构承载性能的不利影响。北京航空航天大学的 Zhai 等[22]针对贴合面条件对单搭接沉头螺栓连接结构承载性能的影响开展了试验研究，借助有限元分析方法研究了不同填隙介质对连接结构应力分布的影响，研究表明填隙垫片刚度越强则整体结构刚度越强。南京航空航天大学的安鲁陵团队针对复合材料螺栓连接结构的装配间隙补偿问题开展了深入的研究，研究发现填隙能够显著改善装配间隙支点处（装配间隙区和无装配间隙区的过渡位置）和连接孔边的应力集中[18]，液体垫片厚度的增加可以降低孔边应力并使其应力分布更均匀[23]，可剥固体垫片相比液体垫片对连接结构的极限载荷提升效果不明显[24]，而对连接结构的刚度提升较为明显[25]。浙江大学王青团队针对飞机机翼等结构装配过程中的装配间隙补偿方法做了详细的研究工作[15,26]，研究结果同样证明填隙主要影响复合材料螺栓连接结构的刚度，而对强度影响较小[15]；同时，利用有限元分析方法分析了填隙对连接结构疲劳性能的影响规律，研究发现填隙能够有效降低连接结构的变形及残余应力，同时能够提高连接结构的疲劳寿命。崔雁民[15]采用有限元分析方法研究了填隙介质对含非均匀装配间隙复合材料-钛合金叠层结构拉伸性能的影响，对比了不填隙、液体垫片填隙、仿形垫片填隙（按装配间隙尺寸加工制成能完美契合间隙的垫片）、单块均匀垫片填隙（一块均匀厚度的垫片）以及堆叠垫片填隙（多块均匀厚度介质堆叠而成的垫片）等填隙形式对连接结构的应力分布、孔边分层及承载性能的影响，研究发现：液体垫片因刚度低而产生较低的压应力，仿形垫片因其形状完美契合而产生较大的压应力，堆叠垫片会引起严重的孔边应力集中；在螺栓连接结构中沿螺栓轴向的压应力有利于抑制孔边分层，说明采用形状与装配间隙更契合的垫片效果更佳，而采用刚度较小的垫片则不利于发挥螺栓的连接效果。

考虑实际复合材料构件不可避免存在成型误差导致装配困难的问题，本章从装配顺序优化和填隙装配两方面进行研究，以实现含装配间隙复合材料构件的顺应性装配。

6.4 装配顺序优化试验

航空工业产品装配过程中涉及数以万计螺栓紧固件的预紧，常用的预紧顺序是逐个顺序预紧方法，该方法操作简单、效率较高，适用于含较小制造变形或无制造变形的碳纤维复合材料构件的装配。针对含较大制造变形的碳纤维复合材料构件的装配，顺序预紧会导致构件在局部位置的装配变形不断累积而超过容许值，进而引发装配损伤。因此，首先需要针对含制造变形的碳纤维复合材料构件的装配顺序进行优化，然后才能进行装配间隙补偿。

针对某航空公司的典型飞机盒段结构，搭建如图 6.24 所示的符合实际情况的含装配间隙简化盒段结构，包括碳纤维复合材料上下壁板和两个碳纤维复合材料 C 形肋。装配间隙主要分布于肋缘条区域中部的一段圆弧过渡位置（图 6.25），沿此变形不断延伸，直至缘条区域的尽头。此部分与均匀无形变平板配合面之间的距离即为盒段装配间隙。此装配间隙长约 31.2mm，宽约 18.6mm，最大间隙大小约 1.2mm。在该盒段上开展装配顺序影响装配变形试验，并给出工艺优化方法。装配顺序选择由外向内、由内向外、先中间向内再向外和先中间向外再向内四种，以装配间隙产生区域的螺栓作为起点 i，以装配间隙尽头处的螺栓作为终点 o，中间螺栓为中点 m，如表 6.2 所示。预紧力矩有 0.5N·m、1.0N·m、7.0N·m、10.5N·m 四种。试验操作过程中分别对装配顺序与预紧力矩对装配应力的影响作用进行研究，采取控制变量法进行试验：当研究不同装配顺序时，预紧力矩保持不变；当研究不同预紧力矩时，装配顺序保持不变[27]。

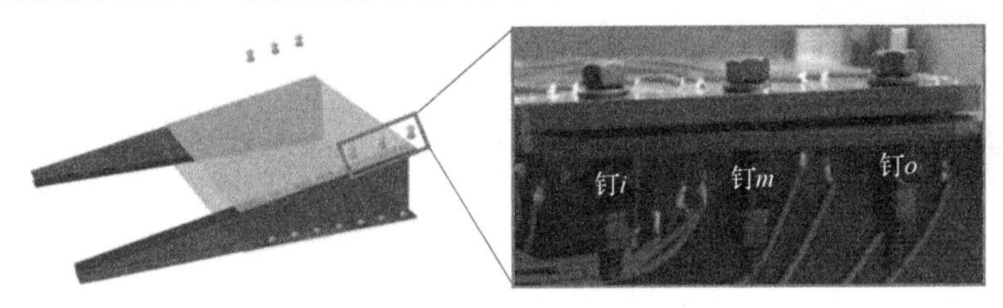

图 6.24　简易盒段结构及钉编号说明

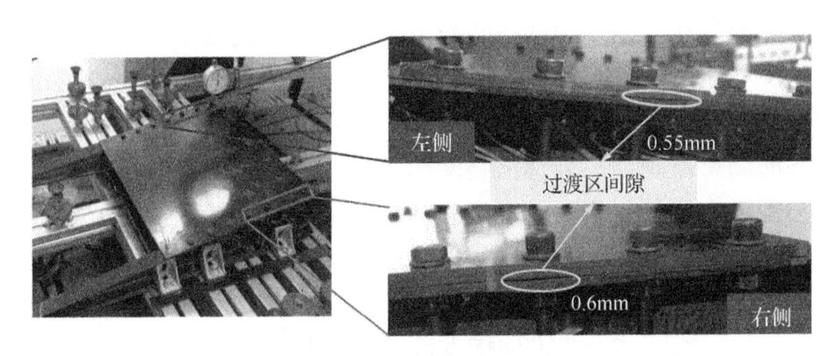

图 6.25　简易盒段过渡区说明图

表 6.2　装配顺序试验规划

代号	装配顺序
$o \to i$	由外向内拧紧
$i \to o$	由内向外拧紧
$m \to i \to o$	先拧紧中间，再拧内侧，最后拧紧外侧
$m \to o \to i$	先拧紧中间，再拧外侧，最后拧紧内侧

为了测量装配构件在不同装配工艺参数下的装配变形，结合试验构件尺寸相对较

小、刚度相对较高的实际情况，试验采用基于互补金属氧化物半导体（complementary metal-oxide-semiconductor，CMOS）激光位移传感器的非接触式变形测量方法对连接构件上壁板区域进行装配变形测量。如图 6.26 所示，此激光位移传感器的测量原理为光学三角法测量原理，由半导体激光生成器生成激光，经由镜片将激光聚集至被测物体表面，随即产生的反射光线被投射至光学接受器件-线阵 CMOS 元件上，信号处理器经过三角函数阵列的计算得到光点与检测物体的距离。试验选用松下公司的 HG-C1100 微型激光位移传感器，重复测量精度达到 70μm，测量范围±35mm。

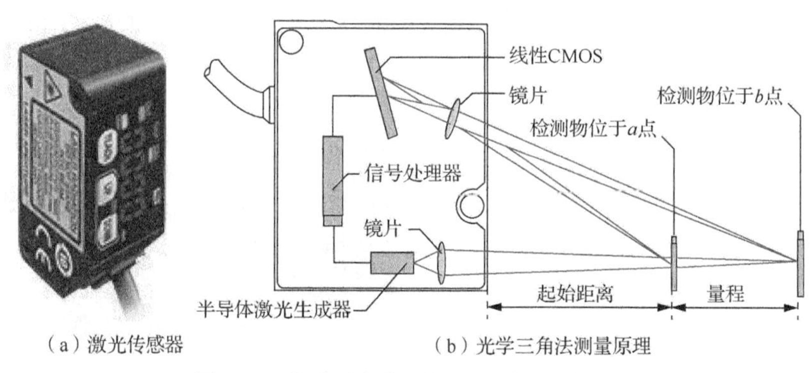

（a）激光传感器　（b）光学三角法测量原理

图 6.26　传感器实物图与测量原理示意图

装配间隙的存在会导致构件在装配过程中产生装配变形，但变形分布规律尚不清楚。为了与无装配间隙区域的装配变形进行对比，因此需要分别对两个区域分别测量并进行数据对比。激光传感器测量遍布上壁板整个表面，且为了保证装配变形趋势的测量精确性，分别在装配间隙区域与无装配间隙区域进行多重线路的测量。利用激光位移传感器可以记录螺栓预紧前后上壁板相对位置的变化，继而可以得到装配变形的差值，进而可以分析装配间隙存在对装配区形变的影响。测量路径如图 6.27 所示，无装配间隙区域沿 Y 方向依次确定三条测量路径 $Y5$、$Y6$、$Y7$，含装配间隙区域沿 Y 方向依次确定三条测量路径 $Y1$、$Y2$、$Y3$，装配间隙过渡区域划分一条测量路径 $Y4$。同时为了更加直观地表现上壁板表面不同位置的形变变化，在上壁板中间区域将垂直于 Y 方向的区域设立 X 方向，并将 X 方向进行 16 等分，将每个等分节点的形变进行输出，便于后续装配变形的比较。

结果如图 6.28 所示，装配间隙区（$Y1$～$Y3$）最大变形发生在板边缘位置，装配间隙过渡区（$Y4$）变形量约为 0.64mm，无装配间隙区（$Y5$～$Y7$）最大变形在板中间，最大变形在板中间（X=160mm），变形量为 0.47mm。装配间隙过渡区变形较均匀，但预紧后装配间隙过渡区域应变值明显偏大。装配间隙的存在不仅改变装配间隙区构件的面形，也影响无装配间隙区构件的面形。

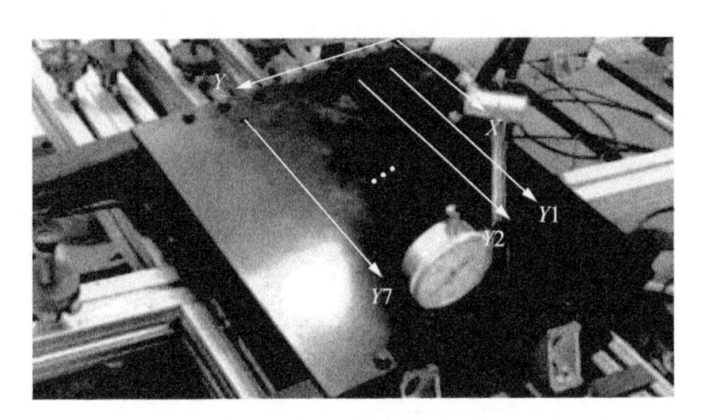

图 6.27　测量路径示意图

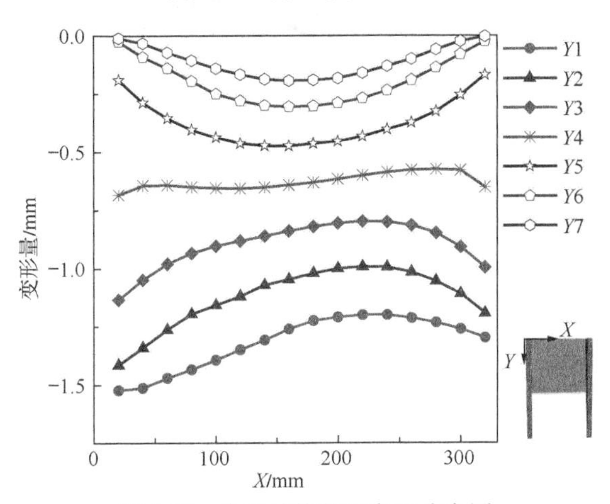

图 6.28　盒段结构装配变形分布图

紧固件拧紧扭矩对盒段结构装配变形的影响如图 6.29 所示。当预紧力矩达到 1.0N·m 时，盒段结构中超过 92%的装配间隙已经消除；继续增大预紧力对消除装配间隙的作用不再显著；当预紧力矩超过临界值（8.8N·m）时，只有装配间隙过渡区的剩余间隙难以消除（约 0.02mm）。

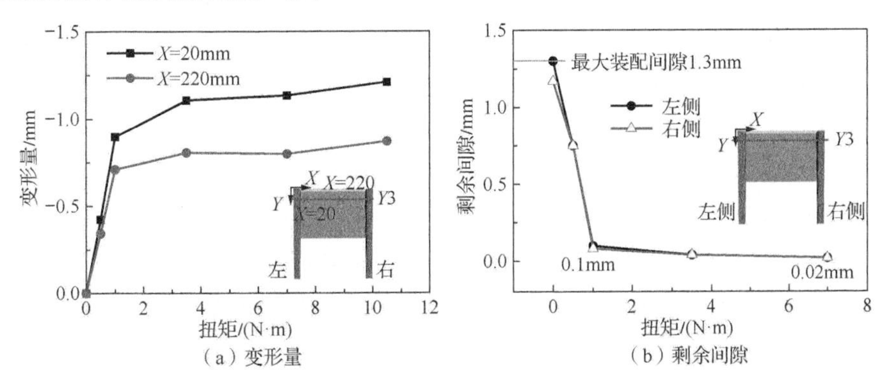

图 6.29　不同预紧扭矩对结构变形量及剩余间隙的影响

装配顺序对盒段类结构装配变形的影响规律如图 6.30 所示，选取 *Y*3 测量路径为代表，四种装配顺序中由外向内（*o*→*i*）的装配顺序对应变形量最大，而由中间向两侧的两种装配顺序对应的变形量均较小。因此，当复合材料构件装配界面之间存在装配间隙时，采用从中间向两侧的装配顺序有利于减小结构整体变形。

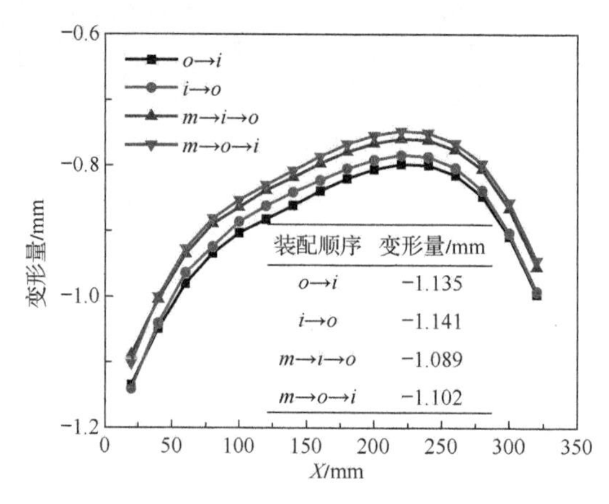

图 6.30　不同拧紧顺序对结构变形的影响

6.5　混合垫片填隙装配

常见的大型航空复合材料构件均属于典型大尺寸薄壁件，其长度方向与厚度方向的尺寸量级差别较大，构件会表现出整体柔性特征即导致装配组件几何特征易变的特点。常用的力学性能较强的固体填隙垫片由于形状适应性较差可能会造成装配应力过大，而充隙能力较强的液体垫片存在力学性能偏弱和耐热性差的问题。针对上述常用填隙垫片的性能矛盾，提出两种新型填隙垫片：一种是基于固体填隙垫片和液体填隙垫片的玻璃纤维树脂叠层混合垫片，另一种是基于装配间隙数字化测量的随形垫片。同时，本节针对所提出的新型填隙垫片形成了新的填隙工艺，并分别开展了与传统填隙垫片性能对比的试验研究。

考虑到液体垫片具有良好的充隙能力，且具备一定的黏接性能，而固体垫片具备较强的力学性能，可采用固体垫片作为主体填隙材料补偿大部分的装配间隙（超过 75%），采用液体垫片黏接固体垫片薄片并填充剩余的装配间隙。基于上述思想，本节提出了如图 6.31 所示的由玻璃纤维布和环氧树脂组成的一种玻璃纤维树脂叠层混合垫片。

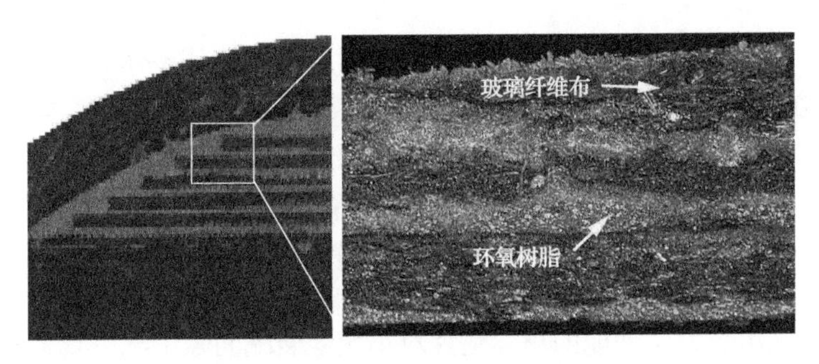

图 6.31　玻璃纤维树脂叠层混合垫片

如图 6.32 所示，以弧形装配间隙为例说明玻璃纤维树脂叠层混合垫片填隙工艺。

（1）制备垫片。按照装配间隙形貌，将玻璃纤维固体垫片裁剪成长度等比例缩小的多个部分；同时，按照树脂和固化剂比例要求制备液体垫片。

（2）填隙。将制备好的玻璃纤维固体垫片薄片逐个填入装配间隙位置，每个薄片之间均匀涂抹少量液体垫片作为黏接剂，待固体垫片薄片填完之后，用液体垫片填充剩余的装配间隙。

（3）预压。将构件按照装配位置要求放置在一起，将多余的液体垫片挤压出去，并清理干净。

（4）装配。待液态介质完全固化后（以 Hysol EA9394 液体垫片为例，常温固化条件下，达到钻孔装配状态所需时间为 9～16h），进行钻孔与连接装配。

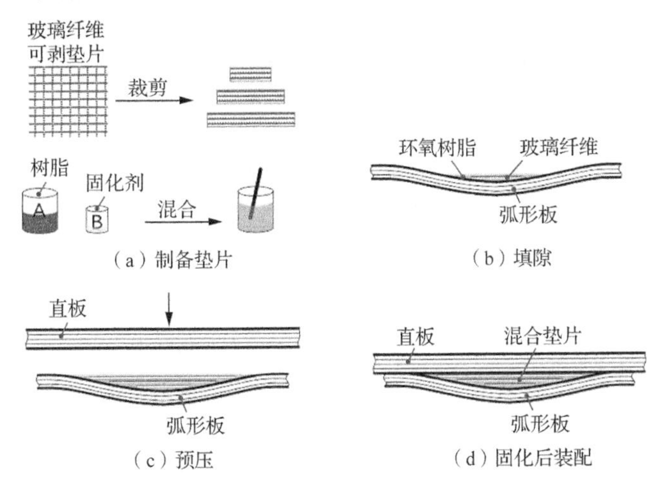

图 6.32　玻璃纤维树脂叠层混合垫片填隙新工艺

与固体垫片相比，玻璃纤维树脂叠层混合垫片具有良好的间隙充填能力，能够保证装配间隙被完全充满，且树脂能够起到黏接剂的作用，无须额外增加辅助黏接剂。与液体垫片相比，玻璃纤维树脂叠层混合垫片使整体装配体具有更高的刚度和强度，且适用于补偿较大的装配间隙。同时，玻璃纤维树脂叠层混合垫片能够在高温环境下使用，即使高温下树脂被破坏，玻璃纤维固体介质仍能保证填隙效果。

如图 6.33 所示，采用试验方法对比所提出的玻璃纤维树脂叠层混合垫片与传统液体垫片对复合材料螺接结构三点弯曲性能的影响。针对填隙垫片材料的研究结果表明，采用高力学性能的填隙垫片对小尺寸装配间隙工况下复合材料螺接性能的增强作用不明显，因此，本书主要研究较大装配间隙工况，选取装配间隙为 2.0mm 和 4.0mm 两种工况。

图 6.33　混合垫片填隙三点弯曲样件

针对装配间隙 2.0mm 的复合材料双钉连接结构三点弯曲样件，图 6.34（a）中不填隙样件刚度最低，液体垫片填隙样件的刚度比不填隙样件高约 39.5%，玻璃纤维树脂叠层混合垫片填隙样件的刚度比不填隙样件高约 47.3%，相比液体垫片填隙样件增高约 5.6%；图 6.34（b）中不填隙样件极限载荷最低，液体垫片填隙样件的极限载荷比不填隙样件的极限载荷高约 31.3%，玻璃纤维树脂叠层混合垫片填隙样件的极限载荷比不填隙样件的极限载荷高约 40.7%，相比液体垫片填隙样件增高约 7.3%。说明本节所提出的玻璃纤维树脂叠层混合垫片能够增强复合材料螺接结构的三点弯曲性能。

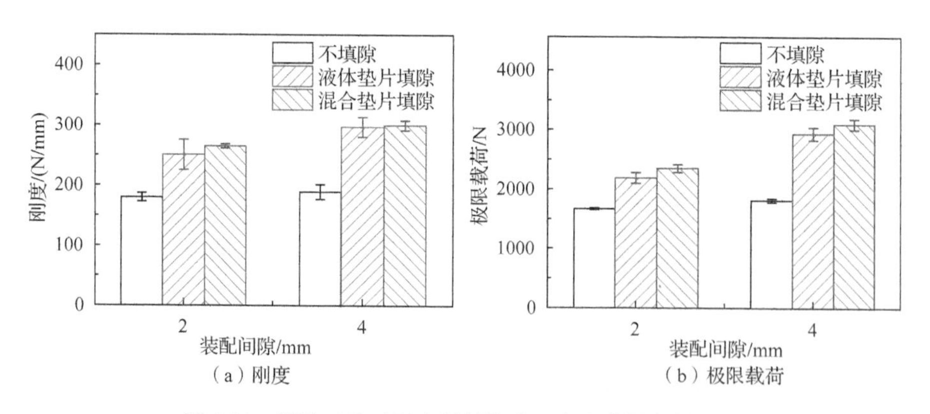

（a）刚度　（b）极限载荷

图 6.34　填隙工艺对复合材料接头三点弯曲性能的影响

针对装配间隙 4.0mm 的样件，图 6.34（a）中玻璃纤维树脂叠层混合垫片填隙样件的刚度与液体垫片填隙样件的相应值处于同一水平（其相对差值小于 1.0%）；图 6.34（b）中玻璃纤维树脂叠层混合垫片填隙样件的极限载荷相比液体垫片填隙样件的极限载荷提高幅度在 5.5%以内。说明当装配间隙增大到一定程度，填隙垫片的力学性能差别对螺接性能的影响不再显著，因为此时拱形结构本身的刚性对螺接性能的增强作用占据主导地位，而填隙垫片材料性能对螺接性能的增强作用逐渐弱化。

6.6　随形垫片填隙装配

通常在装配过程中出现装配间隙的位置呈随机分布且装配间隙大小不一，其根本原因在于复合材料制件在成型过程、加工过程和装配过程引起的随机制造变形。对于尺寸较小的装配间隙，根据复合材料制件连接装配工艺规范的相关要求，通常采用充隙能力较强的液体填隙垫片能较好地满足填隙后结构的性能要求。对于尺寸较大的装配间隙，采用形状固定的固体垫片与液体垫片组成的混合填隙垫片在保证结构性能的同时能够满足形状复杂的装配间隙的良好填充。但是对于同时使用液体垫片和固体垫片进行间隙填充时操作工艺复杂，需要消耗大量的时间，特别是对于大型复合材料制件在连接装配过程中存在间隙多、形貌复杂的情况，因此，需要发展新的填隙垫片成型方法以满足大型复合材料构件高质高效连接装配。

随形垫片与传统固体垫片的主要区别是：传统的固体垫片填隙后形状呈多级分布形式［图 6.35（a）］，而随形垫片具有与装配间隙形貌良好匹配的特性［图 6.35（b）］。因此，随形垫片能实现对装配间隙的完美仿形充填。

（a）传统固体垫片

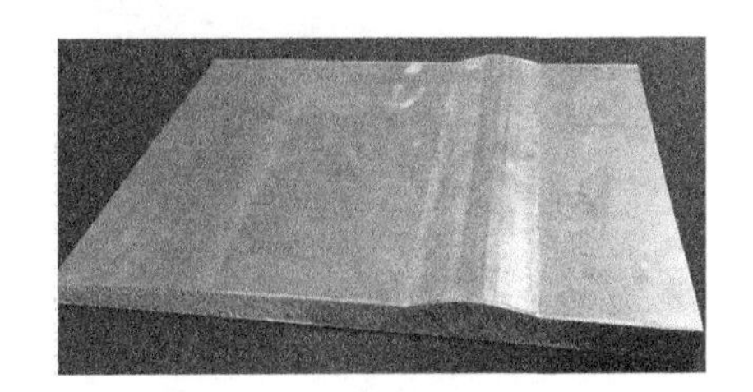

（b）随形垫片

图 6.35　填隙垫片形状比较

为模拟实际大尺寸复合材料构件装配间隙较为复杂的特征，以含翘曲变形的复合材料板与平直铝板组成的装配体为试验对象（图 6.36），复合材料构件与金属板贴合面之间的空隙即为装配间隙。

图 6.36　随形垫片填隙补偿试验对象

根据 6.1 节提出的方法，利用基于非接触式点云扫描的装配间隙数字化测量方法得到装配间隙三维模型以指导随形垫片快速成型。首先，针对测量得到的装配体初始点云数据进行预处理以剔除噪声数据点；其次，确定扫描点云的主法线方向，并进行其投影面与投影关系的建立，在投影表面确定采样点的坐标，依据确定的扫描点个数与公式进行空间采样点的计算；然后，利用投影距离公式进行空间采样点与投影平面距离的确定，包含此采样点与投影距离的模型即为虚拟装配条件下构件装配间隙三维形貌几何模型；最后，针对此模型采样点进行网格划分，并将此模型进行输出，得到装配间隙三维网格模型。将装配间隙三维网格模型输入三维加工软件 UG 中进行刀具轨迹规划与加工参数确定，选用厚度满足要求的铝板，经加工得到随形垫片。装配间隙三维模型与随形垫片如图 6.37 所示。

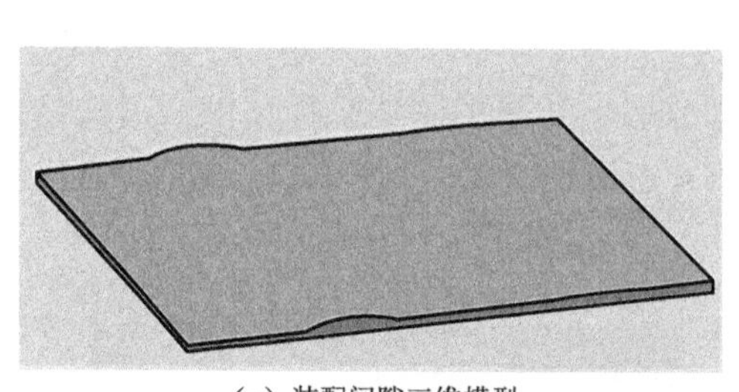

（a）装配间隙三维模型

（b）随形垫片

图 6.37　随形垫片三维模型与实物图

制备好随形垫片后即可以进行装配间隙补偿，为验证随形垫片的填隙效果，开展不同填隙垫片对比试验。试验主要思路是针对大尺寸复杂装配间隙工况，比较不同填隙垫片和不填隙工况下的附加装配应变大小。本试验所用的填隙垫片有固体垫片、低精度随形垫片和高精度随形垫片三种。

铝基固体装配垫片最为常见，制备成本较低，容易获得。对于横向尺寸较大，厚度连续变化的复杂间隙而言，常使用不同数量固体垫片叠加的方法来适应复杂的形状。结合装配间隙模型的结构特征进行固体垫片的布置，铝基固体垫片实物图与填隙示意图如图 6.38 所示。

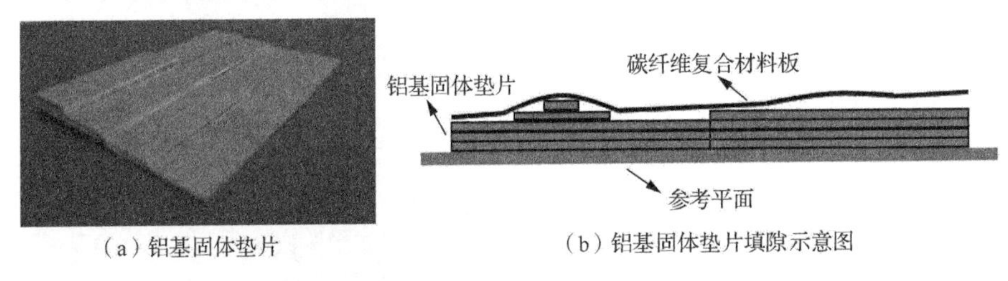

（a）铝基固体垫片　　（b）铝基固体垫片填隙示意图

图 6.38　铝基固体垫片实物图与填隙示意图

低精度随形垫片几何形状主要依据复合材料制件装配组件的测量数据获得的，并未考虑复合材料制件整体低刚度的特点，因此，精度较低，实际填充效果也相对较差。低精度随形垫片的实物图与填隙示意图如图 6.39 所示。

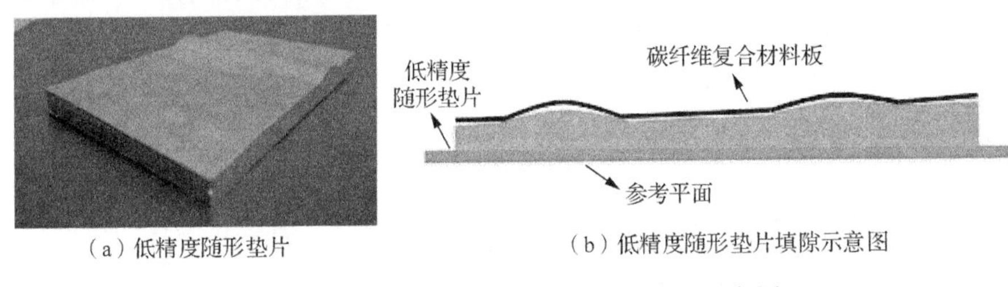

（a）低精度随形垫片　　（b）低精度随形垫片填隙示意图

图 6.39　低精度随形垫片实物图与填隙示意图

高精度随形垫片是在其几何形貌确定过程中充分考虑复合材料制件低刚度特点，并采用有限元分析方法对装配姿态复合材料装配组件的形貌进行预测后获得的，因此其对装配间隙的充填效果更好。高精度随形垫片的实物图与填隙示意图如图 6.40 所示。

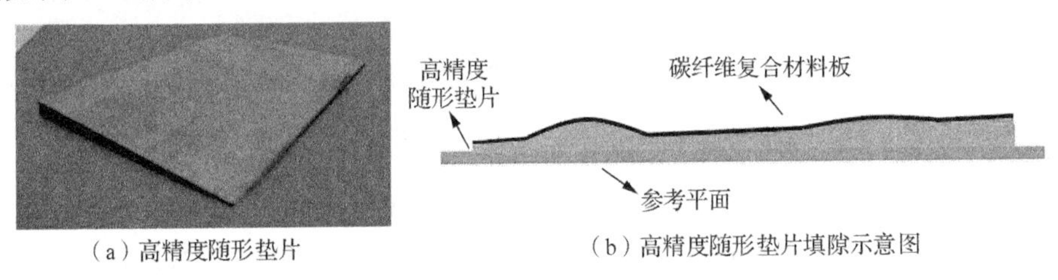

（a）高精度随形垫片　　（b）高精度随形垫片填隙示意图

图 6.40　高精度随形垫片实物图与填隙示意图

构件的变形不仅表现为构件空间形貌的改变，还体现在构件装配应力的变化。采用在复合材料板表面粘贴应变片的方式进行构件装配应变测量，比较构件在不同填隙垫片影响下装配应变的大小。应变片布置的范围较大，采用全局应变片布片的方案不仅有利于总结不同区域的应力变化规律，还有利于减小布点过少导致的测量精度降低的隐患。应变片布片方案的原理图和实物图如图 6.41 所示。

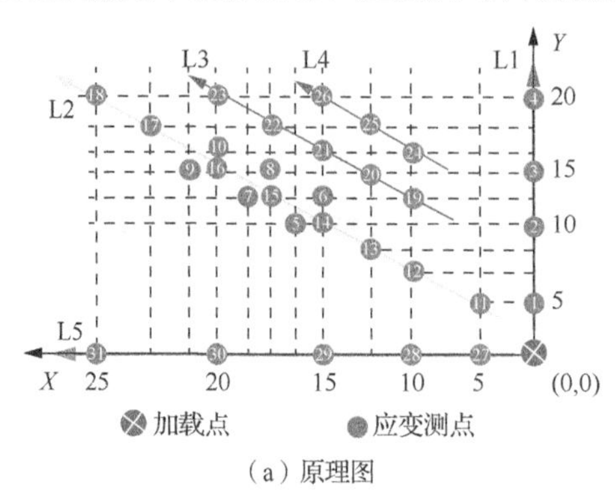

（a）原理图

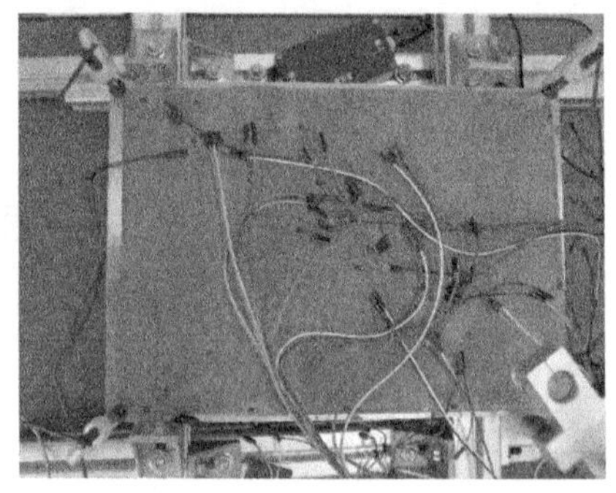

（b）实物图

图 6.41　布片方案原理图与实物图

实际装配过程中，施加外界约束力等装配条件的改变会引发构件整体装配状态的改变，构件的装配应力分布情况也会随之改变。为了提高装配应力补偿方案的实用性，试验模拟构件在不同外载条件下的变形情况并分别采集装配应变作为评价填隙垫片的基准。基于此需求，将构件最大装配间隙处作为载荷施加位置。采用如图 6.42 所示的量程为 20 N 的 LCX-A-20KN-ID 小型压缩式载荷传感器进行加载，传感器灵敏度达 0.05%。试验方案如图 6.43 所示，具体试验操作流程如下：在装配构件的最大装配间隙处采用接触式力学传感器施加压力载荷，压力施加过程中保持应变测量装置开启状态直至试验结束，应变仪实时记录装配应变的变化。为保证试验数据的科学性，每种填隙方式对应的试验至少测量三遍。

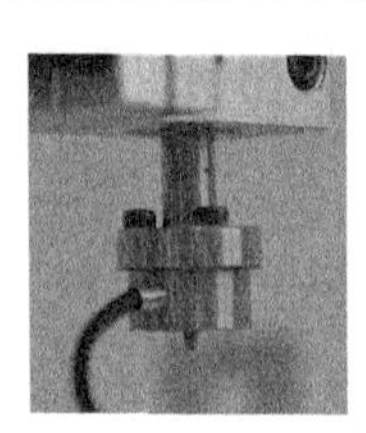

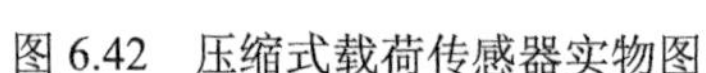

图 6.42　压缩式载荷传感器实物图

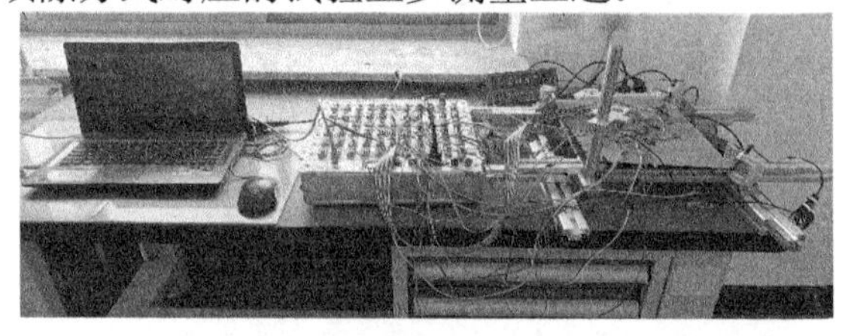

图 6.43　试验方案

图 6.44（a）、（b）分别表示装配结构在 5N 和 15N 外载荷作用下的装配应变。由图可见，无垫片状态下构件的装配应变最大，叠层固体垫片的装配应变次之，低精度随形垫片稍高，高精度随形垫片的应变平均值最小，说明不填隙状态下装配变形最大，而高精度随形垫片填隙状态下装配变形最小，即填隙效果最好。此外，选取装配构件最大变形区域的测点（测点 15）研究装配体的装配应变随载荷的变化规律。如图 6.44（c）所示，高精度随形垫片对于构件装配变形抑制作用的时刻最早且形变最小，最早迎来平稳状态，其次是低精度随形垫片，随后是叠层

固体垫片，无垫片作用下构件变形无任何抑制作用，因此构件的平稳状态最晚到来。试验结果证明随形垫片比固体垫片具有更好的装配间隙补偿效果，且随形垫片加工精度越高，则装配构件之间表面贴合程度越高，对装配变形的抑制作用越强。

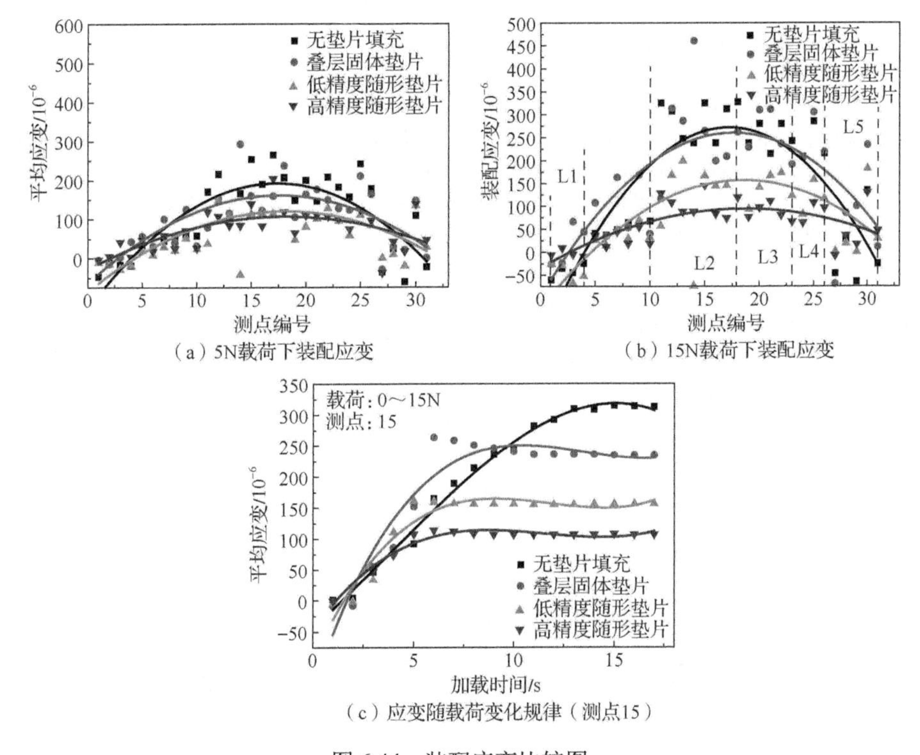

（a）5N载荷下装配应变　（b）15N载荷下装配应变

（c）应变随载荷变化规律（测点15）

图 6.44　装配应变比较图

参 考 文 献

[1] 宋世伟. 碳纤维复合材料构件装配间隙数字化评估[D]. 大连: 大连理工大学, 2019.

[2] 刘怡冰. 复合材料翼盒制造工艺研究与实现[D]. 南京: 南京航空航天大学, 2015.

[3] 李东升, 翟雨农, 李小强. 飞机复合材料结构少无应力装配方法研究与应用进展[J]. 航空制造技术, 2017(9): 30-34.

[4] 蒋麒麟, 安鲁陵, 云一珅, 等. 间隙补偿对单螺栓连接层合板轴向刚度的影响研究[J]. 玻璃钢/复合材料, 2016(11): 59-64.

[5] Smith J M. Concept development of an automated shim cell for F-35 forward fuselage outer mold line control[D]. Menomonie: University of Wisconsin-Stout, 2011.

[6] Comer A J, Dhôte J X, Stanley W F, et al. Thermo-mechanical fatigue analysis of liquid shim in mechanically fastened hybrid joints for aerospace applications[J]. Composite Structures, 2012, 94(7): 2181-2187.

[7] Dhôte J X, Comer A J, Stanley W F, et al. Study of the effect of liquid shim on single-lap joint using 3D digital image correlation[J]. Composite Structures, 2013, 96: 216-225.

[8] 《航空制造工程手册》总编委会. 航空制造工程手册[M]. 北京: 航空工艺出版社, 2010: 144-147.

[9] Manohar K, Hogan T, Buttrick J, et al. Predicting shim gaps in aircraft assembly with machine learning and sparse sensing[J]. Journal of Manufacturing Systems, 2018, 48: 87-95.

[10] Ehmke F, Rao S, Wollnack J. Single step shimming solution for automated aircraft assembly[J]. Conference on Automation Science and Engineering, 2017: 662-667.

[11] Miracle D B, Donaldson S L. ASM handbook Volume 21: Composites[DB/OL]. [2020-05-01]. https//www.asminternational.org/online-catalog/handbooks.

[12] Kutz M. Handbook of materials selection[M]. New York: John Wiley & Sons, Inc. , 2002.

[13] Campbell F C. Manufacturing processes for advanced composites [M]. Oxford: Elsevier Science, 2004.

[14] Dhôte J X, Comer A J, Stanley W F, et al. Investigation into compressive properties of liquid shim for aerospace bolted joints[J]. Composite Structures, 2014, 109(1): 224-230.

[15] 崔雁民. 复合材料钛合金叠层结构间隙加垫补偿的拉伸性能研究[D]. 杭州: 浙江大学, 2018.

[16] 杨宇星. 虑及填隙装配的 CFRP 构件螺接性能研究[D]. 大连: 大连理工大学, 2019.

[17] Zhai Y N, Li D S, Li X Q, et al. An experimental study on the effect of joining interface condition on bearing response of single-lap, countersunk composite-aluminum bolted joints[J]. Composite Structures, 2015, 134: 190-198.

[18] 张桂书. 飞机复合材料构件装配间隙补偿研究[D]. 南京: 南京航空航天大学, 2015.

[19] 窦亚冬. 飞机装配间隙协调及数字化加垫补偿技术研究[D]. 杭州: 浙江大学, 2018.

[20] Hühne C, Zerbst A K, Kuhlmann G, et al. Progressive damage analysis of composite bolted joints with liquid shim layers using constant and continuous degradation models[J]. Composite Structures, 2010, 92(2): 189-200.

[21] Liu L. The influence of the substrate's stiffness on the liquid shim effect in composite-to-titanium hybrid bolted joints[J]. Proceedings of the Institution of Mechanical Engineers, Part G: Journal of Aerospace Engineering, 2013, 228(3): 470-479.

[22] Zhai Y N, Li D S, Li X Q, et al. An experimental study on the effect of joining interface condition on bearing response of single-lap, countersunk composite-aluminum bolted joints[J]. Composite Structures, 2015, 134: 190-198.

[23] 岳烜德, 安鲁陵, 云一珅, 等. 液体垫片对复合材料单搭接螺栓接头力学性能的影响[J]. 复合材料学报, 2018, 35(1): 50-60.

[24] 云一珅. 填隙补偿参数对复材螺栓连接结构的力学性能的影响研究[D]. 南京: 南京航空航天大学, 2017.

[25] Gao G Q, An L L, Zhang W, et al. Shimming effect on the mechanical behaviors of composite assembly structures of aircraft[J]. Proceedings of the Institution of Mechanical Engineers, Part G: Journal of Aerospace Engineering, 2017, 233(3): 0954410017740919.

[26] Wang Q, Dou Y D, Cheng L, et al. Shimming design and optimal selection for non-uniform gaps in wing assembly[J]. Assembly Automation, 2017, 37(4): 471-482.

[27] 常俊豪. 随形填隙与装配工艺对 CFRP 构件装配应力的影响[D]. 大连: 大连理工大学, 2019.

第 7 章　机翼盒段试验样件连接装配应用案例

7.1　机翼盒段试验样件及其制造要求

随着碳纤维复合材料制造技术的不断进步，复合材料在先进大型飞机上的应用已从非承力构件、次承力构件发展到现阶段大型承力构件（机翼主翼盒、平尾翼盒、中央翼盒、机身筒段等结构）。同时，考虑到针对 C919 大飞机复合材料构件制造技术（铺放→固化→加工→装配→检测→评估）的研究需要针对同一个构件进行综合性验证试验，以实现各项技术之间的衔接。复合材料制造技术的研究成果不仅要适用于小型样件试验上，更要能推广到大型构件的试验上，以实现科学突破与技术落地的完美结合。因此，本书作者在项目组其他研究者的合作与支持下完成了某航空碳纤维复合材料机翼盒段的联合制造过程，完成了纤维形态精准控制的高质量铺放、形性协同调控下低缺陷固化、高质高效加工、顺应性连接装配、缺陷与损伤高精高效检测以及跨尺度力学行为评估的综合技术验证。本章重点讨论顺应性连接装配技术在该盒段试验样件上的验证。

基于所提出的顺应性低应力装配原理，以某航空碳纤维复合材料机翼盒段试验样件为例，采用试验方法测试装配应力以验证顺应性填隙装配原理的正确性，同时，采用有限元分析方法扩展研究盒段结构在不同服役载荷形式下的承载能力和损伤分布情况。某航空碳纤维复合材料机翼盒段试验样件如图 7.1 所示，整体尺寸约为 1255.0mm×954.0mm×382.0mm，由 2 个 X850 碳纤维增强树脂基复合材料 C 形梁、2 块 X850 碳纤维增强树脂基复合材料壁板以及 3 个 7 系铝合金肋组成[1]。

（a）盒段实物图

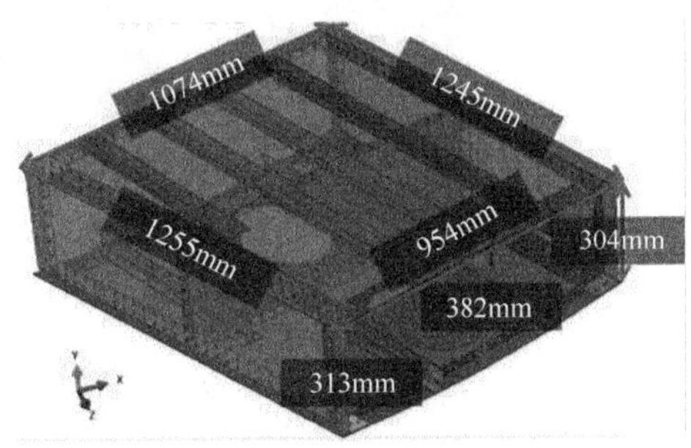

（b）盒段尺寸说明

图 7.1　某航空碳纤维复合材料机翼盒段试验样件

7.2　机翼盒段试验样件装配间隙测量

针对大型航空构件的测量方法有三坐标法、室内全球定位系统（global positioning system，GPS）法、激光跟踪仪法、激光雷达法和机器视觉法等，如图 7.2 所示。三坐标法具有测量精度高的优势，但是测量空间受限，且需要逐点扫描，测量效率低。室内 GPS 法测量范围非常大，但是设备多且布局复杂，受振动影响严重，对操作提出较高要求。激光跟踪仪法测量范围大，测量精度高，但需要配合靶球才能测量，难以直接用于装配间隙测量。激光雷达法测量范围大，三维模型重构速度快，但需要长时间预热导致测量时间太长。机器视觉法测量速度快，操作方便，但测量视场较小，单独使用不能满足大型航空构件的测量。因此，本书采用激光视觉复合测量法，综合了激光跟踪仪法的大视场优势和机器视觉法快速测量系统，具体激光视觉复合测量系统如图 7.3 所示[2]。

（a）三坐标法

（b）室内GPS法

（c）激光跟踪仪法

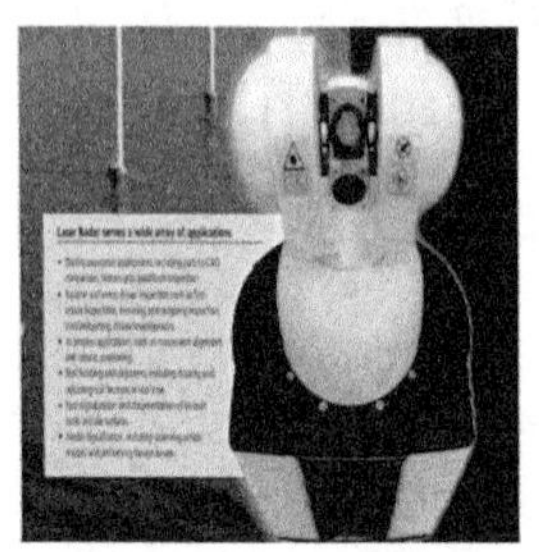

（d）激光雷达法

（e）机器视觉法

图 7.2　大型航空构件的测量方法

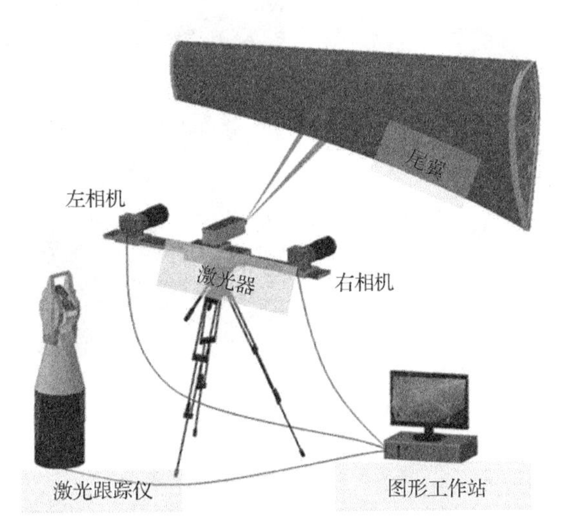

图 7.3　激光视觉复合测量系统

激光视觉复合测量法是利用激光视觉复合测量系统的双目相机采集被测物体表面的激光光条并重建光条信息，还原被测件局部三维信息，然后利用激光跟踪仪实时获取相机的空间位置，实现局部数据拼接，得到全局三维形貌。如图 7.3 所示，激光视觉复合测量系统以三脚架为基底，组装俯仰机构和“双相机-激光器-转台”集成盒，并在集成盒顶端设置不共面的四个靶座用于拼接点云。激光跟踪仪所在位置与双目视觉测量系统、被测零件构成锐角三角形，以确保激光跟踪仪的激光能追踪到各靶座所在位置，且不会被遮挡。

7.2.1　大视场快速高精度标定方法

大视场双目相机的高精度现场标定是保证大型复合材料构件视觉测量精度的前提和基础。针对传统棋盘格标定板对大型视场相机标定有局限性的问题，本节提出了结合四角共线约束的大视场双目相机标定方法。图 7.4（a）为标定总体方案图。在实验室以及企业总装现场进行了验证试验，测量视场约为 2.5m×1.8m，利用激光跟踪仪和殷钢标准尺验证了精度，测量精度为 0.053%，相对传统方法（张氏法）精度提高 55.3%。图 7.4（b）是大视场双目相机标定试验图。验证结果如表 7.1 所示。

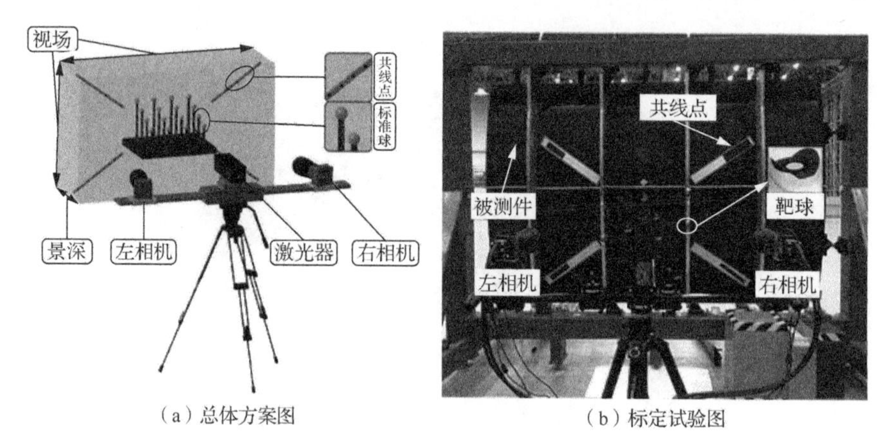

（a）总体方案图　　（b）标定试验图

图 7.4　大视场双目相机的标定

表 7.1　标准距离重建结果

序号	标准尺寸/mm	张氏法		本书方法	
		重建结果/mm	相对误差/%	重建结果/mm	相对误差/%
L1	309.5383	308.6931	0.27	309.4543	0.027
L2	222.0703	221.7563	0.14	222.0716	0.001
L3	335.3235	334.7307	0.18	335.3485	0.007
L4	571.3995	571.1070	0.05	571.4117	0.021
L5	251.9708	251.6729	0.12	251.8995	0.028
L6	283.4930	283.1602	0.12	283.5439	0.018
L7	328.2364	327.7024	0.16	328.2313	0.016
L8	639.2993	638.9897	0.05	639.1996	0.016

7.2.2　边界特征提取方法

针对特征提取处理速度较慢严重影响测量整体时间的问题，我们提出了基于分层处理的光条中心提取方法，大大缩短了特征处理时间。该方法是在图像处理的过程中加入低分辨图像处理，对低分辨率图像进行耗时较多的法向计算，基于光条的结构特征，在高分辨图像中进行光条中心的亚像素提取。基于低分辨图像中的光条法线斜率的计算，大大减少了计算过程，将所求的法线斜率还原到高分辨率图像中，进而基于法线方向的灰度计算，快速获得高分辨率图像中的激光光条亚像素中心。

针对视觉测量方法在测量过程中普遍存在的轮廓边界信息获取不准确的问题，我们提出一种基于激光光条特征突变的边界提取方法。对测量过程中拍摄到的光条图像在边界处的激光光条成像情况进行了综合分析，建立三种激光光条边界模型，分别如图 7.5 所示。在上述分析的基础上我们设计了一套边界特征自适应分类机制，快速实现边界模型的识别。我们提出基于特征矩阵的边界高精度提取算法，从而对被测零件边界位置进行准确定位。在实验室分别利用 600mm×800mm 的标准平板件和航空壁板类缩比件进行了试验，验证了该方法提取边界的有效性，其边界提取误差低于 0.056%。

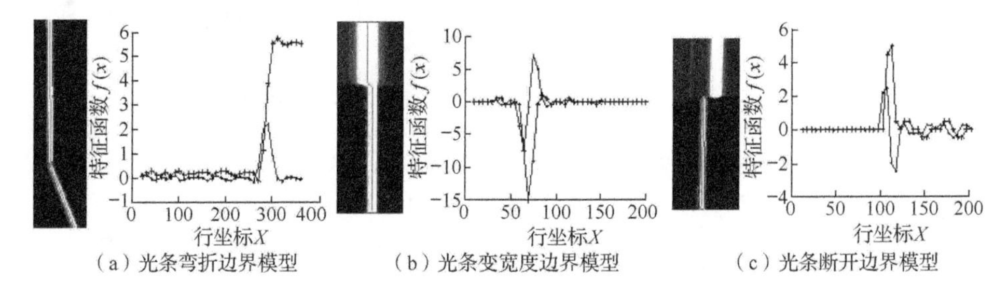

（a）光条弯折边界模型　（b）光条变宽度边界模型　（c）光条断开边界模型

图 7.5　激光光条成像边界模型分析

在某航空零件部件装配现场对约为 2.5m×3m 的大型壁板类曲面零件进行分区域测量试验，如图 7.6（a）所示。对被测区域进行光条扫描完成壁板零件表面的三维重建，其结果如图 7.6（b）和图 7.6（c）所示。可以看出，重建得到的三维形面表面平滑。其中，图 7.6（b）为常规方法重建结果，边界处许多错误轮廓信息被获取，利用上述特征提取方法进行处理得到如图 7.6（c）所示结果，可以稳定地得到光滑平直的边界轮廓线，边界处信息更为完整准确。

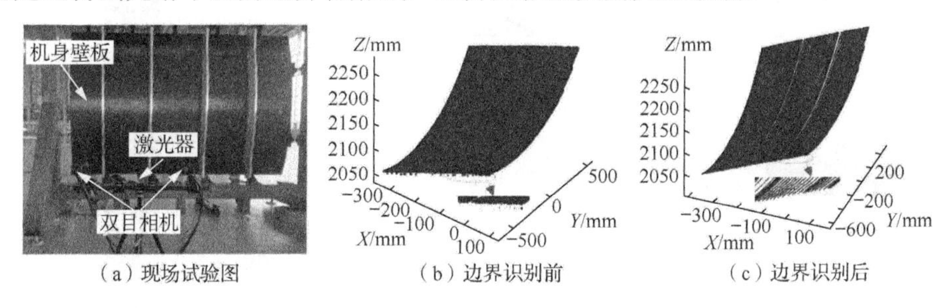

（a）现场试验图　（b）边界识别前　（c）边界识别后

图 7.6　机身壁板三维重建结果图

7.2.3　基于 k 均值聚类的光条智能定位方法

对于测量图像中光条特征提取，有三个挑战：一是，由于测量现场环境光、灯光、器具、尘埃等因素的影响，在识别光条时有很多背景边界和噪声的干扰；二是，被测物体表面曲率的变化，将造成光条曲折、明暗不均；三是，光条的像素面积通常小于整幅图像的 1%，识别效率低。针对上述问题，我们提出了基于 k 均值聚类的光条定位方法，免去了人工提取光条区域和设定阈值的过程。该方法对图像进行分块，计算分块图像的横向梯度、峰值信噪比、对比度等特征，然后基于 k 均值算法对分块图像进行自动分类，最后令连通区域内光条分块的特征值到聚类中心的平方和作为匹配系数，具有最大匹配系数区域即为光条位置（图 7.7）。

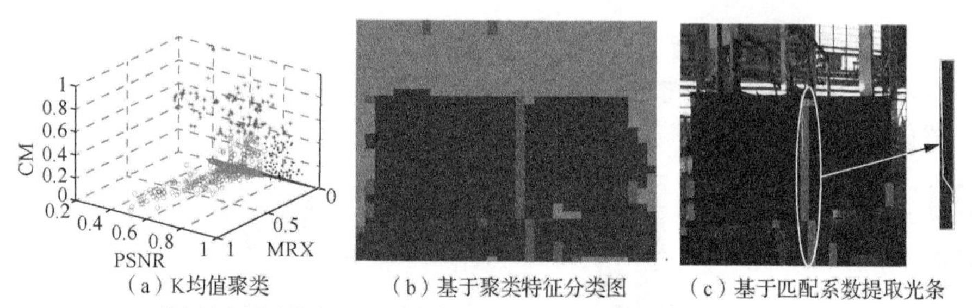

CM 为迈克尔逊对比度，PSNR 为峰值信噪比，MRX 为图像 X 方向的平均范围

图 7.7　从复杂多噪声背景的图像中提取光条效果图

7.2.4　基于深度学习的光条阈值分割

为进一步计算光条中心，需要分割光条和它周围的背景。由于分割图像的阈值随空间和时间变化，难以预测，我们提出了基于深度残差网络训练分类合格激光光条二值图像的方法，提高了图像分割的效率和容错率。该方法对光条区域图像遍历二值化，然后将得到的大量二值图像分为三类，采用深度残差网络训练模型，根据模型识别并分割其他的光条图像（图 7.8）。

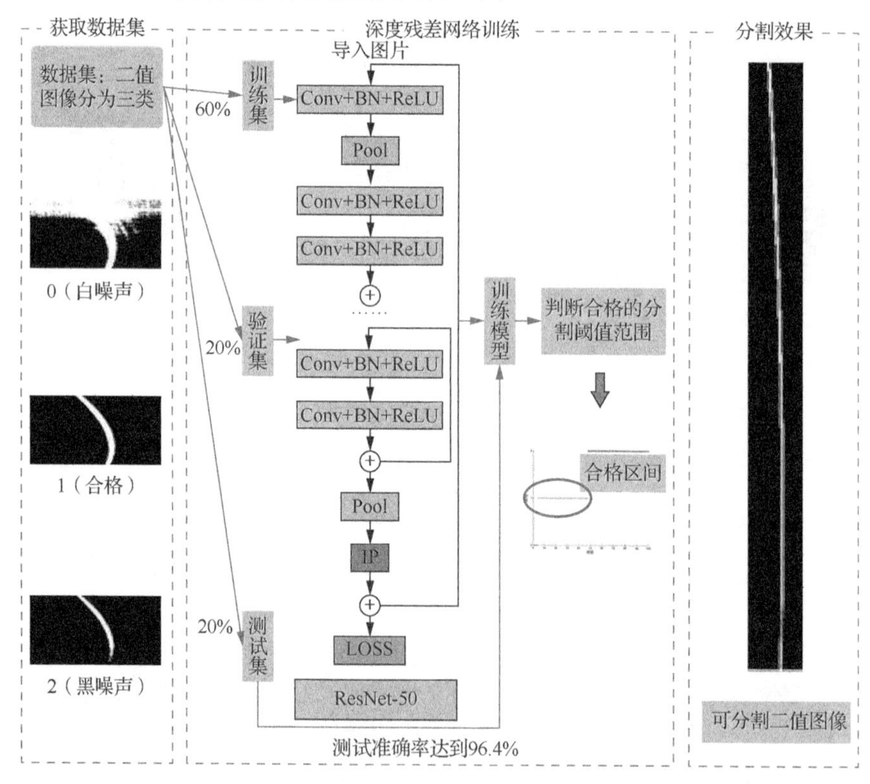

图 7.8　基于深度学习的光条阈值分割流程和效果图

7.2.5 高反光环境下清晰图像采集方法

大型复合材料构件特性图像的高清晰采集是保障视觉测量精度的前提和基础。针对大型飞机装配现场中特性信息被高反光淹没的问题，我们提出了基于光谱选择的高反光分离方法。该方法综合分析了现场环境中照明光源、太阳光和投射激光的光照特性以及采集相机的感光特性；基于光谱选择结果，采用滤波通带为 400～460nm 滤波片进行采集试验。图 7.9 为试验原理及结果图，其结果表明基于光谱选择的图像采集方法可有效分离强反光，获得有效的特征激光图像。

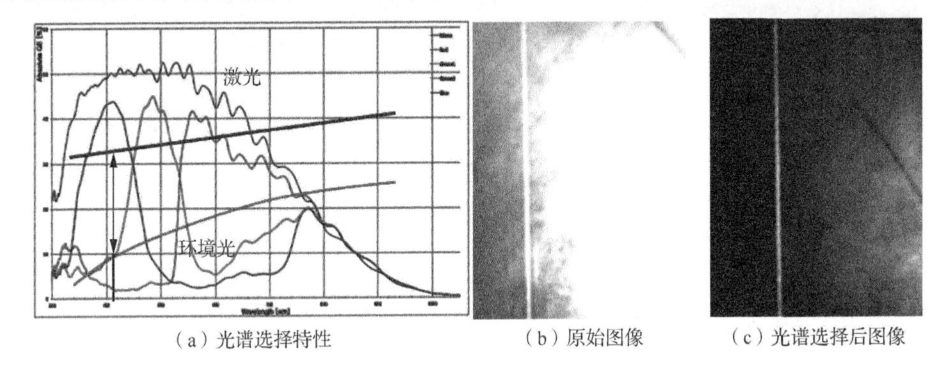

（a）光谱选择特性　（b）原始图像　（c）光谱选择后图像

图 7.9 不同材料表面不同角度的激光光条的图像质量评价

7.2.6 基于虚拟装配的航空零构件装配间隙测量方案

针对大型航空复合材料零部件装配间隙小、构件固定之后内部间隙难以测量的问题，我们提出了利用逆向重建和虚拟装配的方式进行装配间隙测量的方案：利用激光视觉复合测量法分别测量两个装配零件的空间三维数据；然后基于 CATIA 软件实现零件的逆向重建和虚拟装配分析，从而测量装配间隙(图 7.10)。

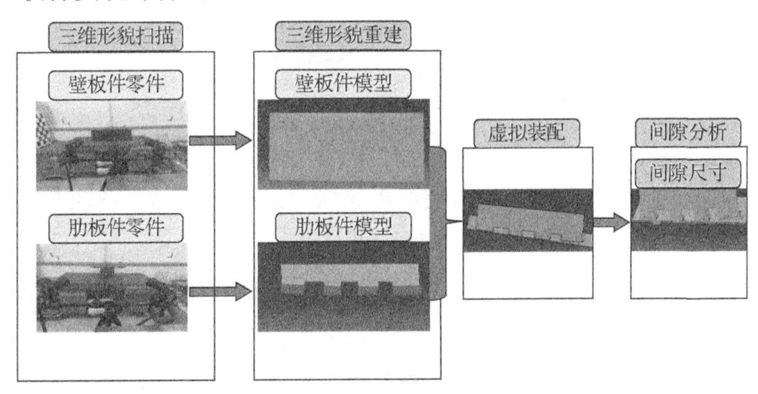

图 7.10 基于虚拟装配的间隙测量整体方案

采用激光视觉复合测量法对航空平板类以及肋板类缩比零件的配合面进行了测量，得到了一系列测量数据，导入 CATIA 软件对点云数据进行拟合校正，删除了测量中的较大误差点，最终实现了两类缩比零件的点云数据获取。通过装配建模、装配规划、干涉碰撞检查、可装配性研究和装配仿真可以模拟实际的装配情况，便于测量装配体中不可达的装配间隙。对平板和肋板零件进行逆向重建和虚拟装配，最后对装配件的装配间隙进行测量（图 7.11）。

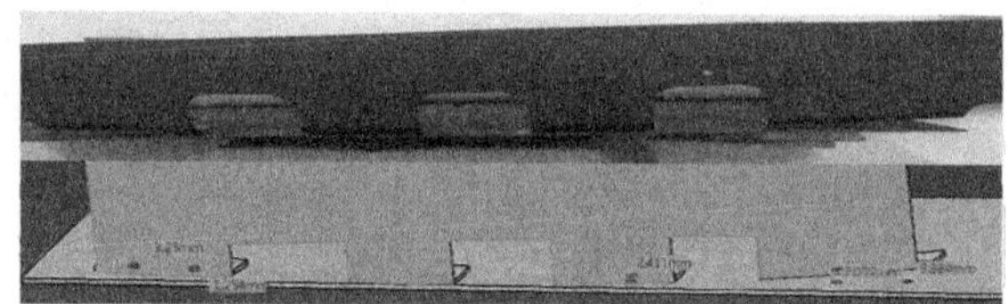

图 7.11　虚拟装配零件及装配间隙测量结果

上述的典型复合材料机翼盒段属于含制造变形的实际复杂构件，其实际形状与设计数模存在一定的差异，因此不可避免地存在装配间隙。为了获得实际构件的装配间隙分布模型，同时指导实际构件有限元建模，需要进行实际构件的形貌测量。

复合材料机翼盒段（图 7.12）的总体测量方案如下。

图 7.12　典型机翼盒段零件图

（1）小盒段由两块 C 形梁和两块壁板组成，通过螺栓将上述四个对象装配。因此，四个零件点云的拼接可以基于装配孔完成。

（2）C 形梁由三个近似垂直的面构成，在中间面粘贴靶球，可以通过激光跟踪仪把这三个面的点云拼接到一起。

（3）C 形梁每个面长度约 1.2m，可以通过双目视觉扫描，配合激光跟踪仪拼接的方式，获得每个面的点云。

（4）壁板测量方法类同于 C 形梁的单面，通过双目视觉扫描，配合激光跟踪仪拼接的方式，可以获得整个壁板的点云。

针对具体形面的详尽测量方案如下。

（1）确定被测形面的近似尺寸，进而设计具体拼接方案（拼接次数、拼接区域的划分）和相机的设置参数（焦距、视场、物距、景深等）。

（2）针对被测表面的不可测区域，如孔、胶水胶带黏着、遮挡等，采用局部粘贴或喷涂具有宽反射范围的材料，使之可成像且可测量。

（3）壁板选取对角各四个装配孔，C 形梁选取对应装配位置的四个装配孔，孔周喷涂具有高对比度的可成像材料，用于高精度提取装配孔。

测量得到点云数据后再处理分析零件偏差，如图 7.13 所示，浅色区域表示偏差为正，深色区域表示偏差为负，上壁板前缘面左上角处以及后缘面右下角处偏差较大，超过 1mm；下壁板后缘面的偏差为左正右负，从左到右为正偏差变小、负偏差变大的趋势；前梁上下缘条大部分区域为负偏差，因此前梁上下缘条有向内变形量；后梁上下缘条大部分区域为负偏差，因此后梁上下缘条有向内变形量。

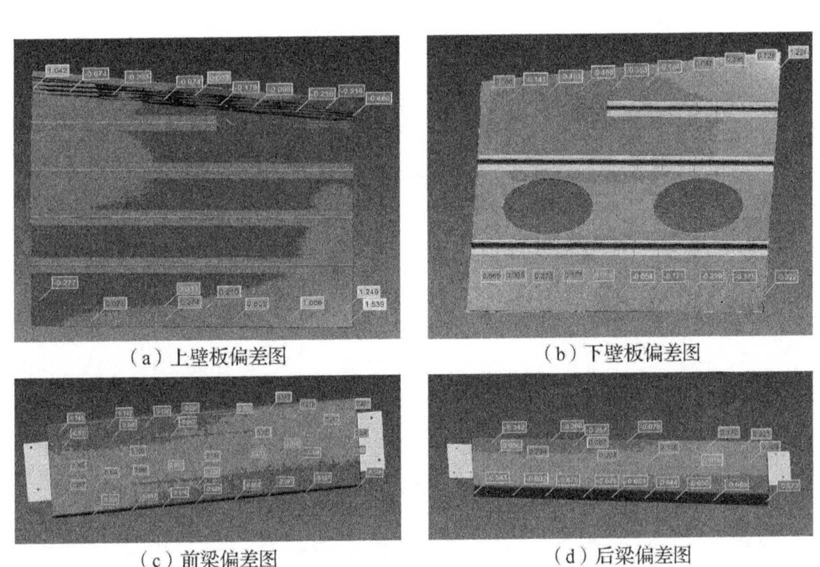

（a）上壁板偏差图　（b）下壁板偏差图

（c）前梁偏差图　（d）后梁偏差图

图 7.13　零件实际形貌与理论数模对比偏差图

最后根据零件偏差图得到装配间隙分布图，以上壁板和相邻零件装配间隙分布趋势为例说明，如图 7.14 所示。由图 7.14（a）可以看出，间隙从左到右有逐渐增大的趋势，最大间隙为 1.1mm 左右，最小间隙为 0mm 左右；由图 7.14（b）

可以看出，间隙从左到右呈类似正弦分布的趋势，300mm 处出现一个峰值，为 0.63mm，最大间隙为 1mm 左右，最小间隙为 0mm 左右；由图 7.14（c）可以看出，间隙从上到下为先变大后变小的趋势，500mm 处为最大间隙，最大间隙为 0.65mm 左右，最小间隙为 0mm 左右；由图 7.14（d）可以看出，间隙从上到下为波动的趋势，0mm 处为最大间隙，最大间隙为 0.4mm 左右，500mm 处出现一个峰值，间隙为 0.3mm。

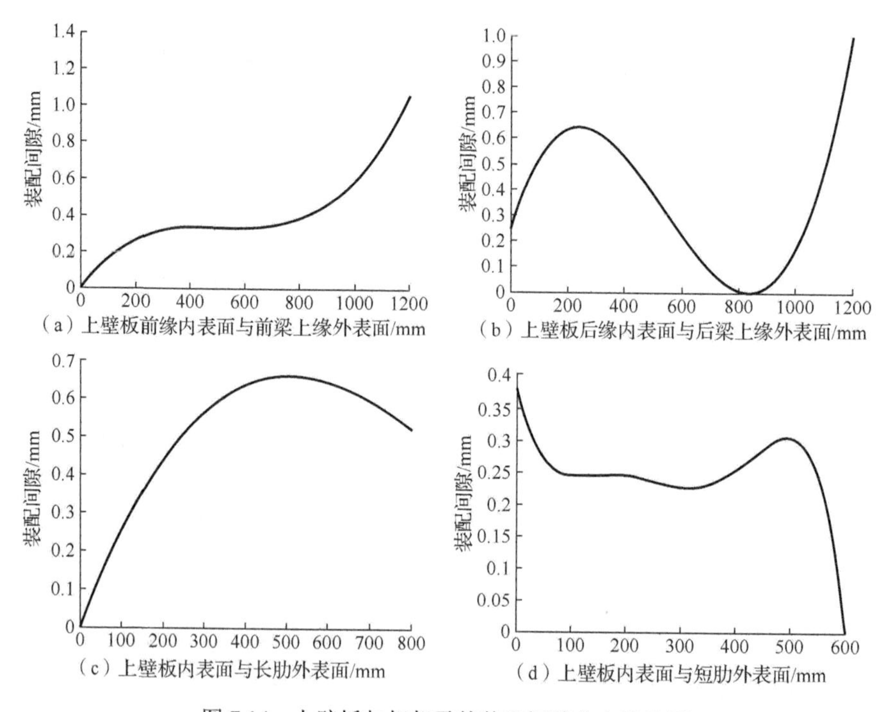

图 7.14　上壁板与相邻零件装配间隙分布趋势图

7.3　机翼盒段试验样件装配间隙补偿与装配应力分析

典型复合材料机翼盒段的应变测量方案如图 7.15 所示，在无维修孔的上壁板外表面共设置 43 个应变测点，所有应变片的测点中心与孔心距离均为 1.5 倍孔径（孔径均为 6.0mm），应变测量方向垂直于 C 形梁长度方向（该方向上壁板无长桁，较易发生变形）。将预紧之前的状态设定为装配应变初始状态（理论装配应变数值为 0），首先在填隙前对盒段试验样件进行强迫装配，按照某航空企业现场操作规范要求采用定扭矩扳手加载 9.0N·m 预紧扭矩，采用如图 7.16 所示的 DH3816N 应变仪与电阻应变片组成的应变测量系统对盒段的预紧装配过程进行应变跟踪采集，每个螺栓加载完成后均静置 10s 以降低加载过程引入的测量误差，强迫装配过程测量完成后对所有螺栓进行卸载，然后采用玻璃纤维树脂叠层混合垫片进行填隙。按照上述流程测量填隙后的装配应变。利用 Mandal 等[3]提出的层合板性能均化计算方法得到盒段等效弹性模量，然后利用等效弹性模量和应变得到应力。

图 7.15　机翼盒段应变测量方案

（a）DH3816N 应变仪

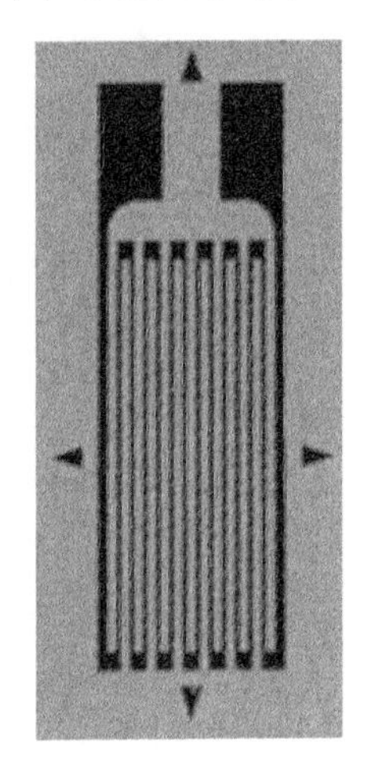

（b）电阻应变片

图 7.16　应变测量系统

采用激光视觉复合测量方法结合塞尺法获得的装配间隙分布如图 7.17（a）所示，装配间隙主要集中于左侧金属肋与上壁板的界面［图中(1.1,1.5)代表此处装配间隙在 1.1～1.5mm］最大装配间隙达 1.7mm。玻璃纤维树脂叠层混合垫片填隙方案如图 7.17（b）所示。

（a）装配间隙分布

（b）间隙填充方案

图 7.17　装配间隙分布及间隙填充方案

本次试验对复合材料盒段装配过程进行了全程跟踪测量，以下针对试验数据进行分析说明。图 7.18 为不同装配顺序（先装梁后装肋、先装肋后装梁）及预紧扭矩下在位跟踪试验测量得到的装配应变随时间变化图。图 7.19 是装配过程中出现的最大应力与装配顺序的关系。分析可知，当预紧扭矩从 8.8N·m 增大到 13.4N·m，装配应力峰值增大 6.2%。由中间向两侧的装配顺序（例如先装肋后装梁）有利于减小装配应力，预紧扭矩 8.8N·m 下装配应力峰值下降达 12.8%；同时，采用如图 7.17（b）所示的玻璃纤维树脂叠层混合垫片填隙可以使装配应力分布更为均匀并大幅降低装配应力（最大降幅 95.8%，平均降幅 85.6%，见图 7.20），说明在复合材料机翼盒段试验样件的填隙装配过程中，应用玻璃纤维树脂叠层混合垫片填隙新工艺能达到较好的装配间隙补偿效果，使得盒段结构在装配过程中承载更均匀，结构传力合理性有所提高。

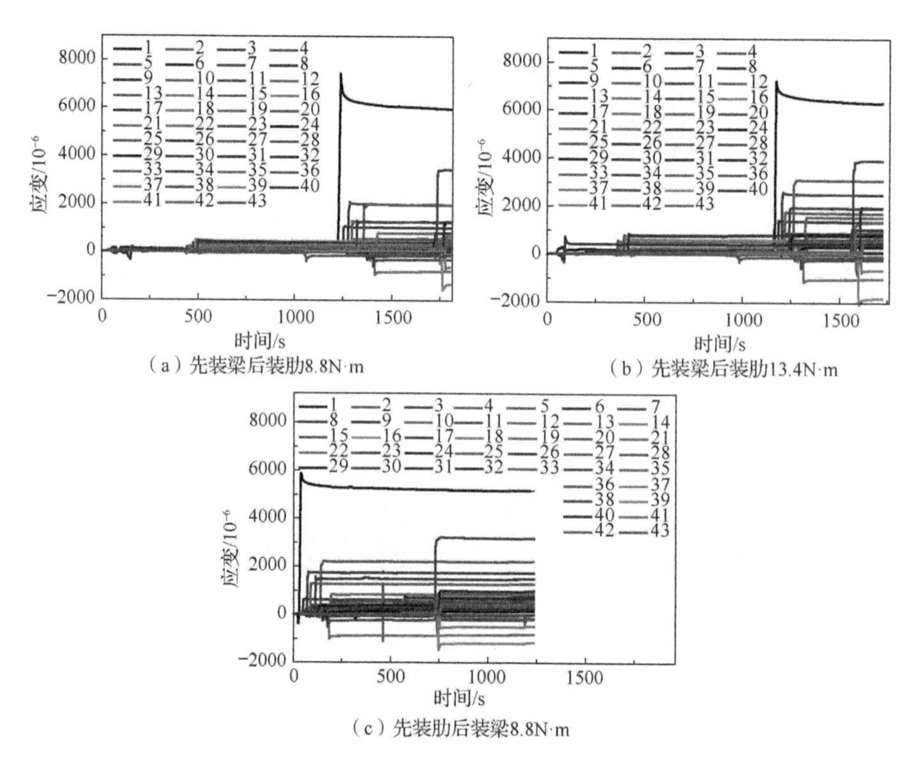

（a）先装梁后装肋8.8N·m

（b）先装梁后装肋13.4N·m

（c）先装肋后装梁8.8N·m

图 7.18　不同装配顺序及预紧扭矩下装配应变实验测量值对比

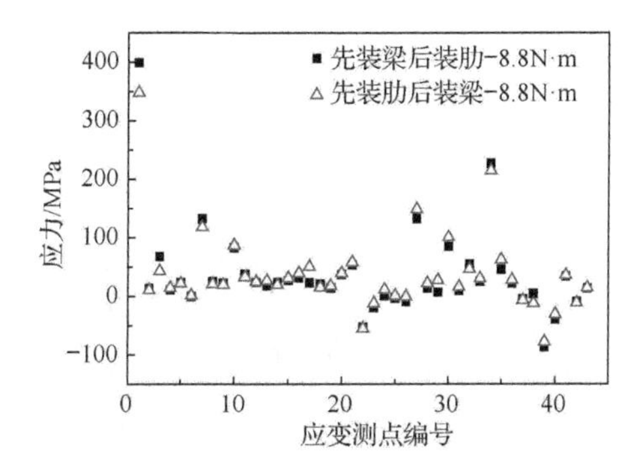

图 7.19　复合材料盒段装配过程最大应力比较

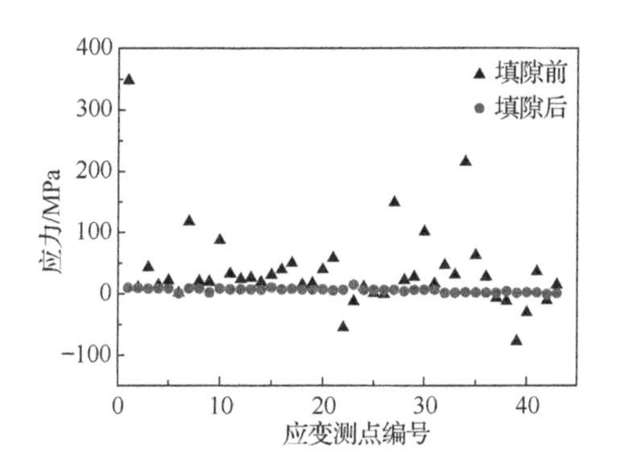

图 7.20　填隙前后装配应力对比

7.4　虑及装配间隙的机翼盒段试验样件有限元建模

将装配间隙引入复合材料螺接结构中主要有两种方法：一种是直接建模法，根据已获得的装配间隙参数直接建立装配间隙几何模型，主要用于处理简单规则的装配间隙工况；另一种是修改坐标法，根据实际工程中复杂装配间隙工况，首先借助前述的测量手段得到实际盒段结构的装配间隙模型参数，然后利用无装配间隙的设计数模生成网格模型，通过调整装配间隙位置的网格节点坐标实现复杂装配间隙的建模（图 7.21），将修改坐标后得到的网格模型文件导入 Abaqus 中进行计算。修改坐标法主要用于处理复杂随机的装配间隙工况，尤其是无法直接建模的工况，具体建模流程如图 7.22 所示。

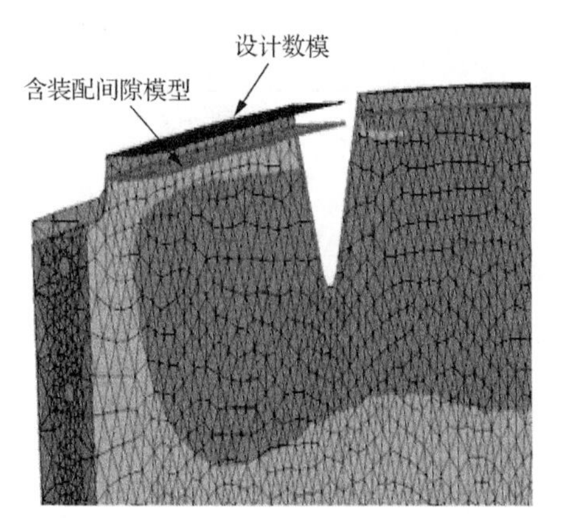

图 7.21　基于修改坐标法的装配间隙建模

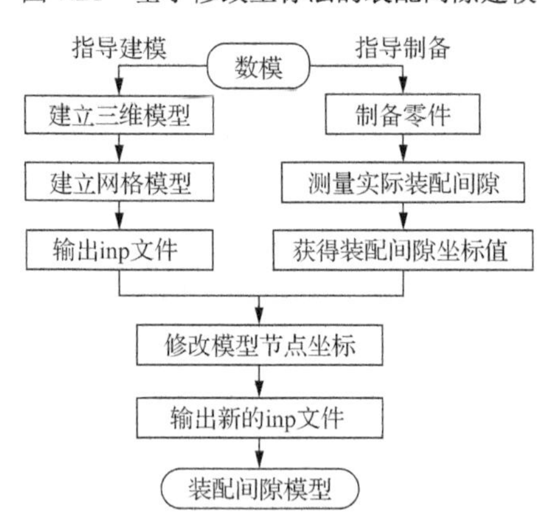

图 7.22　修改坐标法装配间隙建模流程图

某航空碳纤维复合材料机翼盒段（1255.0mm×954.0mm×382.0mm）属于大尺寸构件级模型，如图 7.23 所示，采用 S4R 二维连续壳体四边形单元建模，在靠近连接孔边采用尺寸 10.0mm 的面内网格，在其他区域采用尺寸 50.0mm 的面内网格，壳体共包含 20 层复合材料铺层。层合板属性赋值借助 Abaqus 中复合材料铺层工具箱对铺层材料进行逐层定义。采用修改坐标法实现装配间隙的引入，填隙垫片采用 S4R 二维连续壳体四边形单元建模，此处填隙垫片与 C 形梁的上缘面绑定在一起，而与上壁板建立基于法向硬接触属性和切向惩罚函数接触属性的面对面接触，选用有限滑移接触跟踪法。在两个 C 形梁左端建立端面固支约束限制所有平移自由度，在两个上壁板和下壁板右端定义沿 C 形梁长度方向的拉伸载荷，限制其余两个横向方向的平移自由度。采用梁单元的多点约束（multi-point constraint，MPC）方式模拟螺栓的连接作用，将参考点和孔边点连接在一起。采用“Connector force”施加 8kN 预紧力，采用“Cartesian+Cardan”连接形式分别模拟紧固件的平动效果和转动效果。

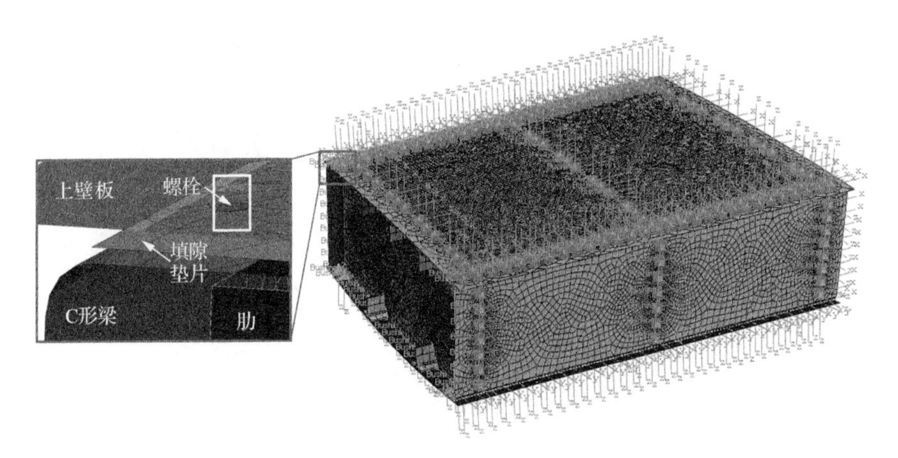

图 7.23　复合材料机翼盒段有限元模型

含装配间隙的复合材料螺接结构有限元模型，在考虑装配间隙补偿时，填隙垫片采用单独实体建模，一般采用 C3D8R 三维实体单元，网格划分方式与其相邻的复合材料层相同。若采用的填隙垫片为液体垫片或金属固体垫片，则其材料属性按照各向同性方式赋予；若采用的填隙垫片为玻璃纤维固体垫片或纤维树脂混合垫片，则其材料属性按照均化方式赋予。考虑到实际应用中填隙垫片仅与其中一个装配件黏接在一起，有限元模型中使用“绑定”模拟黏接作用将填隙垫片与相应装配件连接在一起，而与另一个装配件之间建立相应的接触对。考虑到通常所用的填隙垫片在最终承载状态下是一种固态介质，与复合材料样件的接触包括法向接触和切向接触，法向接触选用默认的硬接触，切向接触采用惩罚函数方式的摩擦接触。

7.5　机翼盒段试验样件连接性能分析

采用如图 7.23 所示的复合材料机翼盒段有限元模型研究不同受载工况下装配间隙对连接性能的影响规律。

当盒段受到拉伸载荷时，不同装配间隙分布情况对拉伸承载性能影响如图 7.24 所示。梁缘条与上壁板之间的装配间隙会轻微降低整体盒段的拉伸承载性能；在允许的间隙范围内（不超过 0.5mm），肋缘条与上壁板之间的装配间隙对结构拉伸性能的影响可忽略；拉伸作用下，初始损伤出现在边界侧的壁板与梁连接孔位置，由外侧向中间逐步扩展。

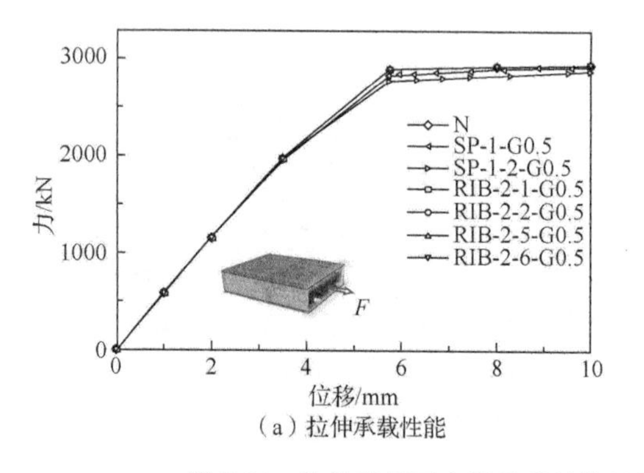

（a）拉伸承载性能

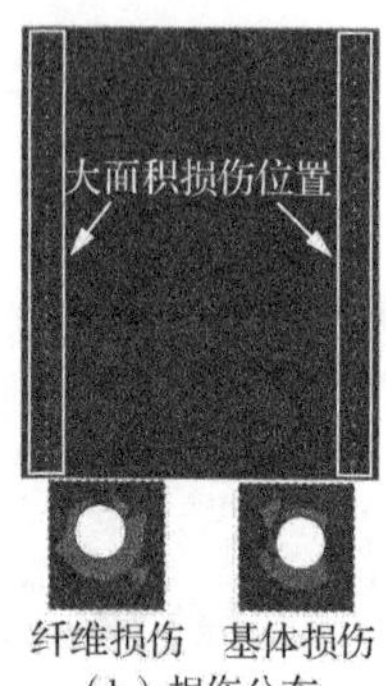

（b）损伤分布

图 7.24　拉伸载荷下盒段承载性能及损伤分布

当盒段受到弯曲载荷时，不同装配间隙分布情况对弯曲承载性能影响如图 7.25 所示。一个梁缘条与上壁板之间 0.5mm 的装配间隙会导致结构弯曲极限载荷下降 14.4%；两个梁缘条与上壁板都存在装配间隙会产生间隙均化作用从而降低影响，弯曲极限载荷降低 3.8%；肋缘条与上壁板之间 0.5mm 的装配间隙会导致结构弯曲极限载荷最大降低为 10%。弯曲载荷下，初始损伤出现在上壁板与梁连接的中间位置，大面积损伤表现为梁腹板的屈曲断裂。

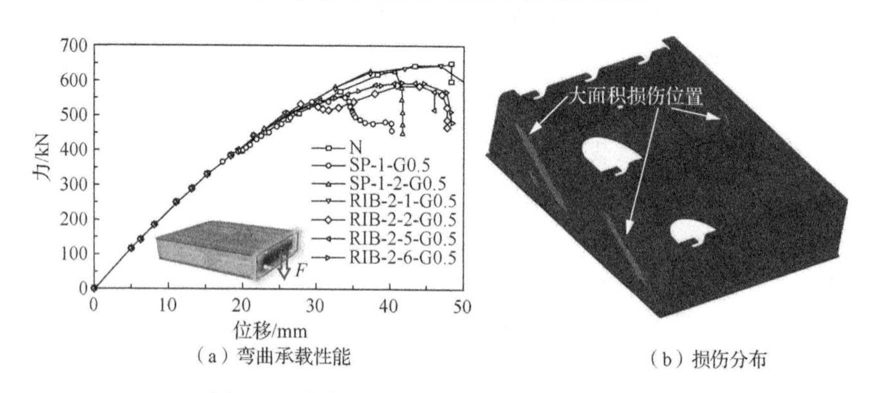

（a）弯曲承载性能　　（b）损伤分布

图 7.25　弯曲载荷下盒段承载性能及损伤分布

当盒段受到扭转载荷时，不同装配间隙分布情况对扭转承载性能影响如图 7.26 所示。一个梁缘条与上壁板之间 0.5mm 的装配间隙会导致结构初始破坏载荷下降 14.4%；两个梁缘条与上壁板都存在 0.5mm 装配间隙会导致结构初始破坏载荷下降 7.3%；在扭转载荷下，初始损伤出现在加载侧壁板与肋连接孔位置；大面积损伤出现在肋腹板和梁 R 角位置，出现纤维压缩损伤与基体拉裂。不同载荷下装配间隙对承载性能的影响总结如表 7.2 所示。

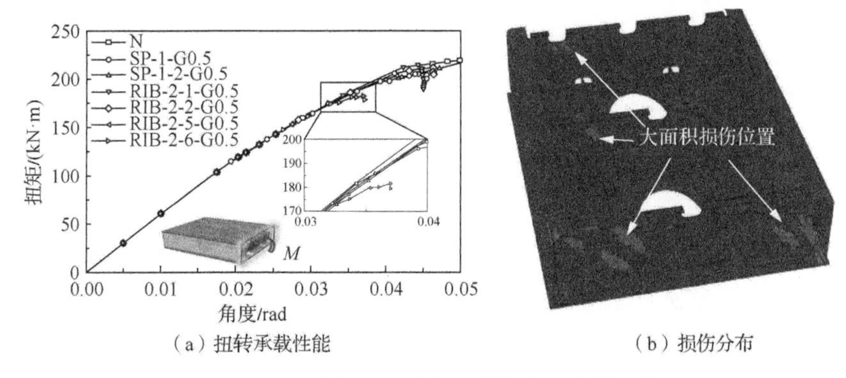

（a）扭转承载性能　（b）损伤分布

图 7.26　扭转载荷下盒段承载性能及损伤分布

表 7.2　不同载荷下装配间隙和填隙效果对承载性能的影响总结

工况	间隙影响	填隙效果	潜在影响	危险区位置
预紧	大	明显	应力	间隙过渡区
拉伸	小	不明显	初始破坏载荷	壁板与梁连接孔
弯曲	大	明显	初始破坏载荷	壁板与梁连接孔
			极限载荷	梁腹板
扭转	大	不明显	初始破坏载荷	壁板与肋连接孔
				肋腹板、梁 R 角

参 考 文 献

[1] 杨宇星. 虑及填隙装配的 CFRP 构件螺接性能研究[D]. 大连: 大连理工大学, 2019.

[2] 张洋. 大型航空曲面零构件面形激光辅助视觉测量关键技术[D]. 大连: 大连理工大学, 2018.

[3] Mandal B, Chakrabarti A. A simple homogenization scheme for 3D finite element analysis of composite bolted joints[J]. Composite Structures, 2015, 120: 1-9.

索　引